여행은

꿈꾸는 순간,

시작된다

리얼
파리

여행 정보 기준

이 책은 2024년 7월까지 취재한 정보를 바탕으로 만들었습니다.
정확한 정보를 싣고자 노력했지만, 여행 가이드북의 특성상
책에서 소개한 정보는 현지 사정에 따라 수시로 변경될 수 있습니다.
변경된 정보는 개정판에 반영해 더욱 실용적인 가이드북을 만들겠습니다.

한빛라이프 여행팀 ask_life@hanbit.co.kr

리얼 파리

초판 발행 2024년 7월 22일

지은이 황현희 / **펴낸이** 김태헌
총괄 임규근 / **팀장** 고현진 / **책임편집** 박지영 / **교정교열** 박성숙
디자인 천승훈 / **지도, 일러스트** 조민경
영업 문윤식, 신희용, 조유미 / **마케팅** 신우섭, 손희정, 박수미, 송수현 / **제작** 박성우, 김정우

펴낸곳 한빛라이프 / **주소** 서울시 서대문구 연희로 2길 62 한빛빌딩
전화 02-336-7129 / **팩스** 02-325-6300
등록 2013년 11월 14일 제25100-2017-000059호
ISBN 979-11-93080-34-4 14980, 979-11-85933-52-8 14980(세트)

한빛라이프는 한빛미디어(주)의 실용 브랜드로 우리의 일상을 환히 비추는 책을 펴냅니다.

이 책에 대한 의견이나 오탈자 및 잘못된 내용은 출판사 홈페이지나 아래 이메일로 알려주십시오.
파본은 구매처에서 교환하실 수 있습니다. 책값은 뒤표지에 표시되어 있습니다.
한빛미디어 홈페이지 www.hanbit.co.kr / 이메일 ask_life@hanbit.co.kr
블로그 blog.naver.com/real_guide_ / 인스타그램 @real_guide_

지금 하지 않으면 할 수 없는 일이 있습니다.
책으로 펴내고 싶은 아이디어나 원고를 메일(writer@hanbit.co.kr)로 보내주세요.
한빛라이프는 여러분의 소중한 경험과 지식을 기다리고 있습니다.

파리를 가장 멋지게 여행하는 방법

리얼
파리

황현희 지음

HB 한빛라이프

파리는 저에게 놀이터이자 휴식이었습니다. 민박집 주인과 손님으로 만난 후 "내 거실은 네 거야"라고 말씀해주시는 언니님이 계셨거든요. 그래서 유럽 여행이나 취재의 마무리는 늘 파리였어요. 언니 집에 들어가면 카메라와 노트북은 가방에 넣어놓고 그 어떤 의무감에서 벗어나 파리 산책을 즐겼지요.

그렇게 놀러 다니던 도시를 일터로 삼는 게 과연 잘하는 일일까, 하는 의문을 갖고 시작한 《리얼 파리》 작업이었습니다. 이 기회가 아니면 내가 파리라는 도시에 길게 머물면서 여행할 수 있을까 싶어서 덥석 잡은 《리얼 파리》는 시작부터 난관이었어요. 계약서를 쓴 날 옆에 주차되어 있던 차를 긁었고, 이어 코로나19 팬데믹이 왔습니다. 여러 우여곡절 끝에 취재 일정을 잡았는데 넘어져서 골절상을 입었습니다. 그리고 깁스 풀고 3주 만에 파리행 비행기를 타야 했죠.

코로나19 이후 우리나라도 그렇듯 파리도 많이 변했습니다. 화장실이 친절해진 것 말고는 대부분이 퉁명스러웠고, 많은 여행지에서 예약을 해야 했고, 물가도 많이 올랐습니다. (유럽 출입 20여 년 만에 처음으로) 인종 차별이라는 것도 당해봤고, 폭동의 현장을 지나기도 했습니다. 하지만 그래도 파리는 파리더라고요. 여전히 아름답고, 여전히 재미있고, 여전히 맛있고, 여전히 곳곳에서 지름신의 습격을 받은 도시가 파리였습니다.

한때 세상의 중심이었던 도시 파리에서 이제 독자님들의 시간을 만들어보실 때가 되었습니다. 제가 《리얼 파리》를 통해 보여드리는 파리는 저의 시각이 강하게 반영되어 있을 거예요. 저의 이야기를 바탕으로 독자님들이 지내게 될 파리의 시간은 어떤 모습일지 궁금합니다. 저에게 놀이터이자 휴식이었던 도시를 독자님들은 어떻게 만드실지 궁금합니다. 그리고 그 여정을 만들어나가는 데 《리얼 파리》가 조금이라도 도움이 되기를 기대합니다.

Special thanks to

작업할 때마다 괴팍해지는 저를 그저 보듬어주시는 우리 가족, 늘 거실을 내어주시는 경희 언니, 조언과 격려, 아이디어를 제공해주시는 투어 원앤원 박원희 대표님, 〈리얼 파리〉를 소개해주신 의미와 재미 박선영 대표님. 예민하고 까칠한 작가 어르고 달래며 함께해주신 한빛라이프의 박지영 편집자님, 고현진 팀장님, 멋진 디자인을 해주신 천승훈님, 거친 문장을 곱게 다듬어주신 박성숙님. 마지막으로, 딸이 여행을 하고 책 쓰는 사람임을 무엇보다 자랑스러워하셨던 다른 별로 여행 가신 아빠, 고맙습니다.

황현희　4년간의 방송작가 생활을 거쳐 6년 동안 한국마약퇴치운동본부에서 마약 퇴치 활동을 하다 여행에 중독되어 여행작가의 길로 들어섰다. 내비게이션과 지도 앱이 필요 없는 길눈으로 여행지를 누볐고 자료 조사와 수집, 정리가 습관이자 생활이라 여행 다녀올 때마다 차곡차곡 쌓은 여러 정보를 풀다 네이버 여행 인플루언서도 되었다. 유럽과 아시아 각각 31개국을 여행했고, 이제 32번째 국가를 찾으며 여행 잡지에 여행기를 기고하고, 여기저기서 여행 수다를 떨며 여행 바이러스를 전파하고 있다. 저서로는 《프렌즈 스위스》, 《프렌즈 이탈리아》, 《7박 8일 피렌체》, 《프렌즈 유럽》, 그리고 이 책 《리얼 파리》가 있다.

이메일 hacelluvia@gmail.com　**블로그** blog.naver.com/hacelluvia　**인스타그램** @hyuneesera

주요 기호·약어

🏃 가는 방법	📍 주소	🕐 운영시간	❌ 휴무일	€ 요금
📞 전화번호	🏠 홈페이지	🏃 명소	🛍 상점	🍴 맛집
M 메트로	RER RER	🚉 기차역		

구글 맵스 QR 코드

각 지도에 담긴 QR 코드를 스캔하면 소개한 장소들의 위치가 표시된 구글 지도를 스마트폰으로 볼 수 있습니다. '지도 앱으로 보기'를 선택하고 구글 맵스 앱으로 연결하면 거리 탐색, 경로 찾기 등을 더욱 편하게 이용할 수 있습니다. 앱을 닫은 후 지도를 다시 보려면 구글 맵스 애플리케이션 하단의 '저장됨' - '지도'로 이동해 원하는 지도명을 선택합니다.

트로카데로 광장·개선문·콩코르드 광장
상세 지도

★ QR 코드를 인식해보세요.

리얼 시리즈 100% 활용법

PART 1
여행지 개념 정보 파악하기

파리에서 꼭 가봐야 할 장소부터 여행 시 알아두면 도움이 되는 국가 및 지역 특성에 대한 정보를 소개합니다. 기초 정보부터 추천 코스까지, 파리를 미리 그려볼 수 있는 다양한 개념 정보를 수록하고 있습니다.

PART 2
테마별 여행 정보 살펴보기

파리를 가장 멋지게 여행할 수 있는 각종 테마 정보를 보여줍니다. 파리를 좀 더 깊이 들여다볼 수 있는 역사, 축제는 물론이고, 파리에서 놓칠 수 없는 미술관·박물관부터 나만의 쇼핑 리스트까지, 자신의 취향에 맞는 키워드를 찾아 내용을 확인하세요.

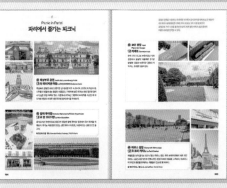

PART 3, 4
지역별 정보 확인하기

센강을 기준으로 오른쪽 지역을 우안, 왼쪽 지역을 좌안으로 나누어 소개합니다. 우안을 다시 4개의 구역으로, 좌안을 다시 3개의 구역으로 구분했습니다. 파트 4에서는 파리의 근교인 베르사유, 오베르 쉬르 우아즈, 지베르니, 샤르트르 그리고 몽생미셸까지 소개하고 있습니다.

PART 5
실전 여행 준비하기

여행 시 꼭 준비해야 하는 정보만 모았습니다. 여행 정보 수집부터 현지에서 맞닥뜨릴 수 있는 긴급 상황에 대한 대처 방법, 여행 전 알아두면 좋을 프랑스어까지 순서대로 구성했습니다.

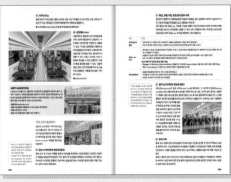

PART 1

한눈에 보는
파리

PART 2

파리를 가장 멋지게
여행하는 방법

PART 3

진짜 파리를
만나는 시간

PART 4

파리의
근교

리얼 가이드

●

즐겁고 설레는
여행 준비

PART 1

한눈에
보는 파리

마음에 남는
파리 여행의 장면들

Scene 1

드골 공항 입국장으로 나오면 가장 먼저 보이는 문구.
"PARIS VOUS AIME". 파리는 당신을 사랑한다는
정말 파리스러운 환영인사.

Scene 2

푸른 하늘을 빙글빙글 돌며 나는 기분은?

센강 위에서 보는 에펠탑.

Scene 4
모나리자의 미소에 홀린 사람들.

필립 느와레

쇼팽

드가

Scene 5
**사랑하는 아티스트들을
추모하는 시간**

· **필립 느와레** 🚶 몽파르나스 묘지
· **쇼팽** 🚶 페르 라셰즈 묘지
· **드가** 🚶 몽마르트르 묘지

Scene 6
부드럽고 달달한 핫초코 한잔!

Scene 7
파리를 습격한 킬러, 용, 천사 그리고 여왕 폐하.

Scene 8

Je t'aime Paris, Je t'aime.

숫자로 보는 파리

파리로
들어올 수 있는
공항은
3개

프랑스 제 **1**의 도시이자 수도

7 개의 기차역

Paris
Seoul

파리는 서울 면적의
1/6

A·B·C·D·E **5**개의 RER(광역급행철도) 노선

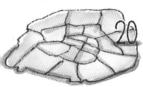

20개의 구

3번의 올림픽 개최 도시

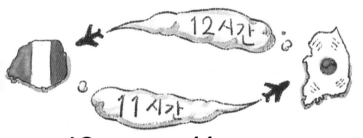

파리로 갈 때 **12**시간, 파리에서 올 때 **11**시간

14개의 메트로 노선

파리 한눈에 보기

트로카데로 광장·개선문·콩코르드 광장 P.116
······· 8·16·17구 ·······

승리의 기쁨과 혁명의 마무리가 공존하는
화려한 구역

오페라·루브르 박물관·샤틀레 레알 P.138
······· 1·2·9구 ·······

세계 최고의 박물관과 우아한 공연장,
멋진 쇼핑센터가 있는 구역

퐁피두 센터·마레 지구·바스티유 P.172
······· 3·4·10·11·12·20구 ·······

꿈틀거리는 열정과 혁명의 시작점이 뒤섞여 활기찬 구역

몽마르트르·파리 북쪽 P.200
······· 18·19구 ·······

낭만과 위험이 함께 자리하는 구역

에펠탑·앵발리드·
오르세 P.218
······· 7·15구 ·······

파리의 상징, 프랑스의
아이콘이 함께 있는 구역

시테섬·팡테옹·
생 제르맹 데 프레 P.238
······· 5·6구 ·······

파리가 시작되었고, 파리와 프랑스의
완성을 함께한 이들이 자리하는 구역

몽파르나스·카타콤베·
프랑스 국립도서관 P.259
······· 13·14구 ·······

파리의 다양한 모습이
공존하는 지역

파리는 루브르 박물관이 있는 1구부터 오른쪽 시계방향으로 20개의 구로 나뉜다.
각 구별로 갖고 있는 특징을 간단히 알아보자.

프랑스 기초 정보

정식 국가명

프랑스 공화국
République française

국기

라 트리콜로르
La Tricolore

국가

라 메르세예즈
La Marseillaise

수도

파리

인구

6488만 명
(2024년)

면적

67만 5417km²
(한반도의 3.1배)

통화

유로

국가 형태

공화국

언어

프랑스어

정부 형태

의원 내각제와 대통령제 혼합

시차

8시간
(서머타임 기간에는 7시간)

프랑스 파리에 간다면 알아두어야 할 기본 상식.
몰라도 상관없지만 알아두면 여행이 윤택해진다.

종교

가톨릭 약 80%, 개신교,
이슬람교, 유대교 외

국제전화 코드

+33

국가 도메인

.fr

물가

맥도날드 세트 메뉴 **€8.40~**

스타벅스 라테 **€5.50~**

대중교통 1회권 **€2.10**

주 프랑스 대한민국 대사관

- **주소** 125 rue de Grenelle 75007 Paris
  (메트로 13호선 바렌Varenne역)
- **업무시간** 월~금 09:30~12:30, 14:30~16:30
- **여권** +33 01 4753 6987
- **사건사고 대응 및 지원** +33 01 4753 6995/6682

★ 시내에서 전화 시 국가 번호 33을 누를 필요는 없다.

긴급 연락처(사건사고)

- **주간** 01 4753 6995 / 06 8095 9347
- **야간 및 주말** 06 8028 5396

- **경찰이 필요할 때는 17**
- **구급차가 필요하면 15**

국경일과 공휴일

- 신년 1월 1일
- 성금요일 4월 18일*
- 부활절 다음 월요일 4월 21일*
- 1945년 승전기념일 5월 8일
- 예수승천대축일 6월 1일*
- 혁명기념일 7월 14일
- 성모승천일 8월 15일
- 모든 성인의 날(만성절) 11월 1일
- 제1차 세계 대전 종전일 11월 11일
- 크리스마스 12월 25~26일

★ 해마다 날짜가 바뀌는 휴일

에펠탑 P.222

우아한 곡선을 가진 파리의 그녀

개선문 P.120

샹젤리제 거리의 시작, 위풍당당한 승리의 문

팡테옹 P.249

지금의 프랑스가 있기까지 힘겹게 싸워왔던 이들의 안식처

파리에서 꼭 방문해야 할 곳 BEST 10

오르세 미술관 P.226

기차역의 놀라운 변신, 인상파 미술의 보고

오랑주리 미술관 P.142

자연 채광 전시실 안에서 수련과 함께 보내는 시간

루브르 박물관 P.146

23년 886만 명이 관람한 명실상부 세계 최고의 박물관

노트르담 대성당 P.242

지금 잠시 우리를 떠나 있지만 곧 다시 올 파리의 상징

고르고 골라서 뽑아낸,
파리에서 꼭 가봐야 할 10가지 장소.
파리에 처음 왔다면 여기는 꼭 가보자.

사크레쾨르 대성당 P.204

몽마르트르의 수호신, 눈부신 하얀색 둥근 지붕을 가진 성당

베르사유 궁전 P.275

화려함의 끝판왕 속으로 들어가 보자

센강 P.113

두둥실 떠다니는 유람선 위에서 바라보는 색다른 파리

오래된 도시 파리의 신상들

고대 로마 유적이 도심에 있고,
우뚝 솟은 고딕 성당들이 자리하는 한편
최첨단 현대 건축물이 혼재하는
도시 파리. 오래된 유적과 미술관도
좋지만, 오래된 도시에서
만나는 신상은 어떤 느낌일까?

라 갈레리에 뒤 19M La Galerie du 19M P.211

프랑스 대표 브랜드 샤넬의 공방이 모여 있는 건물과 갤러리. 파리 여행
일정과 전시 일정을 맞춰보자. 시즌별 컬렉션을 주제로 열리는 전시가
멋지다.

케 브랑리 박물관 P.232
Musée du Quai Branly

에펠탑과 오르세 미술관 사이 문화인류학
박물관. 실험적인 전시물 배치가 새롭게
다가온다.

피노 컬렉션 P.153
Bourse de Commerce-
Pinault Collection

오래된 증권거래소를 리모델링
한 미술관. 일본 건축가 안도 다
다오의 솜씨를 볼 수 있다.

필하모니 드 파리 Philharmonie de Paris P.071

장 누벨의 설계로 만든 아름다운 공연장. 파리 필하모니 오케스트라의 근거지.

루이 비통 재단 Fondation Louis Vuitton P.126

철골 구조와 유리벽을 가진 거대한 선박 느낌의 미술관. 루이 비통 그룹 소유의 현대 미술 작품을 볼 수 있는데 기획전 수준이 매우 높다.

리볼리 59번지 59 Rivoli P.158

파리의 큰 거리 리볼리 대로변의 자주 모습이 바뀌는 건물. 버려진 건물이 젊은 아티스트들의 작업실로 변했다.

오텔 드 라 마린 Hotel de la Marine

왕실 가구를 전시, 보관하던 곳이었고 프랑스 혁명 이후 200여 년 동안 해군 본부로 사용된 곳. 3년 정도 리모델링 공사 후 2021년 재개장했다. 화려한 실내와 유리 지붕의 중정이 압권.

📍 2 Pl. de la Concorde, 75008 Paris
🚶 메트로 1·8·12호선 Concorde역 6번 출구에서 도보 2분 💶 성인 €17, 파리 뮤지엄 패스 사용 가능 🕐 10:30~19:00
🏠 www.hotel-de-la-marine.paris.

파리 언제 가면 좋을까?

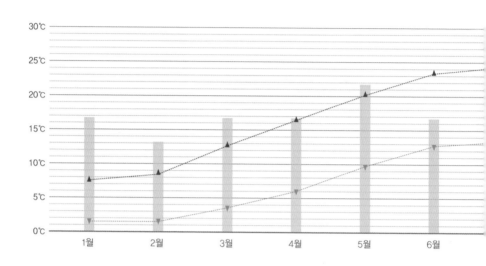

<table>
<tr><td></td></tr>
</table>

1월	2월	3월	4월	5월	6월

봄
3~5월

해가 조금씩 길어지면서 3월부터 성수기로 입장 시간이 조정되는 곳들이 있다. 3월 말 서머타임이 시작되면서 본격적인 봄으로 들어간다. 다만 날씨가 변덕스러울 수 있으니 겉옷과 우산은 준비하자.

여름
6~8월

본격 더위가 시작되는 시점. 한국과 비교하면 습하지 않아서 견딜 만하다. 버스나 메트로에 에어컨 설비가 부족해 이동할 때 힘들고 사람들이 붐비긴 하지만, 화창한 날씨가 많아 사진 찍기도 좋고 분위기가 즐거워진다. 단점이라면 오후 10시가 넘어야 해가 지기 시작해 야경 보기가 조금 어렵다는 것.

파리의 주요 축제

하지 음악 축제 La Fête de la Musique

매년 6월 21일에 열리는 음악 축제. 많은 광장과 큰 길이 음악 홀이 된다.

게이 프라이드 Gay Pride

6월 마지막 주 토요일에 성소수자들의 권리를 인정받기 위한 행진 후 레퓌블리크 광장에서 테크노 뮤직 공연 등이 열린다.

▲ 최고 기온 평균　　▼ 최저 기온 평균　　■ 강수량

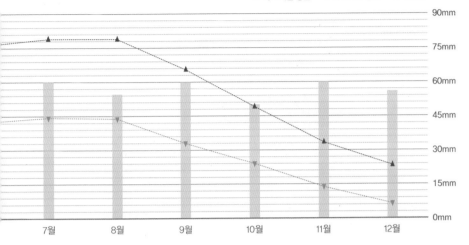

	7월	8월	9월	10월	11월	12월

90mm
75mm
60mm
45mm
30mm
15mm
0mm

가을
9~11월

해가 짧아지면서 날씨도 우중충해지기 시작하는 시점. 한국보다 서늘한 날씨가 이어진다. 10월 말 서머타임이 해제되면서 야경 보기가 좋아진다. 겹쳐 입을 수 있는 옷을 준비하고 우산도 잊지 말자.

겨울
12~2월

한국에 비해 겨울이 포근한 편이다. 크리스마스 시즌을 피한다면 여행자가 많지 않아 한갓지게 여행할 수 있다. 라파예트와 프랭탕 백화점뿐만 아니라 명품 스토어의 외관이 화려하게 장식되며 샹젤리제 거리의 조명도 화려해진다.

혁명기념일 행사 Fête Nationale du 14 juillet

매년 7월 14일에 진행되는 혁명기념일 행사는 오전 9시부터 개선문에서 열리는 군대 퍼레이드와 전투기 비행 쇼가 큰 볼거리. 에펠탑에서 밤 11시 30분부터 펼쳐지는 불꽃놀이도 놓치지 말자.

크리스마스 시장 Marché de Noël

12월에는 파리의 주요 광장에서 크리스마스 마켓이 열린다. 아기자기한 상품이 가득한 부스들이 볼거리. 따뜻한 뱅쇼 한잔과 함께라면 더할 나위 없이 즐겁다.

파리 아이스링크 Patinoire Paris

매년 겨울 파리 시청 앞에 생겨나는 무료 아이스링크. €10 정도의 스케이트 대여 비용과 여권이면 얼음판 위를 활주할 수 있다. 장갑 필수.

파리와는 또 다른 매력
근교 여행

파리 자체도 볼거리가 넘쳐 한 달도 모자라겠지만 이왕 나온 여행 조금 더 시야를 넓혀보자.
인상파 화가의 작품 무대가 있고, 화려한 궁전과 CF 속에서 보던 수도원을 만날 수 있다.
근교 여행은 하루를 투자해야 하니 일정과 동선을 잘 고려하자.

지베르니 P.286
모네의 그림 속으로 들어갈 수 있는 시간

오베르 쉬르 우아즈 P.281
반 고흐의 고독과 슬픔이 묻어 있는 곳

베르사유 궁전 P.272
화려하고 화려한 위대한 바로크

🚌+🚆 1시간 20분 지베르니

오베르 쉬르 우아즈 RER 1시간

📍 파리 · 디즈니랜드 파리

RER 1시간 베르사유 궁전 RER 40분

몽생미셸 🚌+🚆 3시간

🚌 1시간 30분 샤르트르

디즈니랜드 파리 P.170
남녀노소 모든 걸 잊고 하나 될 수 있는 시간

몽생미셸 P.294
신비로운 바다 위 작은 섬

샤르트르 P.290
반짝반짝 스테인드 글라스의 도시

파리 여행의 이유
박물관·미술관 산책

전 시대의 사조를 아우를 수 있는 미술관 컬렉션은 미술에 관심 많은 여행자들에게는
피해갈 수 없는 유혹이며, 교과서 속에서 많이 접했던 친숙한 그림들은 한 번쯤은 직접 보고 싶어지는
욕구를 불러일으킨다. 파리의 수많은 박물관·미술관 중 어떤 곳을 선택해야 할까?

⭐⭐⭐ 꼭 보세요 ⭐⭐ 관심 있다면 ⭐ 시간이 여유롭다면 Ⓜ 뮤지엄 패스 사용 가능 🄵 무료입장

⭐⭐⭐Ⓜ🄵
파리 시립 현대 미술관 P.123
무료로 마티스와 피카소, 라울 뒤피를 만날 수 있는 공간.

⭐⭐⭐Ⓜ🄵
마르모탕 모네 미술관 P.127
인상파의 시작을 엿볼 수 있는 미술관. 세계 최대 규모의
모네 컬렉션을 감상할 수 있다.

⭐⭐⭐Ⓜ🄵
**세르누치
박물관** P.129
망명한 이탈리아 정치가
가 수집한 아시아 예술
품이 가득한 미술관. 중
국 불상, 자기와 함께 우
리나라 화가들의 작품
들도 볼 수 있다.

⭐⭐⭐Ⓜ🄵
니심 드 카몽도 미술관 P.128
부유한 은행가가 수집한 18세기 말 장식미술을 볼 수 있
는 미술관.

★★★ⓂⒻ

자크마르 앙드레 미술관 P.129

이탈리아 르네상스 회화와 18세기 프랑스 화가들의 작품을 볼 수 있는 멋진 저택. 미술관 카페도 아름답다.

★★★ⓂⒻ

장 자크 에네 미술관 P.129

스푸마토 기법을 주로 사용한 화가 장 자크 에네의 소장품이 가득한 미술관. 몽환적 분위기가 압권.

★★★ⓂⒻ

국립 기메
동양 박물관 P.123

최초의 프랑스 유학생이 관여한 아시아 지역 유물들을 볼 수 있는 박물관. 한국 전시실이 별도로 마련되어 있다.

★★★ⓂⒻ

갈리에라 박물관 P.124

패션의 중심 도시에서 패션 관련 수준 높은 기획전을 볼 수 있는 아름다운 저택.

★★★ⓂⒻ

이브 생 로랑 박물관 P.125

디자이너의 작업실을 실제로 볼 수 있는 박물관. 이브 생 로랑의 디자인 역사를 살펴볼 수 있다.

★★★ⓂⒻ

프티 팔레 P.124

아름다운 궁전에서 렘브란트, 쿠르베 등의 작품을 무료로 볼 수 있다. 정원과 카페에서의 휴식도 놓치지 말자.

★★★ⓂⒻ
오랑주리 미술관 P.142
모네를 사랑한다면 꼭 들러야 하는 미술관.

★★★ⓂⒻ
루브르 박물관 P.146
방대한 컬렉션을 자랑하는 프랑스를 넘어선 세계 최고의 박물관.

★★☆ⓂⒻ
피노 컬렉션 P.153
유명 럭셔리 브랜드 오너인 프랑스 부호의 컬렉션을 볼 수 있는 공간. 일본 건축가 안도 다다오가 리모델링해서 화제가 되었다.

★★☆ⓂⒻ
장식미술 박물관 P.152
16세기부터 현재까지 장식미술의 흐름을 볼 수 있다. 공예품, 가구, 카펫 등이 전시되어 있으며 패션이나 장식미술 관련 특별전이 꽤 재미있다.

★★☆ⓂⒻ
조르주 퐁피두 센터 P.176
파격적인 건물 안에 전시되어 있는 현대 미술의 보고.

★★☆ⓂⒻ
국립 피카소 미술관 P.181
피카소의 작품과 그가 수집했던 인상파 화가들의 조화가 근사하다.

★★☆ⓂⒻ
카르나발레 박물관 P.182
파리의 역사를 볼 수 있는 박물관. 옛 파리 거리의 풍경을 느껴볼 수 있는 간판들이 재미있다.

★★☆ⓂⒻ
기술공예 박물관 P.188
과학기술 전반의 귀한 유물과 모형을 볼 수 있는 곳으로 진귀한 모형이 많이 전시되어 있다.

★★★ⓂⒻ
오르세 미술관 P.226

인상파를 사랑한다면 그냥 지나가기 어려운 미술관.

★★★ⓂⒻ
로댕 미술관 P.234

아름다운 정원을 가진 저택에서 만나는 로댕의 작품들.

★★☆ⓂⒻ
귀스타브 모로 박물관 P.211

상징주의 화가의 몽환적인 작품들이 가득한 곳. 실내의 계단 또한 멋지고 아름답다.

★☆☆ⓂⒻ
과학과 산업의 도시 P.212

다양한 과학 체험이 가능한 박물관. 18개의 테마로 나뉘어 있고 아이들이 마음껏 체험하며 놀 수 있는 공간.

★☆☆ⓂⒻ
케 브랑리 박물관 P.232

실험적인 구조의 문화인류학 박물관. 각 대륙의 원시 문명 유산을 한 곳에서 볼 수 있다.

★☆☆ⓂⒻ
달리 미술관 P.210

녹아내리는 시계 그림과 끝이 말린 콧수염의 화가 달리의 작품을 볼 수 있는 공간. 유쾌하고 재미있는 작품이 가득하다.

★☆☆ⓂⒻ
음악 박물관 P.212

진귀한 악기가 가득한 공간으로 거의 매일 열리는 작은 설명회가 재미있다.

★☆☆ⓂⒻ
마욜 미술관 P.233

로댕과 부르델을 이은 프랑스 조각계의 거장 마욜의 작품을 볼 수 있는 공간. 아름다운 저택에서 열리는 기획전도 수준 높다.

★★★ⓂⒻ
몽마르트르 미술관 P.207
몽마르트르의 역사를 볼 수 있는 공간으로 르누아르와
위트릴로가 살면서 작업했던 공간이다.

★★★ⓂⒻ
클뤼니 중세 박물관 P.248
고대 로마 유적 자리에 만든 중세 미술 박물관. 아름다운
태피스트리가 미술관의 백미.

★★★ⓂⒻ
국립 들라크루아 미술관 P.247
들라크루아가 말년에 거주하며 작업했던 공간. 그의 작업
실과 스케치를 만나볼 수 있다.

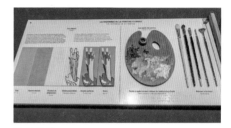

★★★ⓂⒻ
부르델 미술관 P.264
로댕의 제자 앙투안 부르델의 아틀리에. 역동적인 청동상
들이 당신을 기다리고 있다.

파리 박물관·미술관을 알뜰하게 관람하고 싶다면
파리 뮤지엄 패스 Paris Museum Pass

파리 뮤지엄 패스는 2일, 4일, 6일 동안 쓸 수 있는 통합권으로 파리에서
박물관·미술관을 중점적으로 관람하고자 한다면 필수로 구매해야 한
다. 파리와 파리 주변의 박물관·미술관뿐만 아니라 개선문, 앵발리드, 베
르사유 궁전, 생트샤펠, 팡테옹 등 인기 여행지 50여 곳을 자유롭게 관
람할 수 있어 유용하다. 패스는 루브르 박물관 부근 사무실, 공항 등에
서 구입할 수 있고 온라인으로 미리 구매할 수도 있다. 온라인 구매는 파
리 뮤지엄 패스 홈페이지에서 할 수 있고, 결제하면 PDF 파일 형식의 파
리 뮤지엄 패스가 이메일로 전송된다. 휴대폰에 저장하
거나 인쇄해서 입장할 때 바코드를 스캔하면 된다.

🏠 www.parismuseumpass.fr
💶 파리 뮤지엄 패스 요금 2일 패스(48시간 사용) €62,
4일 패스(96시간 사용) €77, 6일 패스(144시간 사용) €92

우아한 파리 여행을 위한
유용한 팁

파리의 매력에 빠져 여행하다 보면 알게 모르게 그냥 지나치는 매너들이 있다.
당신의 우아한 파리 여행을 도와주기 위한 약간의 잔소리!

기본 언어는 알고 가자.

물건을 구매하거나 식당에 들어갔을 때
등 누군가를 만나면 먼저 인사는 하자.
봉주흐Bonjour가 낯설고 어려우면 헬로
Hello도 괜찮다. 볼일을 끝내고 헤어질
때 메흐시Merci, 오흐부아Au Revoir!도
잊지 말 것.

내 안전은 내가 지킨다.

파리 공항에 도착하는 순간 우리는 여행자임을 벗어날 수 없다. 아무
리 파리에 외국인이 많다고 해도 여행자의 티는 지울 수 없다. 안전은
스스로 책임지자. 가방은 눈앞에 두고, 지퍼는 늘 잠가둔다. 특히 한국
여행자들은 좋은 휴대폰을 쓴다는 인식이 널리 퍼져 있어 휴대폰은
주의해야 하는 표적이니 스프링 고리나 스트랩 등으로 몸 또는 가방
과 연결해두고 필요할 때만 꺼내자.

화장실은 보일 때
꼭 갈 것.

식당에서, 박물관·미술관에서 화장실
이 보인다면 꼭 가자. 파리의 화장실 인
심은 그리 좋지 않다. 지하철역에 화장
실이 있고 나비고 패스로 이용할 수는
있으나 청소 상
태가 불량한 곳
이 많다.

한국에서 하지 말라는 것은 파리에서도 하지 말자.

너무 늦은 시간에 돌아다니거나 과음 후 돌아다니는 것, 모르는 사람
이 주는 열린 음료수를 받아 마시는 것 등 한국에서 하지 말라는 것은
파리에서도 하지 않는 게 좋다.

TPO를 지키자.

여름날 더위 때문에 짧은 옷을 입는다면 얇은 스카프 하나는 지니고
다니자. 성당 입장이 불가능하기 때문. 공연 관람이나 고급 레스토랑
방문 계획이 있다면 단정한 의
상 한 벌 정도는 준비하자. 남
자의 경우 재킷을 입지 않으면
입장 불가한 곳이 있다.

교통 티켓은 꼭 구매하고,
개시한 뒤 사용하자.

파리를 포함한 유럽은 '자율'을 기조로 움직인다. 티켓 없
이 다닐 생각은 하지도 말자. 기차를 타고 근교로 나갈 경
우 종이 티켓은 노란 박스에서 꼭 개시할 것. 이 과정을 생
략하면 €100 이상의 벌금을 내야 한다. 시내 교통수단에
서도 마찬가지.

쇼핑은 계획적으로.

파리 여행 중 겪는 가장 큰 유혹은 쇼핑. 한국에 비
해 저렴한 가격, 한국에서 구할 수 없는 여러 가지
가 당신의 마음을 흔든다. 무모한 충동구매로 지갑
은 가벼워지고 가방은 터질 수 있으니 계획적으로
쇼핑하자. 항공사 수하물 추가 요금은 생각보다 많
이 비싸다.

인물과 사건으로 알아보는 간단한 프랑스 & 파리 역사

고대 로마 시대부터 시작되는 프랑스의 역사. 중요한 사건과 인물 중심으로 분류해 소개한다.

BC 600년대 북쪽에는 켈트족, 남쪽에는 그리스 문화 정착

BC 52 시저의 로마, 갈리아(골) 지방 점령

클뤼니 미술관 부지의 고대 로마 유적

로마 시대 원형경기장의 유적
Arènes de Lutèce(49 Rue Monge, 75005 Paris)

467 동로마 제국의 멸망

481 클로비스의 프랑크 왕국 건설, 메로빙거 왕조의 시작(~751)

558 생 제르맹 데 프레 성당 최초 봉헌

768 왕국 분할 이후 샤를마뉴가 재통일
(오늘의 프랑스, 독일, 벨기에, 스위스, 이탈리아, 동유럽 일부)

800 샤를마뉴의 대관식

987 카페 왕조 시작(~1328)

1095 제1차 십자군 원정

1190 루브르 요새 축조

1309 아비뇽 유수(~1377)

1328 발루아 왕조 시작(~1589)

1337 백년 전쟁 시작(~1453)

12세기 루브르 유적

1345 노르트담 대성당 완공

1431 잔다르크의 화형

1560 카트린 드 메디시스의 섭정

성 바르톨로메오 축일의 대학살의 신호탄,
생 제르멩 록세루아 성당의 종탑

1562 구교 가톨릭과 신교도 위그노 전쟁(~1598)

1572 성 바르톨로메오 축일의 대학살

1598 낭트칙령으로 종교의 자유 선포

1643 태양왕 루이 14세 즉위(~1715)

1678 베르사유 궁전 완공

1774 루이 16세 집권

1789 프랑스 혁명

메트로 1·5·8호선 Bastiile역의 벽화

1790 팡테옹 완공

마리 앙투아네트가 수감되었던 콩시에르주리의 방

1793 루이 16세와 마리 앙투아네트 처형

1799 나폴레옹의 쿠데타

1804 나폴레옹의 황제 즉위

자크 루이 다비드의 〈나폴레옹의 대관식〉

1814 나폴레옹 엘바섬 유배

1830 7월 혁명

1836 개선문 완공

1848 2월 혁명

1870 보불 전쟁

보불 전쟁에서 패한 후 상심한 마음을 달래기 위해 지은
몽마르트르의 사크레쾨르 대성당

1870	생 쉴피스 성당 완공
1871	파리 코뮌
1889	에펠탑 완공
1894	드레퓌스 사건
1914	제1차 세계 대전(~1918)
1924	제8회 하계 올림픽 개최

페르 라셰즈 묘지 내 파리 코뮌의 벽

유배 순교자 기념물 Mémorial des martyrs de la Déportation,
2차 대전 중 나치에 협력했던 비시 정부에 의해 나치 강제 수용소에
갇힌 이들을 기리는 기념물(7 Quai de l'Archevêché, 75004 Paris)

1939	제2차 세계 대전(~1945)
1960	카메룬, 세네갈, 토고, 베닌, 니제르 등 식민지들의 독립
1968	5월 혁명
1981	프랑수아 미테랑 대통령 당선
1998	월드컵 우승

미테랑의 그랑 프로제 Grand Project 결과물

Stade de France, 프랑스의 첫 월드컵 우승

파리 올림픽 마스코트
프리주 Les Phryges

| 2017 | 에마뉘엘 마크롱 대통령 취임 |
| 2024 | 제33회 파리 올림픽 개최 |

추천 여행 코스

* 메트로, RER 모두 '메트로'로 표기

COURSE ①
유명 여행지를 돌아보는 2박 3일

파리 뮤지엄 패스 2일권을 준비해 개선문에서 개시하자.
베르사유에서 얼마나 머무느냐에 따라 다르지만 3일째
팡테옹까지 쓸 수 있다.

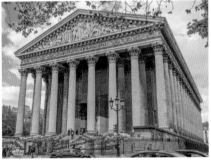

DAY 1

◯ 샤요 궁전 P.122

　버스+도보 20분

◯ 콩코르드 광장 P.125 & 튈르리 정원 P.144

　메트로 5분

◯ 노트르담 대성당 P.242

　도보+버스 15분

◯ 마레 지구 P.196 & 샤틀레 레알 쇼핑 P.166

　메트로+도보 10분

◯ 개선문 P.120

　메트로+도보 20분

◯ 에펠탑 P.222 조명 쇼

DAY 2

◯ 사크레쾨르 대성당 P.204

　버스+도보 17분

◯ 귀스타브 모로 미술관 P.211

　도보 14분

◯ 오페라 가르니에 P.145

　메트로+도보 7분

◯ 마들렌 대성당 P.144

　도보+메트로 12분

◯ 루브르 박물관 P.146 또는 오르세 미술관 P.226

◯ 센강 유람선 P.113

DAY 3

◯ 베르사유 궁전 P.275

　메트로+도보 1시간

◯ 뤽상부르 공원 P.248 & 팡테옹 P.249

COURSE ②
미술관과 성당을 적당히 섞은 3박 4일

파리 뮤지엄 패스 2일짜리를 사서 2일 차에 개시해 팡테옹까지 쓸 수 있는 루트. 저녁시간 이후는 취향껏 선택하는데 센강 유람선과 에펠탑 조명 쇼는 놓치지 말 것.

DAY 1

DAY 2

DAY 3

DAY 4

야간 개장 미술관·박물관

COURSE ③
이번 기회에 샅샅이
파리 탐험 일주일

파리 뮤지엄 패스 4일짜리를 한껏 이용할 수 있는 루트.
2일 차에 개시하면 된다.

DAY 2

◯ 조르주 퐁피두 센터 P.176

　도보 15분

◯ 국립 피카소 미술관 P.181

　도보 5분

◯ 카르나발레 박물관 P.182

　도보 5분

◯ 보주 광장 P.182

　도보 9분

◯ 바스티유 광장 P.184

　도보 10분

◯ 쿨레 베르트 산책길 P.187

DAY 1

◯ 개선문 P.120

　도보 5분

◯ 샹젤리제 거리

　도보 30분 또는 메트로+도보 18분

◯ 콩코르드 광장 P.125

　도보 14분

◯ 방돔 광장 P.152

　도보 10분

◯ 마들렌 대성당 P.144

　도보 14분

◯ 오페라 & 주변 백화점 쇼핑 P.165, 166

PART 2

파리를
가장 멋지게
여행하는
방법

파리의 전망대

에펠탑 P.222

파리의 대표 전망대. 우아한 철골 구조물에 올라 파리를 감상하자. 층마다 달라지는 느낌도 놓치지 말 것.

개선문 P.120

별 모양의 거리 중심에 서 있는 개선문에서 사방을 바라보자. 쭉 뻗은 샹젤리제, 뒤쪽의 라데팡스, 우아하게 손짓하는 에펠탑까지.

높은 곳에서 내려다보는 파리는 또 다른 느낌.
비슷한 높이의 건물 사이로 솟아 있는 몇몇 건물은 악센트가 된다.
파리를 내려다보며 한눈에 감상할 수 있는 장소들!

사크레쾨르 대성당 P.204

파리에서 가장 높은 몽마르트르 언덕 위의 하얀 성당. 성당 앞에서 보는 파리도 멋지고, 종탑 위에서 보는 파리 또한 멋지다.

몽파르나스 타워 P.262

주변과 어울리지 못하고 우뚝 솟은 못생긴 건물에서 바라보는 아름다운 파리. 에펠탑을 내려다볼 수 있는 장소.

거장의 작품을 맘껏!
파리의 무료 미술관·박물관들

파리는 볼거리가 많다 보니 입장료 부담이 만만찮다. 하지만 조금만 찾아보면 무료로 입장해서 어마어마한
작품들과 유물들을 감상할 수 있는 곳들이 있다. 빈손으로 들어가서 눈과 마음을 가득 채우고 나올 수 있는 파리의 명소들!
그냥 나오기 민망하다면 어딘가 있는 기부함에 약간의 성의를 표시하는 것도 좋겠다.

카르나발레 박물관 P.182
Musée Carnavalet

활기찬 마레 지구에서 가장 오래된 건물. 파리의 역사와 함께 귀족들의 생활을 엿볼 수 있는 아름다운 가구, 식기 등이 가득하다.

파리 시립 현대 미술관 P.123
Musée d'Art Moderne de Paris

웅장한 건물 속에서 앙리 마티스, 라울 뒤피, 피카소 등의 아름다운 작품을 만날 수 있다. 다양한 테마의 전시도 흥미롭다.

프티 팔레 Petit Palais P.124

이름과 달리 프티하지 않은 규모의 1900년에 지은 아름다운 건물 안에 전시된 걸작들을 감상할 수 있는 곳. 정원 카페 또한 아름답다.

빅토르 위고 저택 Maison de Victor Hugo P.183

〈레 미제라블〉, 〈파리의 노트르담〉의 작가 빅토르 위고가 16년간 살았던 집에서 그의 삶의 궤적과 함께 당시 프랑스 상류층의 삶을 엿볼 수 있다.

부르델 미술관 P.264
Musée Bourdelle

역동적인 작품이 가득한 조각가의 아틀리에. 미술관 규모는 크지 않지만, 안에 담긴 작품의 규모는 어마어마하다.

쇼와 기념관 Mémorial de la Shoah

홀로코스트의 희생자 7만 6000명을 기리며 홀로코스트를 기억하는 장소. 무거운 분위기 속에서 과거의 비극을 기억하며 다시는 그런 일을 만들지 않겠다는 다짐이 가득한 곳.

📍 17 Rue Geoffroy l'Asnier, 75004 Paris
🕐 일~금 10:00~18:00 ❌ 토요일

자드킨 미술관 Musée Zadkine

큐비즘을 입체적으로 해석한 러시아 출신 조각가 오시프 자드킨Ossip Zadkine이 살았던 집과 아틀리에를 개조한 박물관. 정원에 숨어 있는 조각상 찾기도 재미있다.

📍 100 bis, rue d'Assas 75006 Paris
🕐 화~일 10:00~18:00 ❌ 월요일

수많은 성당 중 이곳은 꼭
파리 성당 기행

가톨릭의 맏딸이라는 별칭을 가진 프랑스의
수도 파리에는 160여 개의 성당이 있다.
《리얼 파리》에서 소개하는 주요 성당 리스트!

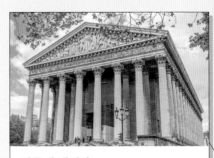

마들렌 대성당 P.144

그리스 신전 같은 독특한 외관을 가진 성당으로
음악회가 많이 열린다. 쇼팽과 코코 샤넬의 장례
식을 치른 곳이기도 하다.

생 제르맹
데 프레 성당 P.246

558년에 세워진 파리에
서 가장 오래된 성당. 생
제르맹 데 프레 지역의
수호신 같은 느낌이다.

우리의 성모, 기적의 메달 성당 P.233

성당 소속 수녀에게 성모 마리아가 발현해 만들라
고 명했다는 작은 메달에 담긴 은총과 평화를 얻
기 위한 순례자들이 많이 찾는다.

생 쉴피스 성당 P.247

노트르담 대성당 다음으로 파리에서 큰 성당. 댄
브라운의 소설 〈다빈치 코드〉에 등장해 눈길을 끌
었다. 7000여 개의 파이프를 가진 아름다운 파이
프오르간도 볼거리.

사크레쾨르 대성당 P.204

우아한 선을 가진 둥근 돔이 독특한 몽마르트르의 상징. 성당 앞 계단은 영화 〈존 윅〉 시리즈 마지막 편에서 주인공 존 윅(키아누 리브스 역)이 죽음을 맞이하는 장소이기도 하다.

생 퇴스타슈 성당 P.154

레 알 지구에 자리한 성당으로 웅장하고 아름다운 외관이 보는 이를 압도한다. 성당 안에 프랑스에서 가장 큰 파이프오르간이 있다.

조르주 퐁피두 센터

팡테옹

생 제르맹 록세루아 성당 P.155

루브르 박물관 옆에 있는 아담한 성당. 평화로운 모습과 달리 이 성당의 종탑에서 종교전쟁 시대에 가장 참혹한 사건인 성 바르톨로메오의 학살이 시작되었다.

노트르담 대성당 P.242

2019년에 발생한 화재로 인해 잠시 빛을 잃었지만 파리의 중심 성당의 지위에 빛나던 곳이다. 2024년 말경 우리 곁으로 다시 돌아올 그날을 기다리자.

파리 묘지 여행

페르 라셰즈 묘지 P.186
Cimetière du Père Lachaise

파리에서 가장 큰 묘지이자 최초의 정원식 공동묘지다. 파리를 중심으로 활동한 예술가 및 유명 인사들이 쉬고 있는 공간에 걸맞게 세계에서 가장 많은 방문객이 찾는 묘지다.

주요 인물 쇼팽, 짐 모리슨, 오스카 와일드, 들라크루아, 마리아 칼라스, 이사도라 덩컨, 에디트 피아프, 이브 몽탕, 고암 이응노 화백

몽파르나스 묘지 P.263
Cimetière du Montparnasse

1824년에 개장한 파리에서 두 번째로 큰 공동묘지다. 묘지 중앙의 청동 천사상을 중심으로 다양한 무덤이 있어 흡사 조각공원 같은 분위기를 풍긴다.

주요 인물 보들레르, 사뮈엘 베게트, 샤르트르, 시몬 드 보부아르, 만 레이

수많은 예술가, 사상가들이 활동했던 파리. 이 도시를, 전 세계를 아름답게 만든 사람들이 안식에 든 공간은 어떤 풍경일까? 그들을 사랑했고 기억하는 사람들이 모여 독특한 아우라를 내뿜는 파리의 묘지들을 탐방해보자. 장소가 장소이니만큼 추모의 꽃 한 송이와 고요한 마음을 갖고서.

묘지 산책에 나서기 전 홈페이지에서 지도를 미리 받아두자. 일부 묘지는 관리사무소에 코팅된 지도를 갖춰놓기도 하지만 수량이 많지 않다.

몽마르트르 묘지 P.207
Cimetière de Montmartre

파리 북쪽 묘지로 불리다 몽마르트르 지역이 유명해지면서 이름이 바뀌었다. 예술가의 무대였던 몽마르트르를 닮은 분위기의 묘지로 예술가들의 특성이 보이는 묘비가 인상적이다.

주요 인물 스탕달, 드가, 달리다, 니진스키, 모로, 프랑수아 트뤼포

파시 묘지 Cimetière de Passy

트로카데로 광장과 가까운 곳에 있는 묘지. 1820년에 문을 열었으며, 앞의 세 묘지보다 덜 알려진 덕에 한갓지다. 많은 예술가와 귀족, 금융, 산업 분야의 거물들이 쉬고 있는 2600여 기의 무덤이 있다.

주요 인물 마네, 드뷔시, 가브리엘 포레

📍 2 Rue du Commandant Schloesing, 75016 Paris 🏃 메트로 6·9호선 Trocadéro역 5번 출구에서 도보 5분
🕐 월~금 08:00~18:00, 토 08:30~18:00, 일 09:00~18:00
🏠 cimetiere-de-passy.com

Picnic in Paris!
파리에서 즐기는 피크닉

🏛 **뤽상부르 공원** Jardin du Luxembourg P.248
🍞 **라 파리지엔 마담** LA PARISIENNE Madame P.254

뤽상부르 공원은 바쁘고 활기찬 생 제르맹 지구 속 휴식처. 곳곳의 조각상과 꽃, 나무들이 만들어내는 풍경이 아름답고, 기묘하게 생긴 의자는 한번 앉으면 일어나기 싫은 묘한 마력이 있다. 이곳에서 2016년 그랑프리 바게트를 수상한 라 파리지엔 마담의 바게트 샌드위치와 함께 휴식을 취해보자.

🏛 **팔레 루아얄 정원** Jardin du Palais-Royal P.153
🍞 **르 팡 코티디앙** Le Pain Quotidien

호사스러운 주변에 압도되었다면 정갈한 팔레 루아얄 정원에서 잠시 휴식을 취해보자. 유기농 재료로만 만드는 샌드위치나 타르트, 마음에 드는 음료 한 잔 들고서.

르 팡 코티디앙 📍 5 Rue des Petits Champs, 75001 Paris

공원과 정원을 사랑하는 파리지엔 사이에서 잠시 휴식을 취해보는 건 어떨까?
샌드위치나 올망졸망한 디저트 두어 개 들고 각기 다른 분위기의
공원으로 가서 시간을 흘려보내 보자. 바쁜 일정 속에서 숨을 돌리며
여행의 여유를 만끽할 수 있다.

🏵 보주 광장 P.182
Place des Vosges

🍞 카레트 Carrette P.192

한때 파리 최고의 부촌이었던 작은 광장에서 달콤한 에클레르 한 입! 달달한 크림과 아름다운 정원이 기막히는 조화를 만들어낸다.

🏵 마르스 광장 Champ-de-Mars P.225
🍞 르 프티 카지노 Le Petit Casino

에펠탑을 보며 즐기는 피크닉 명소 마르스 광장. 주변 슈퍼마켓에서 사온 샌드위치도 고급스러운 맛으로 변화시키는 풍경 속에서 여유를 느껴보자. 지나다니며 와인과 음료를 판매하는 사람들이 있는데 꽤 비싸다.

르 프티 카지노 📍 68 Av. de Suffren, 75015 Paris

우아한 유리 지붕 아래 산책
파리의 파사주·갤러리

유리 지붕에서 쏟아지는 자연 채광이 근사한 파리 파사주. 개성 있는 상점과 오랜 시간 자리를 지키고 있는 상점이
공존하는 곳으로 19세기 초반부터 만들어진 파리 부르주아들의 인기 쇼핑과 사교장이었다.
대형 백화점이 개장하면서 쇠락을 길을 걸었지만 그 아름다움은 파리 문화유산으로 지정되어 오늘날까지 내려오고 있다.

🏠 www.passagesetgaleries.fr

갤러리 비비엔느 Galerie Vivienne P.156

디자이너 장폴 고티에의 첫 번째 부티크가 있었던 우아한 갤러리.

갤러리 콜베르 Galerie Colbert P.156

원형 천장이 인상적인 갤러리로 상점은 전혀 없어 고요하게 산책할 수 있다.

파사주 뒤 그랑 세르
Passage du Grand Cerf

천장 높이가 파리 시내에서 가장 높은 파사주. 처음 지은 것은 1835년이지만 지금의 모습은 1990년에 리뉴얼했다. 몽토르게이 거리 안쪽에 자리해 한적하게 시간을 보낼 수 있다.

📍 51 Rue Montorgueil, 75002 Paris 🚶 메트로 4호선 Etienne Marcel역 유일한 출구에서 도보 3분

파사주 데 파노라마 P.157
Passage des Panoramas

파리에서 두 번째로 조성된 파사주로 오래된 우표 상점과 독일 로텐부르크를 연상시키는 간판의 행렬이 재미있다.

파사주 주프루아 Passage Jouffroy P.157

쇼팽이 즐겨 찾은 호텔이 있는 파사주. 그레뱅 박물관부터 미니어처 장난감 상점, 오래된 서점 등 가장 볼거리가 다양한 파사주.

파사주 뒤 아브르 Passage du Havre

프랭탕 백화점과 생 라자르역 사이에 자리한 파사주로 앞에서 소개한 파사주들과 달리 현대적인 모습을 갖추고 있다. 2층에 걸쳐 매장이 입주해 있고 화장품 매장 세포라, 보디 숍, 액세서리 전문점 아가타 등 우리에게 친숙한 매장이 많다.

📍 109 Rue Saint-Lazare, 75009 Paris 🏃 메트로 3·9호선 Havre-Caumartin역 1번 출구에서 도보 3분, 생 라자르역 길 건너편 🕐 월~토 09:30~20:00, 일·공휴일 11:00~19:00
🏠 www.passageduhavre.com

파사주 베르도 Passage Verdeau P.157

파사주 데 파노라마, 파사주 주프루아와 연장선에 있는 파사주. 파사주 산책을 마치고 북쪽 출구로 나와 왼쪽으로 조금 걸어가면 제1회 바게트 대회에서 우승한 집 불랑제리 장 노엘 줄리앙Boulangerie Jean Noël Julien이 있다.

한때 논란이 되었던

파리 현대
건축물 탐구

에펠탑 P.222

거대한 고철을 엮어놓은 외형 때문에 많은 비난을 받았던 건축물. 무너지면 사람들이 죽는다, 뼈대만 앙상한 건물이 파리에 있는 것을 볼 수 없다, 예술의 도시 파리를 망치는 흉물이라는 온갖 욕을 다 들었던 과거가 있다. 그러나 오늘날 에펠탑은 파리를 찾는 여행자라면 꼭 들르는 인기 여행지로 파리의 상징이 되었다. 일몰 후 매시 정각에 에펠탑을 뒤덮고 있는 전등의 조명 쇼, 일명 에펠탑 반짝이 쇼는 파리의 밤을 정말로 아름답게 물들인다.

루브르 박물관의
유리 피라미드 P.146

프랑수아 미테랑 대통령의 대규모 문화 프로젝트 중 하나로 중국계 미국인 건축가 I. M. 페이가 설계한 건축물이다. 르네상스와 바로크의 루브르 박물관과 부조화를 이루고, 이집트의 무덤 양식인 피라미드를 루브르 박물관 안으로 들이는 것을 터부시하는 비판이 있었으나 당시 파리 시장이었던 자크 시라크(미테랑 후임 프랑스 대통령)의 전폭적인 지지로 완성되었다. 루브르 박물관 안뜰에 자리한 이 피라미드를 통해 여행자들이 루브르 박물관으로 입장하고, 밤에 불을 밝힌 모습은 눈부시게 빛난다.

장엄한 고딕 양식과 위대하고 화려한 바로크 양식을 완성시킨 부르봉 왕가의
도시 파리. 고전의 도시들이 대부분 그랬듯 파리에서도 현대적 건축물이
들어설 때 반대의 물결이 일어났다. 하지만 비판과 반대 속에서도 꿋꿋하게
자리를 지키고, 오늘날 여행자들의 피사체가 되는 현대 건축물들을 돌아보자.

몽파르나스 타워 P.262

파리의 유일한 마천루. 하지만 무지막지한
직선으로 우뚝 솟은 모습으로 인해 완공된
1973년부터 지금까지 파리 시민들의 미움
을 받고 있다. 심지어 철거를 주장하는 이들
도 있다고. 하지만 이곳에서 보는 파리 시내
의 전경은 실로 아름답고, 먼저 미움받은 에
펠탑을 한눈에 내려다볼 수 있는 곳이다.

조르주 퐁피두 센터 P.176

파리 시내에서 가장 요란한 건물을 꼽으라면 단연 1등으로 언급될 곳이
다. 마약 거래와 매춘이 자행되던 우범지대에 도시개발 계획을 통해 세운
건물로, 모든 배관이 밖으로 나와 있으며 용도별로 나뉘는 컬러가 뒤섞이
면서 뿜어내는 요란함으로 많은 비난을 받았다. 건물 밖으로 나와 있는 에
스컬레이터는 나이키 운동화의 디자인에 영감을 주기도 했다고.

파리 하면 패션

패셔니스타를 위한 파리 속 여행지

세계 패션의 중심인 파리. 일 년에 5회 정도 열리는 파리 패션 위크에는 전 세계 패셔니스타들의 이목이 쏠리고
유명 인사들이 줄지어 방문한다. 패션 위크 기간이 아니더라도 파리는 유행을 선도하는 도시로서의
기능에 충실하다. 언제나 패셔너블한 공간, 패션을 선도하는 브랜드의 발자취를 볼 수 있는 공간을 소개한다.

LV 드림 P.158

루이 비통의 모든 것을 볼 수 있는 복합 문화 공간. 1층에 가득한 컬렉션을 감상
하고 2층 카페에서 차를 마시자.

갈리에라 박물관 P.124

20만여 점의 의상, 복식 관련 소품을 소장하고 있는 박물관. 시기별 기획전이 근사하다.

이브 생 로랑 박물관 P.125

이브 생 로랑이 30년 동안 일한 작업실을 엿볼 수 있는 공간. 컬렉션 의상과 의상을 디자인 하던 공간이 그대로 남아 있다.

라 갤러리에 뒤 19M P.211

프랑스 대표 브랜드 샤넬의 공방 집합소와 전시실. 컬렉션과 연관된 콘셉트의 기획 전시가 재미있고, 함께 열리는 워크숍이 알차다.

디올 갤러리 P.126

크리스찬 디올의 역사가 가득한 공간. 시대별로 전시된 컬렉션 의상들은 작품이라 해도 모자람 없다.

영화 〈비포 선셋〉의 낭만
파리 서점 탐험

여행을 다니다 보면 지적 허영을 뿜어내고 싶은 도시가 있다. 파리야말로 그런 도시가 아닐까. 우리에게는 제2외국어 격인 프랑스어로 된 책들은 어떤 느낌일지, 파리의 서점들을 탐험해보자.

① 셰익스피어 앤 컴퍼니 P.246

영화 〈비포 선셋〉, 〈미드나잇 인 파리〉에 등장하며 유명해진 영어 책 전문 서점. 100년 전 설립 당시부터 출판 금지된 소설을 출판하고 가난한 문인들을 후원했던 역사의 공간이다.

② 레드 윌배로우 북스토어 P.257

서점 밖에 걸려 있는 빨간 에코백이 강렬하다. 어린이용 책과 성인용 책으로 나뉜 두 점포에서 영어로 된 책을 구할 수 있다.

③ 리브라리에 갈리냐니 P.169

유럽에서 가장 오래된 영어 서점으로 1856년부터 운영 중이다. 1930년대에 만든 책꽂이에 프랑스어와 영어로 된 다양한 책이 가득하다.

④ 아르타자르 P.196

생 마르탱 운하 변에 자리한 빨간색 외벽이 독특한 서점. 디자인 서적과 그림책, 디자인 소품들이 있으며, 트렌디한 브랜드와의 협업도 진행된다.

⑤ 리브라리에 구르망드 P.169

요리책을 구입하고 싶다면 찾아가보자. 거의 모든 분야의 요리책을 갖추고 있다.

⑥ 타셴 P.258

표지만 봐도 미술과 건축 관련 지식이 늘어날 것 같은 책이 가득한, 미술 전문 서적으로 이름 높은 독일 출판사 타셴의 파리 스토어.

⑦ 르 레나흐 도레 P.258

지브리 애니메이션 그림책을 비롯해 프랑스어로 번역된 일본 만화책이 가득한 공간.

120년의 역사, 개성 가득한
파리 메트로 여행

우리가 파리를 여행할 때 가장 많이 이용하는 교통수단은 메트로.
1900년 파리 만국박람회 시기에 맞춰 개통한 파리 메트로는
현재 14개의 노선이 거미줄처럼 연결되어 파리 시내 곳곳으로 안내한다.
120년 넘는 역사를 가진 메트로를 우리나라 지하철과
비교할 수는 없다. 하지만 각 역이 가진 역사, 지리적 특성 등에
맞춘 실내는 그만의 개성을 한껏 뽐내고 있다.
그냥 지나치기 쉽지만 잠시 멈춰 메트로 역의 면면을 살펴보자.

메트로 1호선 Tuileries역. 지상의 튀를리 정원을 지하에도 구현했다.

메트로 1·5·8호선 Bastiile역. 프랑스 혁명과 관련된 벽화가 가득하다.

메트로 1·8·12호선 Concorde역. 12호선 승강장 벽은 프랑스 혁명의 인권 선언문 〈인간과 시민의 권리선언〉으로 뒤덮여 있다.

메트로 1호선 Louvre-Rivoli역. 루브르 박물관의 전시품 모형이 있어 미리 보기를 하는 느낌.

메트로 4호선 Saint-Germain-des-Prés역. 이 지역을 중심으로 활동한 문학가들의 초상이 그려져 있다.

메트로 3·11호선 Arts et Métiers역. 부근의 기술, 과학, 산업 미술관의 오마주.

메트로 3·7·8호선 Opéra역 환승 통로의 그림들. 오페라 가르니에에서 공연하는 아티스트들을 표현한다.

메트로 12호선 Solférino역의 몽마르트르 방향을 알려주는 터널.

구슬로 장식된 메트로 1호선 Palais Royale Musée du Louvre역. 프랑스 건축가 엑토르 기마르Hector Guimard의 작품.

Abbesses역, Châtelet역도 엑토르 기마르의 작품이다.

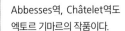

메트로 역 내 화장실. 나비고 카드로 사용할 수 있다. 청소 상태는 기대하지 말자.

무인 열차로 운행되는 메트로 14호선. 오를리 공항까지 연장할 예정이다.

아돌프 데르보Adolphe Dervaux가 만든 촛대 모양의 메트로 표지판. 1924년 Sevres-Babylone역에 처음 설치된 후 파리 메트로의 상징이 되었다.

여행인 듯, 산책인 듯

르 코르뷔지에를
찾아서

현대 건축의 아버지 르 코르뷔지에. 내부를 볼 수 있는
건물은 한정되어 있지만 그의 건축물 외관에서
풍기는 아우라는 독보적이다. 지나가다 봐도 다름을
느낄 수 있는 그의 건축물을 찾아다녀 보자.

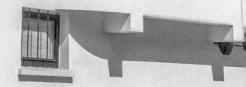

르 코르뷔지에
Le Corbusier (1887~1965)

콘크리트의 마법사, 근대 건축의 아버지로 불리는 르 코르뷔지에는 스위스 시계 산업의 중심지 라 쇼드퐁La Chaux-de-Fonds에서 태어나 주로 프랑스에서 활동한 건축가다. "집은 살기 위한 기계"라는 신조로, 1920년대에 시작된 근대 합리주의 건축 양식에 서양 건축의 기조인 고전주의 미학을 조화시켜, 철근 콘크리트 건축의 새로운 국면을 개척했다.

르 코르뷔지에의 주요 작품

그의 주요 작품으로는 근대 건축 5원칙(필로티를 비롯해, 옥상 정원, 열린 평면, 자유로운 파사드, 길게 연결된 창)을 확립한 파리 근교 푸아시의 빌라 사보아Villa Savoye 마르세유의 유니테 다비타시옹Unité d'Habitation 등의 주택과 롱샹 성당La Chapelle Notre-Dame du Haut, 리옹 근교의 라 투레트 수도원Convent Sainte-Marie de La Tourette, 독일 슈투트가르트 주택 박람회의 집Villas at Weissenhof Estate, 일본 도쿄 국립 서양미술관National Museum of Western Art 등이 있다. 말년에 인도 찬디가르의 신도시 건설을 주관했으며 최고재판소, 의사당 건물 등이 그의 작품이다. 고전 건축을 재해석하고 현대 건축의 토대를 마련한 공로를 인정받아 2016년 그의 건물들이 유네스코 세계문화유산에 등재되었는데 이는 한 작가의 작품이 대륙을 넘어서 지정된 최초의 사례다.

메종 라로슈
Maison La Roche · 1923~1925

르 코르뷔지에의 '근대 건축의 5원칙'이 수립된 기념비적인 건물. 소박해 보이는 외관과 달리 들어갈 때부터 느껴지는 다이내믹함이 압권이다. 건축물 안에서 산책하는 개념이 도입된 건물. 옆에 붙어 있는 빌라 잔느레Villa Jeanneret도 르 코르뷔지에의 작품이나 연구용 도서관으로 사용되며 일반에게 개방하지 않는다.

📍 8-10 Sq. du Dr Blanche, 75016 Paris
🚶 메트로 9호선 Jasmin역 1번 출구에서 도보 7분
🕐 화~토 10:00~18:00 ❌ 월·일요일 💶 €10

빌라 사보아
Villa Savoye · 1928~1931

메종 라로슈에서 근대 건축의 5원칙이 수립되었다면 빌라 사보아에서는 완벽히 구현되었다. 지금은 흔히 볼 수 있지만 당시에는 파격적이었던 1층의 필로티, 가로로 길게 난 창, 전형적이지 않은 건물의 전면 파사드, 옥상 정원, 자유롭게 구성되는 평면이 그것인데, 내부를 관람하면서 한껏 느껴볼 수 있다. 외관과 다른 내부의 우아한 곡선은 보너스.

 82 Rue de Villiers, 78300 Poissy
 RER A·J선 Poissy역 1번 출구에서 3번 버스를 타고 Villa Savoye 정류장에서 하차 5~8월 화~일 10:00~18:00, 9~12월2~4월 화~일 10:00~17:00
 월요일, 1월, 5월 1일, 12월 15일 €9, 파리 뮤지엄 패스 사용 가능 www.villa-savoye.fr

르 코르뷔지에의 스튜디오와 아파트
L'Appartement-Atelier de Le Corbusier · 1931~1934

르 코르뷔지에가 파리에서 활동하던 시기에 기거하며 작업했던 아파트. 최초로 전면 파사드에 유리를 사용한 건물로 전체 7층 아파트 중 6, 7층에 자리하고 있다. 르 코르뷔지에의 곡선이 구현된 계단을 따라 올라가 그가 생활하며 작업했던 공간을 관람할 수 있다.

 24 Rue Nungesser et Coli, 75016 Paris 메트로 9·10호선 Michel-Ange Molitor역 유일한 출구에서 도보 12분, 메트로 10호선 Porte d'Auteuil역 1번 출구에서 도보 10분
 목·금 10:00~13:00, 토 10:00~13:00·13:30~18:00
 일~수요일·공휴일, 8월 20일~31일, 12월 23일~1월 3일 €10

Cité Internationale Universitaire de Paris

파리 국제대학촌 스위스 기숙사, 브라질 기숙사
Cité Internationale Universitaire de Paris Fondation Suisse Maison du Brésil

전 세계에서 파리로 유학 온 학생들이 모여 있는 파리 국제대학촌 내 스위스 학생과 브라질 학생을 위한 기숙사 건물이 르 코르뷔지에의 작품이다. 단정한 스위스 기숙사의 1층 필로티 공간의 곡선과 브라질 기숙사의 발랄한 컬러의 창이 "나야, 나 여기 있어!"라고 외치는 것 같다.

독보적 아우라를 뽐내는 일반 주택들

내부로 들어갈 수는 없지만 외관만 봐도 독보적 아우라를 뽐내는 일반 주택들이 있다. 좁은 대지를 효율적으로 이용한 설계, 직전과 곡선을 적절히 섞은 외관이 매력적인 건물들이다.

파리 구세군 회관
Cité du Refuge

구세군에서 운영하는 도시 빈민과 불법 체류자, 난민들을 위한 숙박 시설로 르 코르뷔지에가 설계했다. 발랄한 외관이 눈에 띄고, 이곳에서 운영하는 카페의 커피 맛이 좋다는 평이다. 내부 입장은 시설 운영에 따라 변화가 있다.

📍 12 Rue Cantagrel, 75013 Paris

Maison Jaoul(81 Rue de Longchamp, 92200 Neuilly-sur-Seine)

Ozenfant House
(53 Av. Reille, 75014 Paris)

Villa Cook
(6 Rue Denfert Rochereau, 92100 Boulogne-Billancourt)

Maison Planeix
(24bis Bd Masséna, 75013 Paris)

Villa Ternisien(5 All. des Pins, 92100 Boulogne-Billancourt)

진짜 파리를 느끼는 방법

파리에서 공연 즐기기

오페라 바스티유

오페라 바스티유

오페라 가르니에

오페라 가르니에

발레 **오페라 가르니에** P.145, 오페라 **오페라 바스티유** P.184

뮤지컬 〈오페라 유령〉에 모티프를 제공한 오페라 가르니에에서는 발레, 한국인 지휘자 정명훈이 음악감독을 역임한 오페라 바스티유에서는 오페라를 주로 공연한다. 그 외 여러 콘서트도 열리니 여행 계획이 잡힌다면 스케줄을 확인하자.

🏠 www.operadeparis.fr

파리의 야경과 더불어 파리의 밤을 아름답게 만들어주는 것은 다양한 공연.
정통 클래식 음악뿐만 아니라 뮤지컬, 카바레 공연 등 여러 종류의 공연이 당신을 기다린다.

클래식 공연 **필하모니 드 파리**

파리 북부 라 빌레트 공원 부지에 자리한 필하모니 드 파리Philharmonie de Paris. 장 누벨이 설계한 공연장에서 파리 필하모니 오케스트라뿐만 아니라 세계 유수의 오케스트라 공연이 열린다. 아름다운 홀에서 아름다운 음악에 빠져들 수 있다.

♥ 221 Av. Jean Jaurès, 75019 Paris 🏃 메트로 5호선 Porte de Pantin-Parc de la Villette역
1번 출구에서 도보 7분, 트램 T3b선 Porte de Pantin-Parc de La Villette 정류장 하차, 도보 5분
€ €25~ 📞 +33-1-44-84-44-84 🏠 philharmoniedeparis.fr

카바레 **물랭 루주** P.210

공연이 열리는 큰 무대를 갖추고 술과 식사를 제공하는 카바레는 파리의 밤을 더욱 화려하게 만드는 요소다. 대표적으로 물랭 루주가 있으며, 리도Lido나 파라다이스 라틴Paradis Latin, 크레이지 호스 파리Crazy Horse Paris 등이 있다.

① 파리의 클래식, 오페라 공연 시즌은 9월부터 다음 해 6월 말까지다. 시즌이 맞지 않는다고 실망하지 말자. 파리 시내 성당에서 무료 공연도 많이 열린다.
② 관람하고 싶은 공연이 매진이라면? 공연에 따라 이메일 주소를 등록해놓으면 차후 열리는 좌석을 예매할 수 있는 기회를 준다. 쉽게 포기하지 말 것.
③ 복장은 정장을 입으면 좋겠지만 여행자로서는 쉽지 않다. 최대한 깔끔한 복장을 갖추고, 아웃도어 의류는 잠시 넣어두자.

맛있는 프랑스
식당 가이드

이탈리아와 세계 음식의 패권을
다투는 파리에는 세계 각국의 음식점이
자리하고 있다. 간단하게 거리 음식을
먹을 수도 있지만 한 끼 정도는
제대로 된 정찬을 즐겨보자.
다만 기준이 좀 애매하긴 하지만
프랑스의 식당은 네 종류로 구분되며
분위기도, 메뉴도 조금씩 다르다는
것도 알아두자.

🍽️ 레스토랑 Restaurant

일반적인 식당. 점심시간과 저녁 시간 사이에 문을 닫는다. 저녁 식사는
예약 필수. 드레스 코드를 명시하는 곳도 있다.

🍔 비스트로 Bistro

주로 간단한 프랑스 전통 가정식을 판매하며 레스토랑보다 저렴하다.
술과 음료를 파는 바를 함께 운영한다.

비스트로는 빨리빨리의 결과물?

유럽 동맹군이 파리를 점령했을
당시 군인 대상의 저렴한 식당들
이 생겼다. 특히 러시아 군인들이
음식을 재촉하며 빨리를 뜻하는
"브이스트라"를 외친 데서 유래
했다. 파리 최초의 비스트로는 몽
마르트르 테르트르 광장에 자리
한 라 메르 카트린느 P.213.

🍺 브래서리 Brasserie

독일 국경지대 알자스 지방에서 맥줏집을 일컫던 말이다. 1870년대 독
일과의 분쟁을 피해 파리로 이주한 알자스 사람들이 브래서리를 연 것
이 시초. 알자스 와인와 맥주만 팔다 음식도 함께 내면서 오늘까지 왔
다. 비스트로보다 규모가 크다. 파리 최초의 브래서리는 보핑거 P.190.

🍰 카페 Café & 살롱 드 테 Salon de Thé

커피나 차와 함께 디저트를 즐길 수 있는 곳. 샐러드나 샌드위치 등 간
단한 음식을 먹을 수도 있다. 일반 식당과 다를 바 없이 이름만 카페인
곳도 있다.

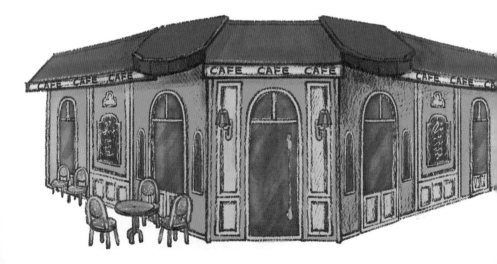

조금씩 먹다 보면 배부른
프랑스 코스 요리의 구성

정통 프랑스 요리를 서브하는 고급 레스토랑을 방문한다면 10~12코스를 만나게 된다. 간소화해도
최소 5개의 코스 음식이 나온다. 일반 레스토랑의 전식+본식+후식 구성도 프랑스에서 즐기는
완벽한 한 끼 식사로 충분하다. 전식+본식 또는 본식+후식으로 구성되는 세트 메뉴가 준비되는 곳도 있다.

① 아페리티프 Apéritifs
식전주(가벼운 샴페인을 주로 마신다.)

② 아뮈즈 부슈 Amuse Bouche
가벼운 한 입 거리 음식

③ 오르되브르
Hords-d'Œuvre
차가운 전식

④ 앙트레
Entrée
더운 전식

⑤ 플라 Plat
메인 요리

⑥ 프로마주
Fromage
치즈 플레이트

⑦ 데세르 Dessert
디저트

⑧ 프뤼 Fruit
과일

⑨ 카페 Café
커피
(주로 에스프레소가 나온다.)

⑩ 코냑 Conaqc
식후주(한 잔 더 마시고 싶다면
다른 종류를 주문하자.)

알고 가면 좋은
프랑스 음식의 종류

미식의 기준이 된 나라 프랑스의 수도 파리. 메뉴판 보기 두려운 여행자들을 위해 준비했다.
무난하지만 파리에서 꼭 먹어봐야 할 음식들을 알아보자.

전식 오르되브르 Hords-d'Œuvre / 앙트레 Entrée

★ 두 메뉴는 최근 통합되는 분위기다.

에스카르고 Escargot

버터, 마늘, 파슬리, 레몬즙 등으로 만든 소
스를 얹은 달팽이 요리.

푸아그라 Foie Gras

거위 간으로 만든
요리.

외프 마요네즈
Euf Mayonnaise

에그마요를 삶은 달걀흰자
위에 얹어 내는 음식.

수프 아 로뇽 Soupe à l'Ognon

양파 수프. 추운 날 딱 좋다.

잠봉 크뤼 Jambon Cru

스페인 하몽Jamón이나 이탈리아
프로슈토Prosciùtto와 비슷
한 햄. 주로 멜론과 함께
먹는다.

살라드 Salade

전식으로 먹을 때가 많고 경우에 따라 본식
메뉴에 들어 있기도 하다.

카르파초 Carpaccio

이탈리아 전채 요리로 얇게
썬 소고기 안심에 올리브
오일, 레몬즙을 뿌린다.
샐러드와 함께 나온다.

소몽 퓌메 Saumon Fumé

훈제 연어. 홀스래디시 소스와 함께
나오며 빵이 같이 나올 때가 있다.

 ## 본식 플라 Plat

★ 육류Viande와 생선Poisson으로 나뉜다.

스테이크 Steak

가장 일반적인 고기 요리. 앙트흐코트Entrecôte는 소고기 등심.
필레 드 뵈프Filet de Boeuf는 소고기 안심, 코트 드 뵈프Côte de
Boeuf는 갈빗살을 뜻한다. 송아지 고기는 보Veau, 돼지고기는 포
흐Porc, 양고기는 아뇨Agneau, 닭고기
는 풀레Poulet, 오리고기는 카나
흐Canard다. 주로 감자튀김
과 함께 나온다.

(앙트흐코트)

(양고기)

오리 콩피 Confit de Canard

기름에 넣어 3일에서 3일 정도 숙성한 고기를
구워내는 요리. 주로 오리 다리를 이용하는데 닭
다리 콩피를 판매하는 곳도 있다.

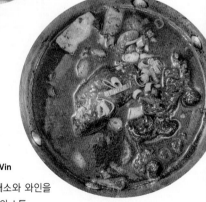

코코뱅 Coq au Vin

닭고기에 각종 채소와 와인을
넣고 푹 삶은 일종의 스튜.

타르타르 Tartare

서양 향신료로 양념한 잘게 썬 소고기 육회. 주문할 때 서버가 "익혀드릴까요?" 하고 묻는 곳도 있다.

뵈프 부르기뇽
Boeuf Bourguignon

코코뱅의 소고기 버전. 코코뱅보다는 국물이 좀 많은 편.

홍합 Moule

화이트 와인을 베이스로 생크림, 파슬리 등을 넣은 소스로 찐 요리. 겨울에 잘 어울린다.

 후식 데세르 Dessert　　★ 식사를 마무리하는 치명적인 단맛의 향연. 귀국해서도 한참 동안 식후 단맛을 찾게 한다.

크렘브륄레 Créme Brûlée

커스터드 크림 위에 설탕을 두껍게 뿌리고 토치로 그을려 딱딱하게 만든다. 스푼으로 뚜껑을 두드려 깨먹는 재미가 있는 디저트.

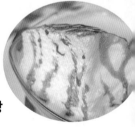

일 플로탕
Ile Flottant

부드러운 커스터드 크림 위에 머랭을 올린 모습이 섬을 닮아 떠 있는 섬이라는 이름을 얻은 디저트.

가토 오 쇼콜라
Gâteau au Chocolat

초콜릿케이크. 케이크 안을 녹인 초콜릿으로 채우면 퐁당 오 쇼콜라.

아이스크림 Glace

바닐라와 초콜릿이 주로 나온다. 이탈리아식 아이스크림은 젤라토Gelato, 유우가 없다면 소르베Sorbet라 표기되어 있다.

프랑스 파리에서 이탈리언 젤라테리아들이 점점 눈에 보이기 시작한다. 꽃 모양 아이스크림의 아모리노Amorino, 토리노에서 시작한 젤라테리아 체인 그롬Grom, 진한 초콜릿이 인상적인 벤키Venchi가 그곳. 맛은 평균을 보장한다.

파리에서 더욱 달콤한
디저트

식사 후 식당의 디저트 메뉴가 마음에 들지 않는다면 찾아 먹을 만한 메뉴 추천.

에클레르
Eclair

손가락 모양 페이스트리 안에 슈크림이나 초콜릿을 넣고 겉에 초콜릿을 입힌 빵.

✕ 카레트 P.192

몽블랑
Mont Blanc

이탈리아에서 시작된 디저트. 하얀 산을 뜻하는 몽블랑은 산봉우리에 눈이 덮인 모양 때문에 이름이 붙었다. 파리에서는 조금 다른 형태로 머랭 위에 생크림을 얹고 밤 크림으로 덮어 달달함의 극치를 보여준다.

✕ 앙젤리나 P.162

마카롱
Macaron

몽블랑과 더불어 이탈리아에서 시작된 디저트. 머랭 반죽으로 만든 케이크 안에 여러 가지 재료가 들어 있다. 한국 여행자들에게 가장 친숙할 디저트.

✕ 라뒤레 P.132

바바 오 럼
Baba au Rhum

작은 케이크를 럼주에 적셔 설탕 시럽 등을 올린 케이크. 알코올에 민감하다면 조심!

✕ 스토러 P.164

타르트
Tarte

약간 딱딱한 케이크 안에 여러 가지 재료를 채운다. 사과, 딸기가 대표적. 커스터드 크림으로 채우면 에그타르트.

✕ 폴 Paul

밀푀유
Mille-Feuille

여러 겹의 파이를 쌓고 사이사이에 크림과 과일 등을 넣은 빵. 오래전 드라마에 등장해 유명해졌다.

✕ 스토러 P.164

동글동글 달달한 귀여움
마카롱

우리에게 친숙한 프랑스 디저트 중 하나인 마카롱. 앙증맞고 귀여운 모양과 컬러풀한 생김이 눈과 입을
즐겁게 하는 마카롱은 몽블랑과 더불어 이탈리아에서 왔다. 달달한 마카롱 한 입은 여행 중 피로를 푸는 데 그만이다.
대부분의 빵집에서 마카롱을 판매하지만 이왕이면 골라 먹자. 어디서 먹으면 좋을까?

라뒤레 Ladurée P.132

한국 여행자들에게 가장 유명한 마카롱 상점.

🏠 www.laduree.fr

달로와요 Dalloyau

한국에 잠시 들어왔던 브랜드. 현지에서는 피에르 에르
메, 라뒤레 다음 순위의 마카롱을 자랑한다. 생 라자르역
등 여러 곳에 매장이 있다.

본점 📍 101 Rue du Faubourg Saint-Honoré, 75008 Paris
🚶 메트로 9호선 Saint-Philippe-du-Roule역 1번 출구에서
도보 2분 🕐 월~토 08:30~20:00, 일 08:30~17:00
📞 +33-1-42-99-90-08 🏠 www.dalloyau.fr

피에르 에르메 Pierre Hermé

파리에 20여 개의 매장이 있는 마카롱
과 디저트 전문점. 산딸기 맛 이
스파한Ispahan은 꼭 먹자.

몽마르트르 지점
📍 13 Rue du Mont-Cenis,
75018 Paris 🚶 몽마르트르
사크레쾨르 대성당에서 도보 5분
🕐 10:00~20:00
🏠 www.pierreherme.com

바쁜 여행자들을 위한

간편하지만 맛있는 식사

조금 아쉽겠지만 바쁜 여행자들은 간단하면서 든든한 먹거리를 찾을 때가 많다. 그런 여행자들을 위한 음식 리스트!

크로크무슈 & 크로크마담
Croque-Monsieur & Croque-Madame

햄을 넣은 샌드위치 위에 치즈를 얹어 구운 요리는 크로크무슈, 그 위에 달걀이 올라가면 크로크마담이 된다.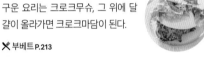

✗ 부베트 P.213

키슈
Quiche

타르트의 확대 버전. 달걀, 햄, 시금치 등을 안에 넣어 든 든하다.

✗ 카페 드 라 패 P.163

크레페
Crêpe

메밀가루나 밀가루로 만든 얇은 부침 안에 다양한 재료를 넣는다. 식사용, 디저트용 등 다양하며 길거리에서도 볼 수 있다.

✗ 라 크레프리 드 조슬랭 P.268

버거
Burger

대표적인 패스트푸드. 우리에게 친숙한 프랜차이즈는 물론 수제 버거 전문점도 점차 생겨나는 추세.

✗ 슈워츠 델리 P.130

구수하고 기분 좋은 포만감
파리의 빵(팽 Pain)

파리 하면 떠오르는 바게트. 갓 구운 바게트를 안고 집으로
향하면 내가 잠시 파리지엔이 된 기분이 든다.
독일의 맥주 순수령과 같이 프랑스는 전통 빵 제조 규정에 대한
법률을 만들어 그들의 빵을 지켜내고 있다. 우리의 식사 빵과는 달리
밀가루, 효모, 곡물 등으로만 만들어 심심할 수도 있지만
그 속의 담백함과 고소함을 찾아보자.

바게트 Baguette
겉은 바삭하고 속은 쫄깃한
프랑스 빵의 대명사.

팽 비엔누아 Pain Viennois
모양은 바게트와 비슷하지만 훨
씬 더 부드러운 빵. 오스트리
아 빈에서 개발된 빵으로 프
랑스에는 마리 앙투아네트
가 갖고 왔다고 전해진다.

바게트 트라디시옹
Baguette tradition
전통 빵 제조 규정에 따라 만드는 바게트.
양끝이 뾰족하고 조금 더 쫄깃하다.

크루아상 Croissant
반달 모양의 페이스트리. 버터 향이 가득한 기
름진 맛이 일품이다. 갓 구운 크루아상과
커피 한 잔은 최고의 아침 식사이자 휴
식이 된다.

미슈 드 팽 Miche de Pain
천연 효모와 굵은소금, 물, 밀가루로 만든 둥근 빵. 1kg이 넘
는 크기의 한 덩어리가 나오고 슬라이스해서 판매한다.

팽 드 캄파뉴
Pain de Campagne

통밀가루를 주재료로 사용하는 일명 시골 빵. 약간 시큼한 맛이 감도는 쫄깃함이 인상적이다.

팽 오 세레알
Pain au Céréales

잡곡빵. 견과류를 섞기도 한다.

팽 오 쇼콜라
Pain au Chocolat

페이스트리 안에 초콜릿 칩이 들어가 있는 빵. 드라마 〈에밀리, 파리에 가다〉에서 에밀리가 파리에 도착해 맛보고 황홀경에 빠지던 빵.

추천 바게트 빵집

불랑제리 장 노엘 줄리앙 P.164
Boulangerie Jean-Noel Julien

첫 번째 바게트 대회 1등 빵집.

라 파리지엔 마담 P.254
La Parisienne Madame

2016년 바게트 대회 1등 빵집. 예전 맛을 그대로 유지하고 있는 몇 안 되는 빵집이라는 평가.

파리 최고의 바게트를 찾아라!!

파리에서는 1994년부터 파리 최고의 바게트를 선발하는 대회를 열고 있다. 우승자는 4000유로의 상금과 프랑스 대통령 궁인 엘리제궁에 바게트를 공급하게 된다. 빵집 앞에 최고의 바게트 집이라는 마크가 붙고, 한 번 우승하면 4년 동안 대회 출전을 금지하는 규정도 있어 우승에 대한 자부심이 정말 대단하다.

바게트는 밀가루, 소금, 물, 전통 효모 4가지 재료만으로 만드는데, 프랑스 전통 빵 제조 규정에 따라 만든 바게트는 바게트 트라디시옹 Baguette tradition이라 부른다. 일반 바게트보다 20센트 정도 비싸고 크기는 약간 작은데 더 쫄깃하고 맛이 진하다. 최근 파리에서는 일반 바게트보다 바게트 트라디시옹을 많이 찾는 추세다. 이제 파리 빵집에서 바게트 "실 부 플레Baguette, S'il vous plait." 말고 "트라디시옹실 부 플레Tradition, S'il vous plait."라고 말하자.

최근 5년간 파리의 최고 바게트 빵집

- **2024년 불랑제리 유토피** Boulangerie Utopie
  - 📍 20 Rue Jean-Pierre Timbaud, 75011 Paris
- **2023년 오 르뱅 데 피레네** Au Levain des Pyrénées
  - 📍 44 Rue des Pyrénées, 75020 Paris
- **2022년 불랑제리에 프레데릭 코민**
  - Boulangerie Frédéric Comyn
  - 📍 88 rue de Cambronne, 75015 Paris
- **2021년 레 불랑제 드 뢰이** Les Boulangers de Reuilly
  - 📍 54 Boulevard de Reuilly 75012 Paris
- **2020년 메종 줄리앙-레 사베르 드 피에르 드무르**
  - Maison Julien–Les Saveurs de Pierre Demours
  - 📍 13 Rue Pierre Demours 75017 Paris

신의 물방울
프랑스 와인

이탈리아와 더불어 유럽 와인의 자웅을 겨루고 있는
프랑스 와인Vin de France. 포도 품종, 생산 지역, 생산 연도에 따라
맛이 달라져 어렵게 느껴지기도 한다. 그러나 파리 여행 중
와인을 생략한다면 아쉬울 테니 프랑스 와인에 잠시 빠져보자.
그때그때 느낌이 다르므로 느낌에 충실하는 게
가장 좋으며, 와인은 설명할 필요가 없다고는 하지만
약간의 가이드는 필요하다.

와인의 종류

프랑스어로 뱅Vin이라 부르는 와인. 레드 와인은 뱅 루즈Vin Rouge, 화이트 와인은 뱅 블랑 Vin Blanc, 핑크빛 와인은 뱅 로제Vin Rose라 부른다. 샴페인이라 부르는 스파클링 와인 샹파뉴Champagne는 샹파뉴 지역에서 생산한 와인에만 붙는 이름.

프랑스 와인 등급

등급	특징
AOC Appellation d'Origine Contrôlée	최고 등급. 생산지가 라벨에 들어간다. 그랑크뤼Grand Cru, 크뤼Cru 와인이 속한다.
AOVDQS Appellation d'Origine Vin Délimité de Qualité	상급. 농장 이름이 라벨에 들어간다.
Vin de Pays	지정한 지역에서 허가된 포도로만 생산한 와인. 개성과 지역적 특성이 강하다.
Vin de Table	가볍게 마실 수 있는 와인으로 식당에서 특정 와인을 지정하지 않는다면 내주는 와인.

프랑스 와인의 주요 생산지

① **보르도** Bordeaux 세계에서 가장 유명한 와인 산지. 카베르네 쇼비뇽과 메를로가 주품종인 레드 와인을 주로 생산한다.

② **부르고뉴** Bourgogne 레드 와인은 피노 누아, 화이트 와인은 샤르도네를 단일 품종으로 양조한 와인을 주로 생산한다.

③ **보졸레** Beaujolais 보졸레 누보로 유명한 지역. 부르고뉴 지역과 달리 가메를 주품종으로 사용한다.

④ **샹파뉴** Champagne 샴페인으로 알려진 스파클링 와인의 대명사이며 원조를 생산하는 지역. 이 지역에서 생산한 스파클링 와인만 샴페인이라 부를 수 있다.

⑤ **론** Rhône 시라, 그르나슈가 대표적인 품종으로 마니아층이 확고한 지역이다. 개성 있는 와인을 마시고 싶다면 추천.

⑥ **알자스** Alsace 독일 와인과 유사한 화이트 와인을 생산한다. 리슬링 및 게뷔르츠트라미너로 같은 품종이지만 조금 더 드라이하다.

⑦ **루아르 밸리** Loire Valley 쇼비뇽 블랑 및 슈냉 블랑으로 드라이한 화이트 와인을 생산한다.

⑧ **프로방스** Provence 로제 와인의 원조 지역. 고품질 로제 와인을 만드는 걸로 유명하다.

⑨ **랑그도크루시옹** Languedoc-Roussillon 주로 레드 와인을 생산하며, 국제적 인기 품종으로 만들어내는 와인이 주목받고 있다.

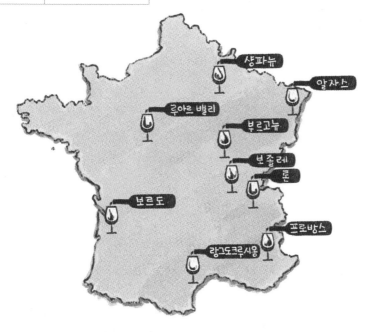

향기로운 휴식

프랑스 커피

식후 커피 한잔은 파리 여행 중 빼놓을 수 없는 순서.
가벼운 에스프레소부터 묵직한 카페 크렘까지 커피 한잔의 여유는 생략하기 어려운 즐거움이다.
프랑스의 카페에서 헤매고 당황하지 않기 위한 커피 가이드.

카페
Café

카페 알롱제
Café Allongé

아메리카노를 원한다면 주문해보자. 에스프레소보다 긴 시간에 걸쳐 추출해 쓰고 강한 맛이 난다. 과자를 함께 주는 곳도 있고, 에스프레소에 뜨거운 물을 따로 내어주기도 한다.

프랑스에서 '카페Café'는 에스프레소Espresso를 뜻한다. 카페라고만 표기하는 경우도 많다. 짧은 시간에 원두에서 추출하는 커피로 강한 맛이 일품. 훌쩍 마시지 말고 설탕을 넣고 세 번에 걸쳐 마셔보자. 각기 다른 3가지 커피를 마시는 느낌이 든다.

카페라테
Café Latte

에스프레소에 우유를 넣어주는 커피. 맛은 연한 편. 우유가 따로 나오기도 한다.

카푸치노
Cappuccino

에스프레소 위에 우유 거품을 얹어주는 커피. 코코아 가루나 시나몬 가루를 뿌려주기도 한다.

플랫 화이트
Flat White

호주에서 시작된 커피로 진한 에스프레소를 쫀쫀한 거품이 부드럽게 만들어준다.

쇼콜라 쇼
Chocolat Chaud

초콜릿을 녹여 내어주는 음료. 생크림과 함께 서브된다.

카페 구르망
Café Gourmand

선택한 커피와 함께 여러 종류의 작은 디저트가 나오는 메뉴. 카페에 따라 디저트 종류를 직접 고를 수도 있다.

럭셔리 굿즈부터 초저가 기념품까지
파리에서 쇼핑하기

상상을 초월하는 다양한 상품이 가득한 도시 파리. 도시 전체가 쇼핑몰이라 해도 과언이
아닌 곳이 파리다. 1월과 7월 세일 기간이 아니더라도 평소 눈여겨본 제품이라면
지갑을 열어보자. 해외 직구가 아무리 발달했다 해도 여행지에서 직접 산 아이템은 다녀와서도
그 기억을 오래오래 간직하게 한다. 한국에서 파는 가격을 보면서 흐뭇하게 웃으며.

파리에서 쇼핑하기 전 알아두기

① 프랑스의 세금 환급 기준은 한 상점에서 €100부터. 면세 서류 받는 것을 잊지 말자.
쇼핑하러 갈 때 여권은 필수!
② 유명 브랜드에서 쇼핑할 때는 옷매무새에 신경 쓰자. 옷차림을 보고 차별하는 점원
이 아직도 있다.
③ 약국 화장품을 쇼핑할 때는 가방과 주머니를 단속하자. 약국 안이 사람들로 붐비는
탓에 소매치기도 빈번히 일어난다.
④ 박스, 개별 쇼핑백, 비닐 등 원하는 포장 방식이 있다면 계산 전에 미리 이야기하자.
⑤ 쇼핑에 나서기 전 지갑의 능력을 충분히 파악하자. 충동구매는 금물.

사이즈는 어떻게 다를까?

우리나라와 프랑스의 사이즈는 조금씩 다르다. 이탈리아, 영국
과도 또 다르다. 브랜드마다 다른 경우도 있다. 그래서 반드
시 입어보고, 신어보고 사야 하는 것이 유럽 쇼핑의 단점 아
닌 단점. 미리 자신의 사이즈와 프랑스 사이즈는 어떻게 다
른지 알아두고 쇼핑에 나서는 것도 좋다.

여성 의류		XXS	XS	S	M	L	XL	XXL
	한국		44(85)	55(90)	66(95)	77(100)	88(105)	110
	프랑스	32	34	36	38	40, 42	44, 46, 48	50, 52, 54

여성 신발							
	한국(mm)	220	230	235	240	245	250	255
	프랑스	34	36	36.5	37	38	39	40

남성 의류		S	M	L	XL	XXL
	한국	90	95	100	105	110
	프랑스	42, 44	46, 48	50, 52	54, 56, 58	60, 62

남성 신발							
	한국(mm)	250	255	260	270	275	280	290
	프랑스	39	40	42	42	43	44	45

백화점이 시작된 도시 파리에서의

백화점 쇼핑

유명 브랜드는 물론 현지의 감각적인 브랜드까지 한 곳에 모여 있어 편리하게
쇼핑할 수 있다. 실내 인테리어 또한 화려하고 시즌별로 바뀌어 훌륭한 볼거리다.
특히 크리스마스 시즌에는 평소보다 훨씬 화려하게 변신한다.

갤러리 라파예트 오스만 P.165

1985년에 개업한 파리 제1의 백화점. 여성관Galeries
Lafayette Haussmann, 남성관Galeries Lafayette Homme, 가
정관Galeries Lafayette Maison으로 나뉘어 있는데 화려함의
극치를 보여준다.

프랭탕 오스만 P.165

한국에도 잠시 들어왔던 백화점. 라파예트와 라이벌이라
는데, 라파예트가 건물부터 내부까지 화려함을 뿜어낸다
면 프랭탕은 우아하고 조용하게 자리를 지키고 있다.

사마리텐 P.166

15년여의 리모델링을 거쳐 우리 곁으로 돌아온 백화점.
우아한 아르누보 양식의 건물이 마음 편하다. 백화점이
특정 계층만의 공간이 아닌 대중화되어야 한다는 창업자
의 철학을 이어받아 현지 브랜드들이 주를 이룬다.

르 봉 마르셰 P.237

1838년에 개업한 파리 최초의 백화점. 우아하고 차분한
분위기라 천천히 둘러보기 좋다. 맞은편 건물의 식품관은
파리에서 가장 고급스러운 식료품 쇼핑 장소.

쇼핑 거리 탐방

럭셔리한 유명 브랜드들을 만날 수 있는

꼭 쇼핑이 목적이 아니어도 걷게 되는 파리의 쇼핑 거리 탐구.
걷다 보면 어느새 두 손이 무거워질 수 있다. 충동구매는 금물!

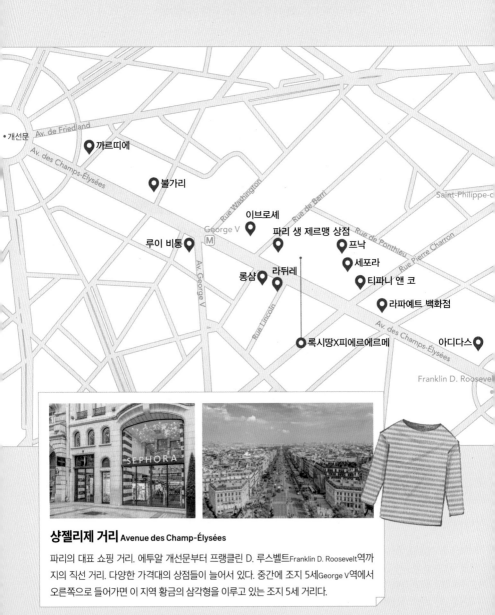

샹젤리제 거리 Avenue des Champ-Élysées

파리의 대표 쇼핑 거리. 에투알 개선문부터 프랭클린 D. 루스벨트Franklin D. Roosevelt역까지의 직선 거리. 다양한 가격대의 상점들이 늘어서 있다. 중간에 조지 5세George V역에서 오른쪽으로 들어가면 이 지역 황금의 삼각형을 이루고 있는 조지 5세 거리다.

몽테뉴 거리 Avenue Montaigne

샹젤리제 거리 산책을 끝냈는데 아쉬움이 남는 다면 프랭클린 D. 루스벨트Franklin D. Roosevelt역에서 오른쪽으로 들어가자. 파리에서 유명 럭셔리 브랜드 상점이 가장 많이 몰려 있는 몽테뉴 거리로 들어선다. 이곳은 18세기에 미망인들이 조용히 산책하며 마음을 달래던 길이었다고.

Rue de Marignan

발렌시아가
셀린느
샤넬
구찌
Av. Montaigne
랄프 로렌
베르사체
지미추
로에베
Rue Bayard
로로피아나
티파니 앤 코
발렌티노
디올
메종 마르지엘라
막스 마라
Rue François 1er
루이 비통
호텔 플라자 아테네
Av. Montaigne
프라다
샹젤리제 극장

생 토노레 거리 & 포부르 생 토노레 거리
Rue du Saint-Honoré & Rue du Faubourg Saint-Honoré

팔레 루아얄에서부터 프랑스 대통령 궁인 엘리제궁까지 길게 이어진 길. 유수의 브랜드 본점이 늘어서 있고 유행을 따르는 브랜드 상점이 혼재되어 있다.

M Madeleine

에르메스

롱샴
디올
샤넬
알렉산더 맥퀸
Rue Saint-Florentin
Rue Cambon
Rue de Ca
Rue Saint-Honoré
쇼파드
메종 고야드
알렉산드르 드 파리 부티크
발렌시아가
딥디크
M Concorde
콩코르드 광장
생 로랑
Pyramides M
Rue de Rivoli
des Pyramides
아스티에 드 빌라트
Tuileries M
오랑주리 미술관
팔레 루아얄
장식미술 박물관

파리 감성 물씬
현지 브랜드 쇼핑

한국에 많은 브랜드가 들어와 있지만,
디자인과 가격 차이가 큰 탓에
현지 브랜드 쇼핑도 그냥 지나치면 아쉽다.
가격을 잘 비교하면서 쇼핑에 나서자.

레페토 Lepetto

오페라 가르니에 무용수들의 발레복, 신발 부티크로 시작한
브랜드. 발레 슈즈를 본뜬 플랫 슈즈가 대표 상품.

생 제임스 Saint James

마린룩의 정석을 보여주는 프랑스 브랜드. 나발Naval 셔츠는
피카소가 즐겨 입었다.

벤시몽 Bensimon

'테니스 슈즈'가 대표 상품인 프랑스의 국민 스니커
즈 브랜드. 신발뿐만 아니라 옷, 가방, 생활용품 등
전반적인 상품을 생산한다.

산드로 Sandro

모노톤 의상이 주를 이루며 디테일이 섬세하고 감각적인 옷들이 주를 이루는 프랑스의 컨템포러리 브랜드.

마쥬 Maje

단아한 선과 파격적 디자인의 드레스가 공존하는 브랜드. 세일 기간이라면 일찌감치 방문하자.

바앤쉬 ba&sh

실용적인 디자인의 의류를 만날 수 있는 브랜드. 두 디자이너의 이름 앞 글자를 따서 브랜드 이름을 지었다.

아페쎄 A.P.C

반달 모양 디자인의 핸드백으로 익숙한 브랜드로 심플하고 편안한 분위기의 의류와 가방이 인기다.

콤트와 데 코토니에 Comptoir des Cotonniers

1995년에 '엄마와 딸이 함께 입는 옷'이라는 콘셉트로 론칭해 인기몰이 한 브랜드. 편안하고 부드러운 느낌의 옷들이 주를 이룬다.

어렵지 않아요

럭셔리 브랜드 상점

고가의 제품이 가득한 럭셔리 브랜드의 상점에 들어가기가 왠지 꺼려진다면 다음 두 상점을 찾아가 보자. 의외로 들어가는 데 진입 장벽이 없고 1:1로 붙는 점원도 없어 편하게 구경할 수 있다. 구경하다 마음에 드는 물건이 있고 구매 욕구가 든다면 조용히 직원과 눈을 맞추자. 웃으며 다가오는 점원과 이야기를 나누면 된다.

디올 파리 30 몽테뉴

DIOR Paris 30 Montaigne

크리스찬 디올이 한눈에 반해 매입한 저택에 디올의 역사를 볼 수 있는 디올 갤러리와 플래그십 스토어가 있다. 2층 규모의 건물에 제품별로 섹션이 나뉘어 있어 천천히 살피며 구경하기 좋은데, 남녀 의류와 가방, 화장품, 식기 등 디올의 전 제품을 한자리에서 볼 수 있다.

30 Av. Montaigne, 75008 Paris 메트로 9호선 Alma-Marceau역 1번 출구, 메트로 1·9호선 Franklin D. Roosevelt역 5번 출구에서 도보 5분
월~토 10:00~20:00, 일 11:00~19:00
+33-1-57-96-19-47

에르메스 세브르

Hermès Paris Sèvres

명품 중 명품이라 불리는 에르메스. 1837년에 승마 용품으로 시작해 점차 범위를 넓혀 오늘날의 위치에 자리한 브랜드다. 세브르 매장은 2층 구조로, 에르메스의 전 라인 제품을 구경할 수 있으며 가방과 구두류를 제외한 모든 제품의 구매도 가능하다. 한편에 자리한 카페는 파리에서 가장 비싼 가격으로 손꼽힌다고.

17 Rue de Sèvres, 75006 Paris
메트로 10·12호선 Sevres-Babylone역 1번 출구에서 길 건너 월~토 10:30~19:00
일요일 +33-1-42-22-80-83

근교 나들이 겸 알뜰 쇼핑을 위한 아웃렛
라 발레 빌리지

파리에서 나들이 삼아 다녀올 수 있는 아웃렛은 디즈니랜드 가는 길에
자리한 라 발레 빌리지 한 곳이다. 방문을 계획한다면 원하는 브랜드가 있는지,
행사가 있는지 꼼꼼하게 살펴보고 길을 떠나자.

파리에서 RER A선으로 35분 정도 이동하면 도착하는 쇼핑 마을, 라 발레 빌리지La Vallée Village. 110여 개의 유명 브랜드 상점과 대중적 브랜드들이 섞여 있다. 인기 매장은 구찌, 버버리, 몽클레르, 롱샴 등. 구찌는 시간별로 예약을 걸어야 하며, 버버리는 점심시간 즈음에 가도 트렌치코트는 품절되는 경우가 많다.
라 발레 빌리지의 할인율은 30~70%. 프랑스 전국 세일 기간인 1~2월, 6~7월에는 추가 할인을 진행해 80%까지 할인하는 제품도 있다. 세일 기간에는 줄을 서야 할 때도 있고 기본 사이즈의 의류들은 금세 빠져나갈 때가 많으니 오픈 시간에 맞춰서 도착하자.

📍 3 Cr de la Garonne, 77700 Serris　🏃 RER A선 Val d'Europe역 1번 출구에서 도보 12분　⏰ 10:00~20:00　❌ 1월 1일, 5월 1일, 12월 25일　📞 +33-1-60-42-35-00
🏠 www.lavalleevillage.com

아웃렛 쇼핑을 떠나는
당신의 득템을 위한 잔소리

① 명품은 싸도 비싸다.
② 신상은 없다. 아웃렛에서 판매하는 제품은 기본 디자인과 안 팔릴 만한 디자인.
③ 확실한 목적을 갖고 가는 것이 좋다. 싼 제품 있으면 사볼까 하는 마음으로 간다면 반대! 파리 시내 여행을 더 하자.
④ 홈페이지에서 회원 가입을 해놓으면 이런저런 서비스들이 있으니 미리 가입해두자.

약국에서 화장품 쇼핑

한국과 달리 프랑스 약국은 화장품과 건강식품류를 판매한다. 두 사람이 겨우 지나갈 만한 통로를 두고 만든 진열대에 다양한 브랜드의 상품이 가득하고 달팽, 르네휘테르, 아벤느 등 백화점 브랜드 제품들이 최대 반값으로 쌓여 있는 모습을 보면 신기하기까지 하다. 수많은 약국 화장품 중 어떤 것을 골라야 할까?

유리아주 립밤
URIAGE Stick Lèvres

보습과 진정 효과가 탁월한 유리아주 립밤은 부피도 작고 피부 타입을 가리지 않아 선물 용으로도 좋다.

르네휘테르 포티시아 샴푸
René Furterer Forticea

3가지 에센셜 오일이 함유된 천연 성분 샴푸. 모발 강화 효과가 좋다.

눅스 오일
Nuxe Huile Prodigieuse

현지인들도 좋아하는 다기능 오일. 얼굴은 물론 전신, 모발에 사용 가능하다. 다만 향은 호불 호가 가릴 수 있으니 테스터가 있 다면 시향 후 구입하자.

달팽 수분 크림 Darphin Skin Hydrating Cream Gel

식물 추출물과 아로마 성분의 화장품으로 제품에 따라서 한국 백화점 가격의 절반 가까운 가격으로 구매할 수 있다.

시티파르마 & 몽주 약국

한국 여행자뿐만 아니라 전 세계 여행자들
이 약국 화장품 쇼핑에 나서는 두 곳. 접근
성은 시티파르마가 더 좋고, 한국인 대상 할
인 행사나 응대는 몽주 약국이 조금 더 좋은
편이다. 하지만 현지에서 만난 친구들은 이
렇게 말한다. "당신의 숙소에서 가장 가까운
약국이 가장 좋은 약국"이라고.

바이오 오일 Bi-Oil

무향의 전천후 보습 오일. 특히 임산부의
튼 살 관리에 효과적이다.

아벤느 이드랑스
옵티말 UV 레제르
Avène Hydrance Optimale UV légère

가벼운 질감의 자외선 차단제. 아벤느
온천수를 사용해 진정 효과도 있어 민감
성 피부도 사용 가능하다.

피지오겔 AI 크림
Physiogel A.I. Crème Anti Irritante

유아부터 성인까지 사용할 수 있는
보습제.

보토 치약 BOTOT

이탈리아에 마르비스 치약이 있
다면 파리에는 보토 치약. 세계 최
초의 치약으로 알려져 있으며 생강
의 단맛이 나는 것이 특징이다.

파리의 오래된 시간을 담다
벼룩시장

예전만큼 명성이 높진 않지만, 빈티지 감성을 좋아한다면 둘러볼 만한 벼룩시장. 여행자들에게 인기를 얻으며 소박함과 정감은 점점 사라진 반면 유명세를 타고 전문 상점들이 늘어나고 있다. 그럼에도 불구하고 여행자들이 벼룩시장을 찾는 것은 오래된 도시 파리의 오래된 시간을 담고 있는 물건을 보고, 고르고, 구입하고자 하는 마음이 아닐까. 정찰제가 철저해 깍쟁이 같은 느낌의 도시 파리에서 흥정하는 재미를 느낄 수 있는 곳이기도 하다.

생 투앙 벼룩시장 Marché aux Puces de Paris Saint-Ouen

클리낭쿠르 벼룩시장이라고도 불리는, 유럽에서 가장 큰 벼룩시장이다. 13개 구역으로 나뉘어 있고 다양한 가격의 다양한 상품이 가득해 하루에 다 돌아보기에는 넓다. 방문 전 홈페이지를 통해 관심사와 맞는 구역을 골라놓고 가자. 토~월요일 점심시간대 방문 추천.

📍 110 Rue des Rosiers, 93400 Saint-Ouen 🚶 Châtelet에서 85번 버스 승차 후 Marché aux Puces 정류장에서 하차, 메트로 4호선 Porte de Clignancourt역 1번 출구에서 도보 10분, 메트로 13호선 Garibaldi역 3번 출구에서 도보 8분 🕐 금 08:00~12:00, 토·일 10:00~18:00, 월 11:00~17:00 ❌ 화~목요일 🏠 www.pucesdeparissaintouen.com

> 메트로보다는 버스 추천. 메트로 역에서 내려 걸어가는 길의 치안이 그리 좋지 않다. 메트로를 이용한다면 13호선 가리발디Garibaldi역 추천. 덜 붐비는 구역부터 볼 수 있다.

① 신용카드보다는 현금을 소지하는 것이 흥정에 유리하다.
② 주말 방문이 재미있는데 사람이 많은 만큼 소매치기도 많다. 소지품을 주의하자.

방브 벼룩시장 Marché aux Puces de la Porte Vanves

주말 오전에 열리는 벼룩시장으로 여행자 비중이 조금씩 늘고 있다. 생 투앙보다 규모는 작지만 아기자기한 물품이 깔끔하게 잘 진열되어 있다. 오전 11시쯤 방문 추천.

📍 Av. Marc Sangnier, 75014 Paris & Georges Lafenestre, 75014 Paris 🚶 메트로 13호선 Porte de Vanves역 2번 출구, 트램 T3a선 Porte de Vanves 정류장에서 하차, 도보 3분 🕐 토·일 07:00~14:00 ❌ 월~금요일 🏠 www.pucesdevanves.com

잠시 파리지엔이 되는 시간
재래시장

신선한 과일, 생선, 육류 등과 꽃, 소품들이 어우러지는 공간이다. 몽파르나스 묘지 방문 전 시장에 들러
꽃다발 하나 사들고 가 기억하고 싶은 사람의 묘지에 놓는 낭만을 실현할 수 있고,
신선한 과일을 사 그 자리에서 베어 물고 거리를 걸을 수 있는 곳도 재래시장이다. 파리는 구마다
재래시장이 서고 운영시간도 제각각이다. 숙소와 가까운 재래시장의 운영시간을 알아두고 시간 맞춰 가자.

🏠 www.paris.fr/pages/les-marches-parisiens-2428

① 앙팡 루주 시장 P.199
파리에서 가장 오래된 시장으로 400년 동안 운영되고 있다.

② 바스티유 시장 P.199
파리에서 가장 활기찬 시장으로 일요일에도 장이 선다.

추가로 들르면 좋은 곳

라스파일 유기농 식품 시장
Raspail Organic Food Marché
🕐 일 09:00~15:00
📍 Bd Raspail, 75006 Paris
🚶 메트로 12호선 Rennes역

프레지덩 윌슨 시장
Marché Président Wilson
🕐 수·토 07:00~14:30 📍 Av. du
Président Wilson, 75116 Paris
🚶 메트로 9호선 Iéna역

그르넬 시장
Marché Grenelle
🕐 수·일 07:00~14:30
📍 Bd de Grenelle, 75015 Paris
🚶 메트로 6·8·10호선 La
Motte-Picquet Grenelle역

생 샤를 시장
Marché Saint-Charles
🕐 화·금 07:00~14:30
📍 147 Rue St Charles, 75015
Paris 🚶 메트로 10호선·RER C선
Javel-André Citroën역

생 캉탱 시장
Marché couvert Saint-Quentin
🕐 화~금 09:00~13:00·16:00~
19:30 📍 85 bis Bd de Magenta,
75010 Paris 🚶 메트로 4·5호선·
RER B·D선 Gare de l'Est역

슈퍼마켓

가벼운 주머니로도 득템 가능한

여행 중 갈증과 허기를 해소할 물이나 간식을 구입하기에 좋은 슈퍼마켓.
식재료부터 자그마한 생활용품까지 만나볼 수 있는 슈퍼마켓 탐험 출발!

파리의 대표 슈퍼마켓

모노프리 Monoprix

1932년에 문을 연 대중적인 슈퍼마켓 체인. 도심에 있는 데다 자체 브랜드 상품의 퀄리티도 좋은 편인 반면 가격은 약간 비싸다.

프랑프리 FranPrix

1958년부터 운영하고 있는 슈퍼마켓 체인으로 점포가 많아서 찾기 쉽다. 프랑스 사람들이 많이 쓰는 저가 브랜드 리더 프라이스Leader Price 제품의 품질이 좋다고.

카르푸 Carrefour

월마트 다음으로 큰 대형 할인 매장. 그러나 파리 도심에는 대형 할인 매장이 들어올 수 없어 카르푸 시티Carrefour City나 카르푸 마켓Carrefour Market, 카르푸 익스프레스Carrefour Express라는 이름으로 운영된다.

나투랄리아 Naturalia

유기농 제품과 공정무역 상품을 다루는 체인 매장. 착한 과정을 통해 만든 500여 종의 제품이 준비되어 있다.

피카르 Picard

모든 음식을 급속 냉동해서 판매하는 냉동식품 전문점. 전자레인지를 쓸 수 있는 숙소에 머문다면 한 끼 식사로 충분한 음식들이 있다. 여름날 아이스크림을 사기도 좋은 곳.

슈페르마르셰 G20 Supermarché G20

주택가 중심으로 생겨나고 있는 슈퍼마켓. 저렴한 가격대의 제품이 많다.

비오쿱 Biocoop

협동조합 형태의 유기농 제품 판매점. 가격이 약간 비싼 편이다.

슈퍼마켓 쇼핑 득템 리스트

본마망 잼
프랑스 국민 잼이라는
본마망 잼.

몽생미셸 쿠키
1888년부터 지켜오는
레시피로 만드는 고급 쿠키.

버터
한국 반입 금지 품목이니
많이 먹고 오자.

우유
유지방에 민감하다면 Graisse
또는 Fat 항목을 확인하자.

잠봉
잠봉을 구매할 때는 첨가물
이 없다는 뜻의 'San Nitrite'
제품을 선택하자.

납작 복숭아
한국에서 구하기 힘들고
비싸다. 생산 철이라면 많
이 먹고 오자.

밤 크림
몽블랑의 재료가 되는
밤 크림.

내 방에 파리를 옮겨볼까?

기념품 쇼핑

파리를 기억할 수 있는 자그마한 기념품 쇼핑. 여행자의 눈길을 잡아끄는 아기자기한 물건들은
가랑비에 옷 젖듯 가방을 채우고 지갑을 털어간다. 하지만 그 무엇과도 바꿀 수 없는
파리 여행의 즐거움이며 파리에서만 경험할 수 있는 일이 아닌가. 그 즐거움 속으로 풍덩!

날짜별로 만든
천사 모양의 참

프랑스의 아이콘 중 하나인
어린 왕자 모티프 제품들

파리 주요
여행지를 담은
팝업 북

파리를 떠올리게 할
에코백

인상 깊었던 건물을 내 방에
명소 미니어처

눈 내리는
파리를 보여주는
스노볼

에펠탑 모티프의
기념품

곰돌이는 어디에나
곰인형

기념품 쇼핑 맛집
뮤지엄 숍 쇼핑

파리 여행에서 피할 수 없는 미술관·박물관 여행 후 마음에 남는 전시품을 가방에 넣어오고 싶다면 들러보자.
전시 작품을 이용한 여러 제품이 아기자기하니 예쁘고 특색 있다.

로댕 미술관
종이 모형

기술공예 박물관의
교통수단 모형

오페라 가르니에의
모차르트와 베르디

파리 시립 현대 미술관의
라울 뒤피 작품을 모티프로 한
파우치

오베르 쉬르 우아즈
반 고흐의 집에서 볼 수 있는
반 고흐 플레이모빌

오르세 미술관의
반 고흐 인형

몽마르트르 미술관에서 500개
한정 제작해서 판매하는
배지

오르세 미술관에서 구할 수 있는
에코백

루브르 박물관의
작품 모티프
양말

PART 3

진짜
파리를
만나는
시간

공항에서
파리 시내로 들어가기

지루한 비행을 끝내고 시내로 들어가기 위한 준비. 복잡하다 생각되지만 표지판만 잘 보면 어렵지 않다. 파리에는 공항이 3개 있다. 한국에서 들어가면 도착하는 샤를 드 골 공항, 유럽 내 저가 항공이 주로 취항하는 오를리 공항, 라이언 에어 전용 보베-티예 공항이다.

샤를 드 골 공항
Aéroport Charles De Gaulle (CDG)

🏠 www.aeroportsdeparis.fr

한국으로 돌아갈 때는 출국 3시간 전, 파리 여행을 마치고 프랑스 국내선을 이용하거나 다른 유럽 국가로 갈 예정이라면 출국 1~2시간 전에 도착해야 여유롭게 출국 수속이 가능하다. 귀국 시 택스 리펀드를 받아야 한다면 1~2시간 정도 일찍 공항에 가자. 파리에서는 택스 리펀드를 먼저 진행하고 항공 체크인을 한다.

한국에서 비행기를 이용해 파리로 입국할 때 도착하는 프랑스 제1공항. 늘 복잡하고 혼란의 도가니다. 이 틈을 노리는 소매치기들이 어디에 있을지 모르니 긴장을 늦추지 말자. 공항에는 환전소, ATM, 렌터카 영업소, 호텔 예약 데스크, Relay(간단한 잡지와 음식, SIM 카드 판매), 레스토랑과 바, 우체국 등 편의 시설들이 있다. 운영시간은 06:30~22:30 사이.

샤를 드 골 공항에는 현재 대부분의 메인 항공사가 취항하는 1터미널 CDG1과 2터미널 CDG2, 그리고 저가 항공이 드나드는 3터미널 CDG3이 있으며, 2터미널 CDG2는 A, C, D, E, F, G 7개의 구역으로 나뉘어 총 9개의 터미널이 있다고 보면 된다. 각 터미널 사이의 거리는 꽤 떨어져 있고 무료 셔틀인 CDGVal로 연결되지만 귀국 시 본인이 이용하게 될 터미널 번호를 미리 알고 가야 당황하거나 시간에 쫓기지 않는다.

각 터미널에 위치하는 취항 항공사와 여행 안내소 위치, RER B선과 연결되는 역을 표로 정리했다. 참고로 CDG2는 벨기에, 네덜란드 사이를 운행하는 테제베TGV와 탈리스 Thalys가 서는 기차역이 연결되어 있다. 헷갈리지 않도록 주의하자.

터미널	취항 항공사	여행 안내소 위치	연결역
CDG1 (Terminal 1)	아시아나항공, 루프트한자, 싱가포르항공, 타이항공 등	Gate 2 출발 층, Gate 36 도착 층	(터미널 3으로 이동 후) CDG1역(Aéroport Charles de Gaulle 1)
CDG2 (Terminal 2)	대한항공, 에어프랑스, 케세이퍼시픽, 일본항공 등	2A·2C2D·2E Gate 6, 2E Gate 8 출발 층과 도착 층, 2F Gate 7 출발 층과 도착 층, 2G Public Hall	• CDG2역(Aéroport Charles de Gaulle 2 TGV) (벨기에, 네덜란드 사이를 운행하는 테제베와 탈리스가 서는 기차역)
CDG3 (Terminal 3)	이지제트, 라이언에어 등 저가 항공사	입국장과 출국장	CDG1역(Aéroport Charles de Gaulle 1)

샤를 드 골 공항에서 시내로 이동

공항과 파리 시내를 연결하는 교통수단은 매우 다양하다. 숙소 위치에 따라 이동수단을 선택하자. 시내까지 빠르게 이동할 수 있는 교외 전철 RER, 오페라까지 이동할 수 있는 루아시 버스Roissy Bus가 대표적인 이동수단이며, 일반 버스도 운행한다.

상황별 교통수단 추천

- 숙소가 오페라 부근 → 루아시 버스Roissy Bus
- 숙소가 북역, 샤틀레 부근이거나 메트로 역과 가까운 곳 → RER B선 탑승 후 메트로 환승
- 가족 여행이거나 아이와 함께한다면 → 택시
- 시간이 많고 저렴하게 가고 싶으면 → 350, 351버스

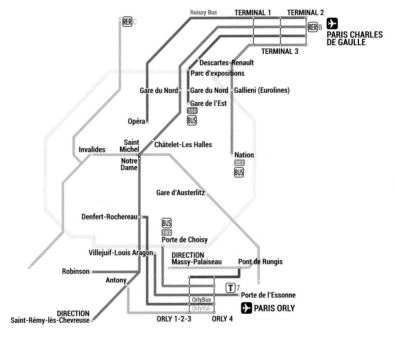

도착 터미널에서 RER 역 찾아가기

- **1 터미널**: CDGVal을 타고 3터미널로 이동해 Aéroport Charles de Gaulle 1역에서 탑승
- **2 터미널**: Aéroport Charles-de-Gaulle 2 TGV 역이 있는 2F까지 걷거나 셔틀로 이동 후 탑승
- **3 터미널**: 터미널과 RER 역 도보 5분

- **RER B선** 여행자들이 가장 선호하는 교통수단으로 교통 상황에 구애받지 않고 빠르게 시내로 이동할 수 있다. CDG1·2역에서 시내 중심가의 메트로 역과 편리하게 연결되는데 주요 역인 북역Gare du Nord까지는 25분이 소요된다.

🕐 공항 ↔ 파리 시내 04:50~23:50
  북역Gare du Nord ← 25분 → 공항 04:53~00:15
  샤틀레 레알Châtelet-Les Halles ← 28분 → 공항 05:26~00:11
  당페르 로슈로Denfert-Rochereau → 오를리 공항행 오를리발Orly-VAL 환승 ← 35분 → 공항 05:18~00:03

€ €12.50, 나비고, 파리 비지트 카드 1~5존 사용 가능

★ RER B선은 2025년 완료를 목표로 현대화 작업 중이다. 공사 구간은 대체 버스를 운행하니, 여행을 떠나기 전 미리 확인하자.

- **루아시 버스** Roissy Bus 공항에서 시내 중심가인 오페라 가르니에Palais Garnier Opéra 까지 가는 직행 버스. 오페라 가르니에와 마들렌 성당, 생라자르역 부근에 숙소가 있을 때 이용하기 좋다. 공항 각 터미널 도착 층에서 루아시 버스 표지판을 따라 출구로 나가면 탈 수 있으며 티켓은 기사에게 구입하자. 시내에서는 오페라를 바라보고 왼편에 있는 네스프레소 매장 앞 정류장(Rue scribe 11)에서 탑승하면 된다.

  📍 1터미널 도착 층 32번 출구, 2터미널 A9 출구, D11 출구 E&F 도착 층 8a 출구

  🕐 공항 ← 60분 → 오페라 가르니에 06:00~00:30
  오페라 가르니에 ← 60분 → 공항 05:15~00:30

  💶 €16.20, 나비고, 파리 비지트 카드 1~5존 사용 가능

- **일반 버스** 시간이 여유롭다면 이용해볼 만한 교통수단. 단, 가장 저렴하지만 시간이 오래 걸리고 짐칸이 없어 불편하다. 'BUS'라고 쓰여 있는 표지판을 따라가자. 공항으로 갈 때는 해당 메트로 역의 안내 표지판을 보고 따라가면 쉽게 정류장을 찾을 수 있다. 버스는 북역Gare de l'Nord과 동역Gare de l'Est에 정차하는 350번과 메트로 3호선 종점 갈리에니Gallieni역과 RER A선, 메트로 1·2·6·9호선 나시옹Nation역에 정차하는 351번이 있다.

  🕐 **350번(60~80분 소요)**
  공항 → 동역 06:05~22:30(15~35분 간격)/동역 → 공항 05:33~21:30(15~35분 간격)

  351번(70~90분 소요)
  공항 → 나시옹역 07:00~21:37(15~30분 간격)/나시옹역 → 공항 05:35~20:20(15~30분 간격)

  💶 €7.50, 1~5존 나비고, 파리 비지트, 모빌리스 사용 가능

- **심야버스 녹틸리앙** Noctilien 공항버스, RER 운행이 끝난 뒤 공항에 도착했을 때 이용할 수 있는 교통수단. 북역을 지나 동역까지 운행한다. N140과 N143 두 번호가 운행하는데 노선은 같고 운행시간과 소요시간만 다르다.

  ✅ **노선** CDG 1·2·3 → 북역 → 동역

  🕐 **N140(1시간 22분 소요)**
  공항 → 동역 01:00~04:00(20~40분 간격)/동역 → 공항 01:00~03:40(1시간 간격)

  N143(57분 소요)
  공항 → 동역 00:02~04:32(30분 간격)/동역 → 공항 00:55~05:08(10분 간격)

  💶 €2.50, 1~5존 나비고 카드 사용 가능

- **택시** 가족 여행을 떠났거나 짐이 많을 때 고려해볼 만한 교통수단. 도착한 공항 도착 홀에서 택시 표지판이 붙은 게이트 외부에 있는 택시 승차장에서 탑승한다.

  💶 공항 → 센강 좌안(에펠탑~오스테를리츠) €65, 공항 → 센강 우안(개선문~베르시) €56, 이 외 지역은 미터 요금, 19:00~07:00 사이와 일·공휴일은 요금의 15% 추가

오를리 공항
Aéroport d'Orly

🏠 orly.airport-paris.com

파리에서 남쪽으로 14km 거리에 있는 공항으로, 일부 국제선과 국내선 비행기들이 운항한다. 터미널은 서쪽 터미널 Orly 4와 남쪽 터미널 Orly 1·2·3으로 나뉘어 있고, 무료 전동차로 두 터미널 사이를 이동할 수 있다. 여행 안내소는 남쪽 터미널 Gates A&L level 0, 서쪽 터미널 도착 층 1·2게이트 근처, 출발 층 오를리발Orlyval 정류장 근처에 있다.

오를리 공항에서 시내로 이동

공항에서 시내로 가는 교통편은 공항버스 오를리 버스 Orlybus를 타는 것이 가장 경제적이다. 오를리 공항 전용 무인 전철 오를리발Orlyval은 교통 상황과 관계없이 공항을 오갈 수 있으나 비싸다.

- **공항버스 오를리 버스 Orlybus** 공항에서 시내까지 가장 편하게 갈 수 있는 방법. 35분 정도 걸린다. 카타콤베 부근 RER B선, 메트로 4·6호선 당페르 로슈로Denfert-Rochereau역까지 간다. 티켓은 자판기에서 구입하거나 버스 기사에게 구매한다.

  € €11.20, 나비고, 파리 비지트 5존 사용 가능
  ⏰ 공항 → 시내 06:00~00:30, 시내 → 공항 05:35~24:00

- **공항 전용 무인 전철 오를리발 Orlyval** 파리 시내 교통카드를 쓸 수 없는 대신 교통 상황에 구애받지 않고 시내로 이동할 수 있는 방법. 그만큼 비싸다. 공항에서 Orlyval 표시를 따라 전동차를 타고 Orly Sud-Antony역까지 간 후 RER B선으로 환승한다. 시내 샤틀레 레알Châtelet-Les-Halles역까지 25분, 북역까지는 40분이 걸린다.

  € €11.30(~ RER B선 앙토니Antony역) ⏰ 06:00~23:35 🏠 www.orlyval.com

- **트램 Tram + 메트로 Metro** 공항에서 7번 트램을 타고 종점까지 가면 메트로 7호선 빌쥐프 루이 아라공Villejuif-Louis Aragon역에 도착하는데 35분 정도 걸린다.

  € 1회권 2장, 통합권 €3.80, 나비고, 파리 비지트 5존 카드 사용 가능

- **시내버스 Bus + 메트로 Metro** 오를리 공항 버스 정류장에서 시내버스 183번을 타고 RER C선 슈아지 르 루아Choisy le Roi역까지 이동한 후 RER로 환승한다. 시내 중심인 생 미셸 노트르담Saint-Michel Notre-Dame역까지 16분 걸린다.

  € 1회권 2장, 나비고 파리 비지트 5존 사용 가능

- **심야버스 녹틸리앙 Noctilien** N31번과 N131번 두 노선이 있는데 N131번이 조금 빠르다.

  € 1회권 3장 또는 €6(1~5존 나비고 카드 가능)

  ⏰ **N31번 오를리 공항(Sud)~오스테를리츠역~리옹역**
  공항 ← 1시간 소요 → 리옹역 00:55~03:55(30분 간격)
  리옹역 ← 1시간 소요 → 공항 00:25~04:25(1시간 간격)

  N131번 오를리 공항(Quest/Sud)~오스테를리츠역~리옹역
  공항 ← 25분 소요 → 리옹역 00:57~03:57(1시간 간격)
  리옹역 ← 25분 소요 → 공항 01:35~04:35(1시간 간격)

- **택시** 공항 밖 택시 승차장에서 탑승. 좌안 €30, 우안 €35(19:00~07:00, 일·공휴일은 요금의 15% 추가)

파리 보베-티예 공항
Aéroport Paris Beauvais

🏠 www.aeroportbeauvais.com

라이언에어 등 유럽 내 저가 항공사가 취항하는 작은 규모의 공항. 파리 시내에서 북쪽으로 85km 떨어져 있다. 공항에서 시내까지는 직행 셔틀버스가 거의 유일한 교통수단. 비행기 도착 시간에 맞춰 공항 청사 외부에 정차해 있으니 버스를 놓치지 말자. 버스를 놓친다면 택시밖에 방법이 없고, 요금도 €140~200 정도다.

🚶 **버스 탑승 장소** 공항 밖 매표소, 시내 메트로 1호선 Porte Maillot역에서 Bd. Pershing 방향 주차장 💶 **셔틀버스 요금** 편도 €17(홈페이지에서 구입 시 €15.90)

파리 시내
대중교통 이용하기

파리에서 이용할 수 있는 대중교통 수단은 메트로, 고속지하철인 RER, 버스, 녹틸리앙, 트램 등이 있다. 하나의 티켓으로 모든 교통편을 이용할 수 있고, 메트로와 버스는 우리나라 시스템과 비슷해서 이용하기 어렵지 않다. 메트로와 버스 정류장에는 주변 지도가 붙어 있다. 메트로 역의 경우 출구 정보도 알 수 있고, 환승 교통편에 대한 안내가 잘되어 있어 많은 도움이 된다.

🏠 www.ratp.fr

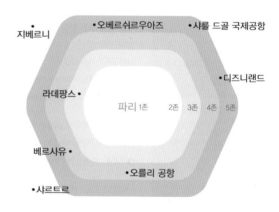

지베르니　　•오베르쉬르우아즈　　•샤를 드골 국제공항

　　　　　　　　　　　　　　　　　•디즈니랜드

라데팡스•　　　　파리 1존　2존　3존　4존　5존

베르사유•

　　　　　　　•오를리 공항

•샤르트르

파리 대중교통 카드

파리는 파리 시내와 수도권을 포함해 1~5존으로 나뉜다. 파리 시내는 대부분 2존 안에 있고 드골 공항, 오베르 쉬르 우아즈, 라 발레 빌리지는 5존, 베르사유는 4존, 라데팡스는 5존에 자리한다. 메트로 종점은 대부분 2존이라 나비고 이지 1회권으로 탈 수 있고, RER은 불가한 역들이 있으니 주의하자.(예_ La Defense(메트로 1호선), Nation(메트로 2, 6호선), Gafe de l'Est(메트로 4, 5, 7호선) 등) 2023년부터 1회권 종이 티켓과 카르네는 판매하지 않고 나비고 카드를 사용한다. 나비고 카드, 티켓 젠느 위켄드, 파리 비지트 등은 모두 지하철역의 티켓 키오스크에서 구매가능하다.

- **나비고 카드** 우리나라에서 사용하는 전자 교통카드 형식의 카드. 여행자가 쓰는 카드로는 나비고 이지Navigo Easy와 나비고 데쿠베르트Navigo Découverte가 있다.

나비고 이지 Navigo Easy

현재 판매 중단된 1회권 Ticket t+와 카르네(10회권)를 대체하는 카드로 구입한 후 원하는 횟수만큼 충전 가능하다. 1일권 모빌리스Mobilis 카드나 26세 미만인 여행자가 주말에 사용할 수 있는 티켓 젠느 위크엔드Ticket Jeunes Week-end 역시 충전 가능하다.

- **누가 살까?** 파리 시내만 3~5일 정도 여행하며 이동 횟수가 10회 미만일 여행자
- **요금** 1회 €2.15(올림픽 기간 €4)+카드 구입비 €2, 최대 30회까지 충전 가능
- **탑승 가능 교통수단** 메트로, 버스, 녹틸리앙, 트램, 벨리브, 몽마르트르 케이블카
- **환승** 메트로+메트로, 버스+버스 가능

나비고 데쿠베르트 Navigo Découverte

1주일 또는 1개월 동안 메트로, RER, 버스, 녹틸리앙 등 모든 교통수단을 제한 없이 탈 수 있는 교통카드. 구입할 때 증명사진이 필요하다. 1주일권은 월~수요일에만 구입할 수 있고 일요일 11:59까지 사용 가능하며, 1개월권은 전월 20일부터 해당 월 19일까지 충전 및 구입이 가능하다.

나비고 데쿠베르트 일주일권을 알뜰하게 사용하며 여행하고 싶다면 파리에 늦어도 수요일에는 도착해 여행하는 것이 좋다.

- **누가 살까?** 파리 시내와 근교까지 5일 이상 여행하며 공항 왕복하는 여행자
- **요금** 나비고 1일권 1~2존 €8.45, 1~5존 €20.10 그 외 아래 표 참조+카드 구입비 €5 (증명사진 1장 필요)

Zones	1주일권 Navigo Semaine	1개월권 Navigo Mois
1~5존	€30.75	€86.40
2~3존	€28.20	€78.80
3~4존	€27.30	€76.80
4~5존	€226.80	€74.80

- **티켓 젠느 위크엔드 Ticket Jeunes Week-end** 만 26세 미만이며 토·일·공휴일에 파리를 여행한다면 사용하기 좋은 티켓. 1일권이다. 횟수 제한은 없다.

  € 1~3존 €4.60, 1~5존 €10.10, 3~5존 €5.90

- **모빌리스 Mobillis** 개시한 당일 자정까지 메트로, RER, 버스, 녹틸리앙을 제한 없이 탈 수 있는 티켓.

  € 1~2존 €8.45, 1~3존 €11.30, 1~4존 €14, 1~5존 €20.10

- **파리 비지트 Paris Visite** 1·2·3·5일 동안 해당 존의 메트로, RER, 버스, 녹틸리앙, 공항버스와 열차 등 모든 교통수단을 제한 없이 탈 수 있으며 케 브랑리 박물관, 피카소 미술관, 베르사유 궁전, 팡테옹, 몽파르나스 타워 등에서 할인 혜택을 받을 수 있다.

  - **누가 살까?** 주중 2일 정도 여행하거나, 목요일 이후 4~5일 정도 여행하면서 많은 박물관·미술관을 방문할 계획이 있는 여행자

Zones	기간	요금	Zones	기간	요금
1~3존	1일	€13.95	1~5존	1일	€29.25
	2일	€22.62		2일	€44.45
	3일	€30.90		3일	€62.30
	5일	€44.45		5일	€76.25

파리의 대중교통

- **메트로** Metro 파리에서 가장 많이 이용하게 될 대중교통 수단. 14개의 노선이 파리
  시내를 거미줄처럼 연결해준다. 우리나라의 지하철과 시스템이 유사해서 어렵지 않
  게 탑승할 수 있다. 메트로를 탈 때 티켓을 각인하는 것은 우리나라와 같으나 내릴 때
  는 그냥 내린다. 역무원이 지키고 있는 경우도 드물어 무임승차의 유혹에 빠지기 쉬운
  데, 어디에 그들이 숨어 있을지 모르니 무임승차는 생각도 하지 말 것. 점차 신형 열차
  로 교체되면서 전자동으로 바뀌고 있으나 일부 노선의 경우 문에 손잡이가 있다. 손
  잡이를 위로 올리지 않으면 문이 열리지 않으니 주의하자.

  🕐 05:30~01:15(금~토·공휴일 전날 1시간 연장 운행), (24시간 운행, 요금 무료) 7월 14일
  혁명기념일, (요금 무료) 12월 31일

문에 이런 손잡이가 있다면
올려야 문이 열린다.

- **고속지하철** RER 파리 시내와 근교를 연결해주는 교통수단으로 A, B, C, D, E 5개의
  노선이 있다. 정차역이 메트로보다 적어 같은 노선이라도 목적지까지 빨리 갈 수 있다.

이런 버튼이 보이면 누르자.
눌러야 문이 열린다.

- **트랑지리앵** Transilien 파리에서 출발해 근교 도시를 연결하는 철도. H, J, K, L, N, P, R,
  U 8개 노선이 운행 중이다. 샤르트르, 오
  베르 쉬르 우아즈, 지베르니에 갈 때 탑
  승하게 된다.

- **TER** Train Express Régional 파리 주변을
  연결하는 교외선 열차들. 트랑지리앵 노
  선과 겹치는 노선도 있다.

- **트램 Trameway** 파리 외곽선을 따라 운행하는 교통수단으로 우리나라에는 없어 재미로 타보기에도 좋다. 메트로 2호선 종점 포르트 도핀Porte Dauphine역에서 트램 3b 노선을 타고 포르트 방센느Port Vincennes에서 트램 3a 노선으로 갈아타고 종점 퐁트 두 가리글리아노Pont du Garigliano역까지 가면 파리 외곽선을 타고 한 바퀴 도는 여행이 된다.

- **버스 Bus** 파리의 버스는 문이 3개. 앞뒤 문으로 타고, 가운데 문으로 내린다. 버스 내 개표 기구가 있으니 한국에서와 같이 한 번 터치하자. 검표원이 불시에 올라 터치 기록이 없으면 무임승차로 간주하고 벌금을 부과한다.

  🕐 05:30~00:30

  > 탑승하며 터치하기! 잊지 말자.

하루 만에 앉아서 파리 여행을 끝낼 수 있는
시티 투어 버스

유럽 여행 중 많이 만날 수 있는 지붕 없는 2층 버스. 파리에서는 툿 버스Toot Bus와 빅 버스 파리Big Bus Paris가 대표적이다. 개선문, 노트르담 대성당, 에펠탑, 앵발리드 등 시내 주요 관광 명소를 돌아볼 수 있는데, 일정이 짧고 여행지별로 찾아다니는 게 성가시다면 이용해볼 만하다. 2층에서 바라보는 파리 시내는 색다른 느낌으로 다가온다.

툿 버스
Toot Bus
💶 성인 €44~, 4~12세 €24~ (2시간 15분 소요)
🕐 09:30~18:30(겨울 시즌 ~17:00)

빅 버스 파리
Big Bus Paris
💶 성인 €40.50~, 4~12세 €22.50~ (2시간 15분 소요) 🕐 09:45~17:30

- **심야 버스 녹틸리앙** Noctilien 　메트로와 버스가 끊긴 이후에 운행하는 심야 버스. 배차 간격이 길지만 밤새도록 운행해 다른 교통편들이 끊겼을 때 유용하다. 녹틸리앙 정류장은 버스 정류장에 'N'이라 표시되어 있다.

  🕐 00:30~05:30

- **벨리브** Velib 　2007년부터 시작된 파리의 무인 자전거 대여 시스템. 환경오염과 교통체증을 줄일 목적으로 도입된 자전거 렌털 서비스로 파리 시민들뿐만 아니라 여행자들도 이용하기 쉽게 설계되었다. 파리 시내는 자전거 도로가 잘되어 있고, 벨리브 대여소가 2000여 개, 대여 자전거는 2만여 대로 자전거를 잘 탄다면 한 번쯤 시도해볼 만하다. 센 강변 도로 추천.

  🏠 www.velib-metropole.fr
  💶 일반 자전거 ~30분 €1, 그 이후 30분마다 €1, 전기 자전거 ~30분 €3, 그 이후 30분마다 €2

- **택시** Taxi 　택시는 지정 승차장에서 탄다. 최근에는 우버Uber나 볼트Bolt 앱을 주로 사용하는데 회사별로 프로모션 혜택이 있어 좀 더 저렴한 요금으로 이용할 수 있다.

- **바토뷔스** Batobus 　말 그대로 수상 버스. 메트로나 시내버스와 다른 기분으로 파리 시내를 이동하는 맛도 그만이다. 에펠탑, 샹젤리제, 오르세 미술관, 루브르 박물관, 생 제르맹, 노트르담, 시청, 파리 식물원 등 센강 주변의 주요 지점에서 탑승할 수 있다.

  🏠 www.batobus.com 　💶 1일권 성인 €23, 3~15세 €13, 2일권 성인 €27, 3~15세 €17

센강의 낭만 유람선

센강을 1시간 정도 떠다니는 그야말로 유람선. 회사에 따라 한국어 설명이 나오기도 하고, 디너 크루즈, 샴페인 크루즈 등 다양한 프로그램이 있다. 저녁 시간이 인기 좋은데, 하절기에는 오후 9시 30분 이후에 타면 야경을 보기 좋다. 단, 바람이 찰 수 있으니 얇은 겉옷을 준비하자.

바토 무슈
Bateaux Mouches

한국인 여행자들에게 가장 잘 알려진 유람선. 알마 다리에서 출발해 루브르 박물관을 지나 시테섬을 한 바퀴 돌아 오르세 박물관과 에펠탑을 지난다. 기본 1시간 10분 코스이고 디너 크루즈는 2시간 20분 정도 타는데 예약 필수.

🏠 www.bateaux-mouches.fr ⏱ 4~9월 10:00~23:30, 10~3월 10:00~22:00
💶 일반 노선 성인 €17, 13세 미만 €7, 4세 미만 무료 / 샴페인 크루즈 €29~, 디너 크루즈 €90~

바토 파리지앵
Bateaux Parisien

이에나 다리에서 에펠탑을 바라보고 왼쪽 선착장에서 출발하는 유람선. 오르세 미술관, 프랑스 학술원, 노트르담 대성당을 지나 국립 도서관에서 생 루이섬과 시테섬을 돌아 루브르, 콩코르드 광장, 자유의 여신상을 돌아 도착한다. 여름 시즌에는 노트르담 대성당 쪽 선착장에서도 출발한다. 소요시간은 1시간. 디너 크루즈가 인기 좋은데 드레스코드가 있으니 정장을 준비하는 것이 좋다.

🏠 www.bateauxparisiens.com ⏱ 10:00~22:30(시기별 변동 있으니 홈페이지 참고)
💶 일반 노선 성인 €18, 13세 미만 €9, 4세 미만 무료, 디너 크루즈 €95~

브데트 드 파리
Vedette de Paris

이에나 다리에서 비르아켐 다리 방향 선착장에서 출발하는 유람선. 앞선 두 유람선보다 선박의 규모가 작아 한갓지고, 전기 보트라 조용하다. 유람선별로 프로그램이 다양해서 고르는 재미가 있는데 샴페인 크루즈가 가장 빈도가 많다.

🏠 www.vedettesdeparis.fr ⏱ 10:00~22:30(시기별 변동 있으니 홈페이지 참고)
💶 일반 노선 성인 €18, 샴페인 크루즈 €20~

정치와 상업 활동의 중심이었던

파리 우안

센강이 흐르는 방향 따라 오른쪽에 자리한 파리 우안은 예로부터 정치와 상업 활동의 중심이었으며 귀족과 부르주아적 전통이 강한 지역이다. 왕궁이었던 루브르 박물관과 팔레 루아얄이 예전의 전통을 보여준다. 위풍당당한 개선문과 혁신적인 건물 퐁피두 센터는 전통을 기반으로 새로운 방향으로 나아가는 파리, 프랑스를 상징한다.

격동의 프랑스 역사와 함께한

트로카데로 광장·
개선문·콩코르드 광장

Place du Trocadero·Arc de Triomphe·
Place de la Concorde

#개선문 #오!샹젤리제 #탕진잼 #눈이즐겁다

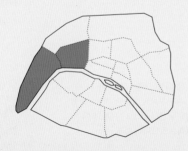

삼각형을 이루고 있는 이 지역엔 프랑스 격동의 역사 흔적이
남아 있다. 승리를 기리며 만든 건물, 혁명의 기운이 넘실거리고,
승전의 환희가 묻어 있던 거리는 지금 세계에서 가장
호사스러운 공간이 되어 여행자들을 맞이한다. 부유하고
여유로운 공간 곳곳에 숨어 있는 박물관들과 카페에서 모처럼
떠난 여행의 여유를 만끽하자.

트로카데로 광장·
개선문·콩코르드 광장
이렇게 여행하자

파리에 왔다면 꼭 한 번은 둘러보는 곳들이
모여 있는 지역이다. 크게 삼각형을 이루고 있어
어디에서 시작해도 관계없지만, 상징적인
건물부터 크게 한 바퀴 돌아보는 코스.

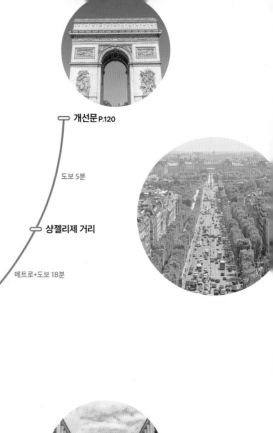

○ **개선문** P.120

도보 5분

○ **샹젤리제 거리**

메트로+도보 18분

콩코르드 광장 P.125 ○

도보 12분

프티 팔레 P.124 ○

메트로+도보 17분

○ **팔레 드 도쿄** P.122 **또는 파리 시립 현대 미술관** P.123

도보 12분

○ **샤요 궁전** P.122

 주변 역
· RER A·메트로 1·2·6호선 Charles de Gaulle–Étoile역
· 메트로 6호선 Trocadero역
· 메트로 1호선 Concorde역

트로카데로 광장·개선문·콩코르드 광장
상세 지도

M Les Sablons

N13

⑪ 루이 비통 재단

N185

N185

볼로니으
산림공원

슈워츠 델리 ⑪
카페 뒤 트로카데로 ⑯
트로카데로 광장
샤요 궁전 ⑫

마르모탕 모네 미술관 ⑬

M La Muette

⑭ 파르크 데 프랭스

명소
식당/카페
상점

• 장 자크 에네 미술관

Ⓜ Monceau

옹소 공원
• 세르누치 박물관
니심 드 카몽도 미술관 •

Rue de Monceau

Gare Saint-Lazare 🚉

05 카페 라테랄

• 자크마르 앙드레 미술관
Bd Haussmann

01 개선문
• 샤를 드 골 광장

02 퍼블리시스드러그스토어

루이 비통(본점) 03 Ⓜ George V

01 부티크 오피시엘 뒤 페에스제

07 라뒤레
Av. des Champs-Élysées

Ⓜ Franklin D. Roosevelt

르 를래 드 랑트르코트
벨로타 벨로타 샹젤리제 03

Rue François 1er

Ⓜ Champs-Élysées - Clemenceau

갈리에라 박물관 07

12 디올 갤러리

프티 팔레 08
콩코르드 광장 09

Concorde Ⓜ

Iéna

10 이브 생 로랑 박물관

Ⓜ

05 국립 기메 동양 박물관
레 드 도쿄 03 04 파리 시립
현대 미술관

Ⓜ Alma-Marceau

06 알렉상드르 3세 다리

센강

04 르 뉴욕

N

0   500m

119

개선문 Arc de Triomphe

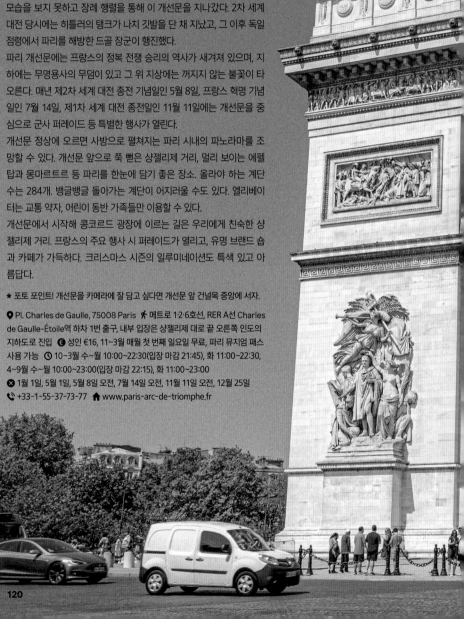

파리의 12개 도로가 관통하는 자리에 서 있는 위풍당당한 건축물. 나폴레옹이 오스테를리츠 전투의 승리를 기념하기 위해 만들었다. 개선문이 서 있는 자리를 12개의 도로가 관통하며 별 모양을 하고 있어 프랑스어로 별을 뜻하는 에투알 개선문이라고도 부른다.

로마 원정 당시 콘스탄티누스 대제의 개선문에 반한 나폴레옹의 지시로 장 샬그랭이 설계해 1836년에 완성했으나, 정작 나폴레옹은 완공된 모습을 보지 못하고 장례 행렬을 통해 이 개선문을 지나갔다. 2차 세계 대전 당시에는 히틀러의 탱크가 나치 깃발을 단 채 지났고, 그 이후 독일 점령에서 파리를 해방한 드골 장군이 행진했다.

파리 개선문에는 프랑스의 정복 전쟁 승리의 역사가 새겨져 있으며, 지하에는 무명용사의 무덤이 있고 그 위 지상에는 꺼지지 않는 불꽃이 타오른다. 매년 제2차 세계 대전 종전 기념일인 5월 8일, 프랑스 혁명 기념일인 7월 14일, 제1차 세계 대전 종전일인 11월 11일에는 개선문을 중심으로 군사 퍼레이드 등 특별한 행사가 열린다.

개선문 정상에 오르면 사방으로 펼쳐지는 파리 시내의 파노라마를 조망할 수 있다. 개선문 앞으로 쭉 뻗은 샹젤리제 거리, 멀리 보이는 에펠탑과 몽마르트르 등 파리를 한눈에 담기 좋은 장소. 올라야 하는 계단수는 284개. 뱅글뱅글 돌아가는 계단이 어지러울 수도 있다. 엘리베이터는 교통 약자, 어린이 동반 가족들만 이용할 수 있다.

개선문에서 시작해 콩코르드 광장에 이르는 길은 우리에게 친숙한 샹젤리제 거리. 프랑스의 주요 행사 시 퍼레이드가 열리고, 유명 브랜드 숍과 카페로 가득하다. 크리스마스 시즌의 일루미네이션도 특색 있고 아름답다.

★ 포토 포인트! 개선문을 카메라에 잘 담고 싶다면 개선문 앞 건너목 중앙에 서자.

📍 Pl. Charles de Gaulle, 75008 Paris 🚶 메트로 1·2·6호선, RER A선 Charles de Gaulle-Étoile역 하차 1번 출구, 내부 입장은 샹젤리제 대로 끝 오른쪽 인도의 지하도로 진입 💶 성인 €16, 11~3월 매월 첫 번째 일요일 무료, 파리 뮤지엄 패스 사용 가능 🕐 10~3월 수~월 10:00~22:30(입장 마감 21:45), 화 11:00~22:30, 4~9월 수~월 10:00~23:00(입장 마감 22:15), 화 11:00~23:00
❌ 1월 1일, 5월 1일, 5월 8일 오전, 7월 14일 오전, 11월 11일 오전, 12월 25일
📞 +33-1-55-37-73-77 🌐 www.paris-arc-de-triomphe.fr

제1차 세계 대전에 참전한 무명용사의 묘

나폴레옹의 영광

1792년 의용병들의 출발,
일명 라 마르세예즈

건축문화 재단과 프랑스 문화재 박물관
Cité de l'Architecture et du Patrimoine

ⓔ 상설 전시 성인 €9, 기획 전시+상설 전시 성인
€12, 매달 첫 번째 월요일 무료, 파리 뮤지엄 패스
사용 가능(상설 전시) ⓒ 수·금~월 11:00~19:00,
목 11:00~21:00 ⓧ 화요일, 1월 1일, 5월 1일,
7월 14일, 12월 25일 ☎ +33-1-58-51-52-00
🏠 www.citechaillot.fr

에펠탑과의 눈맞춤 ····· ②
샤요 궁전 Palais de Chaillot

에펠탑을 눈과 카메라에 담는 여행자로 늘 붐비는 공간이다. 두 채의
건물로 이루어져 있는데 내부에는 국립 해양 박물관, 인류학 박물관, 프
랑스의 건축문화 관련 다양한 자료와 모형을 볼 수 있는 건축과 문화재
박물관, 3000여 석 규모의 샤요 극장이 있다. 하지만 건물 내부보다는
두 건물 사이의 '자유와 인간의 권리'라는 이름을 갖고 있는 광장에 많
은 여행자가 모여 에펠탑과의 인증샷을 촬영하느라 여념이 없다. 주의
하자! 우리를 노리는 소매치기들과 바가지를 노리는 잡상인들.

국립 해양 박물관 Musée National de la Marine

ⓔ 성인 €14 ⓒ 수·금~월 11:00~19:00, 목 11:00
~22:00 ⓧ 화요일 ☎ +33-1-58-51-52-00
🏠 www.musee-marine.fr

ⓟ 1 Pl. du Trocadéro et du 11 Novembre, 75016 Paris
🚶 메트로 6·9호선 Trocadéo역 1번 출구에서 도보 2분

파리 시립 현대 미술관

팔레드 도쿄

실험적이고 트렌디한 공간 ····· ③
팔레 드 도쿄 Palais de Tokyo

센 강변의 거대한 부조가 인상적인 건물에 자리한 현대 미술관. 1937년에 열린
파리 만국박람회 때 일본관으로 사용한 건물로 트렌디하고 기발한 전시 기획으
로 이름 높다. 소장품과 상설 전시 없이 기획전으로만 전시를 진행한다. 프랑스
젊은 작가들의 획기적인 작품을 보고 싶다면 방문해보자. 밤 늦게까지 운영하고
있으니 언제든 찾아도 좋다. 미술관 내 레스토랑, 카페와 서점도 근사하다.

ⓟ 13 Avenue du Président Wilson, 75016 Paris 🚶 메트로 9호선 Iéna역 1번 출구에서
도보 3분, 메트로 9호선 Alma-Marceau역 3번 출구에서 도보 5분 ⓔ 성인 12€
ⓒ 수~월 12:00~22:00, 목 12:00~24:00 ⓧ 화요일, 1월 1일, 5월 1일, 12월 25일
☎ +33-1-81-97-35-88 🏠 www.palaisdetokyo.com

무료로 피카소와 마티스를
만날 수 있는 ······ ④

파리 시립 현대 미술관
Musée d'Art Moderne de Paris

팔레 드 도쿄와 같은 건물 오른쪽 날개 부분에 있
는 현대 미술관. 20~21세기 미술품을 주로 소장하
고 있으며 다양한 테마를 가진 전시가 1년 내내 열
려 현대 미술 애호가들이 자주 찾는다. 무료라는 게
믿기지 않을 만큼 수준 높은 상설 전시를 통해 피카
소, 마티스, 라울 뒤피 등의 작품을 만날 수 있다. 전
시실을 가득 메우고 있는 몽환적 분위기의 라울 뒤
피의 〈전기의 요정〉은 이 미술관의 하이라이트.

라울 뒤피의 〈전기의 요정〉

📍 11 Avenue du Président Wilson, 75016 Paris
🚶 메트로 9호선 Iéna역 1번 출구에서 도보 3분, 또는
메트로 9호선 Alma-Marceau역 3번 출구에서 도보 5분
💶 상설 전시 무료, 기획 전시 €5~11
🕐 화·수·금~일 10:00~18:00, 목 10:00~22:00
(기획 전시만) ❌ 월요일, 1월 1일, 5월 1일, 12월 25일
📞 +33-1-53-67-40-00 🏠 www.mam.paris.fr

앙리 마티스의 〈춤〉

파리에서 만나는 아시아 유물들 ······ ⑤

국립 기메 동양 박물관 Musée National des Arts Asiatiques-Guimet

리옹의 실업가 기메가 설립한 박물관으로 3층 규모의 건물에 아시아 지역의 유물 5
만여 점을 소장, 전시하고 있다. 특히 3층에 자리한 한국전시실은 설립 초기인 1893
년부터 설치된 것으로 김옥균을 암살해 잘 알려진 최초의 프랑스 유학생 홍종우가
관여했다. 여러 전시물 중 금동반가사유상과 천수관음보살상은 놓치지 말자.

📍 6 Place d'Iéna ,75116 Paris 🚶 메트로 9호선 Iéna역 2번 출구 앞
💶 성인 €13, 매달 첫째 일요일 무료 입장, 18세 미만 무료, 파리 뮤지엄 패스 사용 가능
🕐 수~월 10:00~18:00 ❌ 화요일, 1월 1일, 5월 1일, 12월 25일
📞 +33-1-56-52-53-00 🏠 www.guimet.fr

최초의 조선인 프랑스 유학생 홍종우

홍종우는 조선 최초의 파리 유학생으
로 일본의 메이지 유신이 프랑스 헌법
을 모델로 삼았다는 점에 흥미를 느껴
자비로 1890년부터 1893년까지 파리
에서 공부했다. 그는 늘 갓을 쓰고 도
포를 입고 다녔다고 전해지는데 〈춘향
전〉, 〈심청전〉 등 한국의 고전을 프랑스
어로 번역했다. 귀국 후 고종의 명을 받
아 갑신정변을 일으킨 후 일본에 망명
중이었던 김옥균을 암살했다.

천수관음보살상

금동반가사유상

알렉상드르 3세 다리 Pont Alexandre III

파리를 배경으로 하는 영화나 드라마에서 빠지지 않는 명소. 큐피드와 아기 천사 등 신화 속 등장인물의 에스코트를 받으며 센강을 건너며 기념 촬영을 할 수 있는 곳이다. 32개의 가로등이 불을 밝히는 야경도 멋스럽다.

📍 Pont Alexandre III, 75008 Paris
🚶 그랑 팔레·프티 팔레와 앵발리드 사이를 연결하는 다리

갈리에라 박물관 Palais Galliera

패션의 중심지 파리와 잘 어울리는 박물관. 웅장한 건물 속에서 패션의 역사를 되짚어볼 수 있는 곳이다. 갈리에라 공작 부인이 파리에 기증한 예술품을 전시하기 위해 1894년에 완공한 건물에 의상과 관련된 20만 점에 달하는 소장품을 갖췄다. 소장품의 특성상 상설 전시보다는 테마를 갖고 진행하는 특별 전시가 높은 수준을 자랑한다.

📍 10 Avenue Pierre 1er de Serbie, 75016 Paris 🚶 메트로 9호선 Iéna역 2번 출구에서 도보 3분 💶 상설 전시 성인 €12, 기획 전시+상설 전시 성인 €15, 18~26세 €12 🕐 상설 전시 화·수·금·일 10:00~18:00, 목 10:00~21:00, 기획 전시 화·수·금·일 10:00~17:00, 목 10:00~20:00 ❌ 월요일, 1월 1일, 5월 1일, 12월 25일 📞 +33-1-56-52-86-00
🏠 palaisgalliera.paris.fr

프티 팔레 Petit Palais

그랑 팔레(1900년 파리 만국박람회를 기념해 만든 복합 문화 시설로 올림픽 맞이 리모델링 중) 맞은편에 자리하고 있는 아름다운 건물. 작은 궁전이라는 이름을 갖고 있으나 이는 맞은편 그랑 팔레의 규모가 워낙 커서 붙은 이름일 뿐 프티 팔레 역시 웅장하고 아름답다. 렘브란트, 쿠르베, 들라크루아 등의 작품이 전시되어 있으며, 정원도 그냥 지나치기 아쉬운 장소다.

📍 Avenue Winston-Churchill, 75008 Paris 🚶 메트로 1·13호선 Champs-Elysées-Clémenceau역 1번 출구에서 도보 4분 💶 상설 전시 무료, 기획 전시 성인 €10 🕐 상설 전시 화~일 10:00~18:00, 금·토 10:00~20:00(기획 전시만) ❌ 월요일, 1월 1일, 5월 1일, 7월 14일, 11월 11일, 12월 25일 📞 +33-1-53-43-40-00
🏠 www.petitpalais.paris.fr

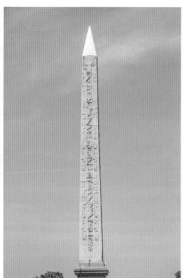

혁명의 기운이 넘실거리는 ······⑨

콩코르드 광장 Place de la Concorde

파리에서 가장 큰 광장. 시원하게 탁 트인 시야를 자랑하며 여행자와 파리 시민들에게 휴식을 전해주는 곳이다. 하지만 프랑스 대혁명 당시 루이 16세, 마리 앙투아네트, 로베스피에르 등 1000명이 이곳에 설치되었던 단두대에서 처형되었다. 지금은 당시의 혼란은 간데없고 시원한 물줄기를 뿜어내는 분수대, 오벨리스크 등이 여행자를 맞이한다.

📍 Place de la Concorde 🚶 메트로 1·8·12호선 Concorde역 1번 출구

디자이너의 아틀리에를 엿보자 ······⑩

이브 생 로랑 박물관 Musée Yves Saint Laurent

1961년 파리에서 시작된 패션 브랜드 생 로랑의 설립자인 디자이너 이브 생 로랑의 동업자이자 부인인 피에르 베르제가 설립한 박물관. 이브 생 로랑이 30년 동안 작업했던 작업실이 자리한 건물에서 시기별로 그의 디자인 철학을 바탕으로 하는 기획 전시를 개최한다. 방문 전 홈페이지 확인 필수.

몬드리안의 컴포지션을 오마주한
이브 생 로랑의 대표작

이브 생 로랑의 작업실

📍 5 Av. Marceau, 75116 Paris
🚶 메트로 9호선 Alma-Marceau역 3번 출구에서 도보 3분 💶 성인 €10 🕐 화·수·금~일 11:00~18:00, 목 11:00~21:00 ❌ 월요일, 1월 1일, 5월 1일, 12월 25일 📞 +33-1-44-31-64-00 🏠 museeyslparis.com

루이 비통 재단 Fondation Louis Vuitton

프랑스를 대표하는 브랜드 루이 비통 모에 헤네시 LVMH 그룹이 소장한 현대 미술품을 전시하는 공간. 프리츠커상을 받은 해체주의 건축가 프랭크 게리가 파리에 프랑스의 깊은 문화적 소명을 상징하는 웅장한 선박을 설계하고 싶다는 꿈을 구현했다. 유리 패널과 철골로 만든 건물 안에서 수준 높은 현대 미술 작품을 볼 수 있으며 공간을 이동하며 틈새로 보이는 주변과 멀리 라데팡스의 풍경이 이채롭다.

✱ 개선문 부근에서 셔틀버스를 탈 수 있다.
✱ 2024년 9월 10일부터 10월 15일 까지 후속 전시 준비로 임시 폐쇄

📍 8 Avenue du Mahatma Gandhi, Bois de Boulogne
🚶 메트로 1호선 Les Sablons역 2번 출구에서 도보 15분, 또는 Avenue de Friedland(Charles de Gaulle Etoile역 2번 출구)에서 20분마다 셔틀버스 운행, 요금 왕복 €2, 화요일 운행 안 함
💶 (아클리마타시옹 공원 입장료 포함) 성인 €16, 가족 할인 €32 (성인 1~2인과 18세 미만의 자녀 4명 이하), 예약 권장
🕐 월·수·목 11:00~20:00, 금 11:00~21:00, 토·일 10:00~20:00 (시기별로 유동적, 홈페이지에서 체크 요망) ❌ 화요일
📞 +33-1-40-69-96-00 🏠 www.fondationlouisvuitton.fr

디올 갤러리 La Galerie Dior

크리스찬 디올의 저택에 마련된 크리스찬 디올 브랜드의 역사를 보여주는 갤러리. 13개의 테마로 구분한 공간 안에서 뉴룩으로 대변되는 크리스찬 디올의 작품들과 그의 사후 브랜드를 지켜온 후계자 6명의 의상, 스케치, 액세서리 등을 볼 수 있다. 관람 후 왠지 아쉽다면 같은 건물에 자리한 세계 최대 규모의 디올 부티크를 둘러보거나 0층의 티룸 무슈 디올Monsieur Dior에서 티타임을 가져보자. 시중보다 비싸지만 가방 가격에 비하면 애교 수준.

📍 11 Rue François 1er, 75008 Paris
🚶 메트로 9호선 Alma-Marceau역 1번 출구, 메트로 1·9호선 Franklin D. Roosevelt역 5번 출구에서 각각 도보 5분 💶 성인 €14, 9세 이하 무료, 예약 권장 🕐 수~월 11:00~19:00 ❌ 화요일, 1월 1일, 5월 1일, 12월 25일 📞 +33-1-57-96-19-47
🏠 www.galeriedior.com

마르모탕 모네 미술관 Musée Marmottan-Monet

인상파의 기념비적인 작품 모네의 〈인상, 해돋이Impression, soleil levant〉를 볼 수 있는 미술관. 부유한 실업가 쥘 마르모탕과 폴 마르모탕 부자가 파리시에 기증한 저택과 컬렉션, 모네 사후 모네의 막내아들이 상속받은 모네의 컬렉션과 모네의 작품을 미술관에 기증해 만들었다. 모네의 작품들은 지하 공간에서 전시 중인데, 세계 최대 규모의 모네 컬렉션이다.

📍 2 Rue Louis Boilly, 75016 Paris　🚶 메트로 9호선 La Muette역 1번 출구에서 도보 8분, 또는 버스 32·70번 Porte de Passy 정류장 하차 후 도보 5분　💶 성인 €14, 지베르니 모네 재단 복합 티켓 €25　🕐 화·수·금~일 10:00~18:00, 목 10:00~21:00　❌ 월요일, 1월 1일, 5월 1일, 12월 25일　📞 +33-1-44-96-50-33　🏠 www.marmottan.fr

인상파의 시작 〈인상, 해돋이〉

오랑주리의 〈수련〉 연작을 위한 습작 일부

★ 2024년 9월 8일~2025년 1월 19일 워싱턴 국립미술관 대여 예정

파르크 데 프랑스 Le Parc des Princes

파리가 연고인 축구 클럽 파리 생 제르맹 FC의 홈구장. 리오넬 메시와 음바페가 활약했고, 슛돌이 이강인의 소속팀이다. 부르봉 왕가의 사냥터에 만든 경기장으로 챔피언스 리그 결승 등 중요 축구 경기가 열린다.

📍 24 Rue du Commandant Guilbaud, 75016 Paris 🚶 메트로 9호선 Porte de Saint-Cloud역 1번 출구에서 도보 7분, 메트로 10호선 Porte d'Auteuil역 1번 출구에서 도보 13분 💶 성인 (주간) €15, (야간 개장) €30 🕐 10:00~17:00, 30분마다 입장, 예약 필수, 2024년 5월 25일~7월 6일 야간 개장 18:30~22:00 ❌ 홈페이지 참고 📞 +33-1-55-37-73-77 🏠 www.psg.fr

부유한 재력가의 컬렉션

개선문 북쪽 몽소 공원 주변은 오스만 양식으로 지은 부유한 저택들이 모여 있는 구역이다.
아름다운 저택들 사이에 부유한 컬렉터들이 소장품을 파리에 기증해 만든 미술관들도 자리하고 있다.
작지만 각자의 사연을 갖고 모인 아름다운 소장품들을 보러 떠나보자.

니심 드 카몽도 미술관 Musée Nissim de Camondo

은행가이자 컬렉터였던 머이즈 드 카몽도가 수집한 18세기 말 장식 예술품이 가득하다.
그는 자신의 부를 미술품 수집에만 쓴 게 아니라 가난한 예술가들을 후원하고 자선사업
도 시행했다. 제1차 세계 대전 때 아들이 사망하자 이 집을 파리 박물관에 기증하고 아들
의 이름을 딴 미술관으로 사용하고 있다.

★ 2024년 8월 5일부터 리모델링 공사로 폐쇄

📍 63 Rue Monceau, 75008 Paris 🚶 메트로 2호선 Monceau역 유일한 출구에서 도보 5분
€ 성인 €13, 4일간 유효한 장식미술 박물관과의 복합 티켓 €22, 파리 뮤지엄 패스 사용 가능
🕐 수~일 11:00~17:30 ❌ 월·화요일, 1월 1일, 5월 1일, 12월 25일
📞 +33-1-53-89-06-50 🏠 madparis.fr/Musee-Nissim-de-Camondo-125

세르누치 박물관 Musée Cernuschi

프랑스로 망명한 이탈리아 정치가 앙리 세르누치가 수입한 중국, 일본, 인도네시아 미술품 1만 5000여 점을 소장하고 있다. 국립 기메 동양 박물관 P.123과 더불어 아시아 예술을 전문으로 전시하는 미술관으로 중국의 자기, 불상들이 많고 우리나라의 이우환, 김창열, 이응노 화백의 작품들도 전시한다.

📍 7 Av. Velasquez, 75008 Paris 🏃 니심 드 카몽도 미술관에서 도보 3분 🎟 상설 전시 무료, 기획 전시 유동적
🕐 화~일 10:00~18:00 ❌ 월요일, 1월 1일, 5월 1일, 12월 25일 📞 +33-1-53-96-21-50
🏠 www.cernuschi.paris.fr

장 자크 에네 미술관
Musée National Jean-Jacques Henner

누드, 종교화, 초상화에 스푸마토 기법과 명암을 사용한 그림을 그린 화가 장 자크 에네의 작품을 소장하고 있는 미술관. 화가 기욤 뒤뷔프Guillaume Dubufe가 살던 집을 장 자크 에네의 조카 며느리가 구입해 미술관으로 꾸몄다.

📍 43 Av. de Villiers, 75017 Paris 🏃 메트로 3호선 Malesherbes역 2번 출구에서 도보 3분, 메트로 2호선 Monceau역 유일한 출구로 나와 북쪽으로 도보 5분
€ 성인 €8, 72시간 동안 귀스타브 모로 미술관 입장 가능, 매월 첫 번째 일요일 무료, 파리 뮤지엄 패스 사용 가능
🕐 수~월 11:00~18:00 ❌ 화요일, 1월 1일, 5월 1일, 12월 25일
📞 +33-1-83-62-56-17 🏠 www.musee-henner.fr

자크마르 앙드레 미술관
Musée Jacquemart-André

오스만 시대의 저택에 에두아르 앙드레와 넬리 자크마르 부부가 수집한 컬렉션을 소장, 전시하고 있는 미술관. 화려한 가구와 공예품들, 이탈리아 르네상스 회화와 18세기 프랑스 화가들의 작품이 가득하다. 미술관 카페 또한 우아하고 멋지니 미술관 관람 후 차 한잔의 여유를 잊지 말자.

＊ 2024년 9월까지 리모델링 공사 중

📍 158 Bd Haussmann, 75008 Paris 🏃 메트로 9·13호선 Miromesnil역 1번 출구에서 도보 5분 📞 +33-1-45-62-11-59 🏠 www.musee-jacquemart-andre.com

푸짐하고 든든한 한 끼 ······ ①

슈워츠 델리 Schwartz's Deli

수제 버거 맛집으로 알려졌으나 향신료로 양념한 훈제 햄 파스
트라미가 대표 메뉴인 식당. 샤요 궁전에서 에펠탑을 관람한 후
들러 식사하기 좋다. 버거나 샌드위치를 주문하면 감자튀김, 해
시 브라운, 샐러드 중 하나를 선택할 수 있는데 양이 매우 넉넉
하다. 매장 추천 메뉴는 파스트라미 샌드위치. 향신료를 꺼린다
면 치즈버거 추천.

📍 7 Av. d'Eylau, 75016 Paris 🏃 메트로 6·9호선 Trocadéro역 5번
출구에서 도보 3분 🌐 샌드위치 €13.50~21.50, 버거류 €15~27,
샐러드 €11~22 🕐 월~금 12:00~15:00, 19:30~23:00,
토·일 12:00~17:00, 19:00~23:00 📞 +33-1-47-04-73-61
🏠 www.schwartzsdeli.fr

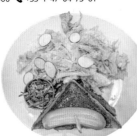

50년 전통의 맛을 가진 스테이크 ······ ②

르 를래 드 랑트르코트 Le Relais de l'Entrecôte

오로지 스테이크 하나로 승부하는 집. 자리에 앉아 스테이크 굽기를 선택하고
음료를 주문하면 된다. 갈빗살 스테이크와 감자튀김이 특제 소스와 함께 나오는
데 스테이크는 두 번에 걸쳐서 내어주어 끝까지 따뜻하게 먹을 수 있다. 몽파르
나스와 생 제르맹 데 프레에도 지점이 있는데 늘 오픈 전부터 길게 늘어서 있는
사람들이 이해되는 맛집.

📍 15 Rue Marbeuf, 75008 Paris
🏃 메트로 1·9호선 Franklin D. Roosevelt역
3번 출구에서 도보 5분 🌐 스테이크 €27.50,
후식 €5~8 🕐 12:00~14:30, 18:45~23:00
📞 +33-1-49-52-07-17
🏠 www.relaisentrecote.fr

스페인 하몽에 와인 한잔 ····· ③
벨로타 벨로타 샹젤리제
Bellota-Bellota Champs-Elysées

기름기가 적절히 섞여 부드럽고 고소한 스페인 하몽 전문점. 가운데가 솟은 접시에 내어주는 볼케이노Volcano가 대표 메뉴. 돼지 다리 고기로 만드는 하몽은 어깨 살과 뒷다리 살 맛이 다르므로 둘이 섞인 클라시코Classico 추천. 주문한 메뉴에 맞춰 추천해주는 와인도 근사하다. 매장에서 판매하는 올리브, 카카오 퓌레의 품질도 좋고 맛있다.

📍 11 Rue Clément Marot, 75008 Paris 🏃 디올 갤러리에서 도보 5분 💶 전식 €6.90~27.95, 본식 €17.90~34.90, 후식 €4.90~10.50, 볼케이노 €18.90~39.90, 와인 €8.50~ 🕐 월~토 10:00~21:00 ❌ 일요일 📞 +33-1-47-20-03-13 🏠 www.bellota-bellota.com

군더더기 없이 깔끔한 식사 ····· ④
르 뉴욕 Le New York

레스토랑 이름으로 인해 미국식 음식을 기대하게 하는 식당이지만, 식당의 이름은 길 이름에서 왔다고. 맛집 불모지라 할 수 있는 에펠탑 부근에서 그나마 편안하게 식사할 수 있는 곳으로 불편함 없이 살펴주는 서버들의 나이스함이 인상적이다. 추천 메뉴는 오리 요리. 서늘한 날이라면 따끈한 양파수프 한 그릇도 좋겠다.

📍 48 Av. de New York, 75116 Paris 🏃 팔레 드 도쿄에서 강변 쪽으로 나와 에펠탑 방향으로 도보 3분 💶 전식 €9.50~17.50, 본식 €17~25.80, 버거·샌드위치 €14.80~18, 후식 €8~9.50 🕐 08:00~22:00 📞 +33-1-71-93-21-50

한적한 거리에서 알찬 브런치 ······ ⑤
카페 라테랄 Café Latéral

번잡한 개선문에서 살짝 떨어진 한적한 거리에서 푸짐한 브런치를 즐기기 좋은 맛집. 커피, 크루아상을 기본으로 오믈렛, 연어 등을 곁들이는 브런치 메뉴가 인기. 그 외 샐러드도 푸짐하고 맛있다는 평가.

📍 4 Av. Mac-Mahon, 75017 Paris 🚶 RER A선, 메트로 1·2·6호선 Charles de Gaulle – Étoile역 4번 출구에서 도보 3분
💶 브런치 €12~26, 전식 €8~26, 본식 €19.50~34, 샐러드 €19.80~25, 후식 €9.50~14 🕐 월~금 07:00~02:00, 토 08:00~02:00, 일 08:00~01:00 📞 +33-1-43-80-20-96
🏠 cafelateral.com/fr

에펠탑 뷰가 좋은 카페 ······ ⑥
카페 뒤 트로카데로 Café du Trocadéro

테라스 좌석에서 빼꼼히 보이는 에펠탑 뷰가 재미있는 카페. 풀샷은 어렵더라도 에펠탑과 함께 시간을 보내고자 하는 여행자들과 파리지엔들이 반반 정도 섞여 있다. 커피와 케이크류가 맛있고 샐러드 종류가 푸짐하다.

📍 8 Pl. du Trocadéro et du 11 Novembre, 75116 Paris
🚶 메트로 6·9호선 Trocadéro역 3번 출구로 나와 길 건너
💶 샐러드 €22~27, 본식 €20~69, 버거·샌드위치 €18~30, 후식 €7.50~30 🕐 07:00~02:00 📞 +33-1-44-05-37-00
🏠 cafedutrocadero.com

달콤한 선물상자 ······ ⑦
라뒤레 Ladurée

파리에서 가장 인기있는 마카롱 상점. 1862년에 오픈해 현재 파리에만 7개의 매장이 있는데 샹젤리제 거리 매장이 가장 유명하다. 알록달록한 외관과 달리 내부는 고풍스럽고 화려하며 색색의 마카롱과 페이스트리, 케이크류가 여행자들을 유혹한다.

📍 75 Av. des Champs-Élysées, 75008 Paris
🚶 개선문에서 샹젤리제 거리 따라 도보 5분
💶 마카롱 €8~, 케이크 €9.50~ 🕐 09:00~21:30
📞 +33-1-40-75-08-75 🏠 www.laduree.fr

축구 마니아라면 지갑 조심! ····· ①
부티크 오피시엘 뒤 페에스제 Boutique Officielle Paris Saint-Germain

숫돌이 이강인 선수가 활약하고 있는 파리 생 제르맹의 공식 물품 상점. 축구팀의 명성에 비해 매장이 협소해 늘 붐빈다. 1층에서는 유니폼과 공식 굿즈들을 판매하고, 2층에서는 어린이용 제품을 판매하며 구매한 유니폼에 원하는 선수의 이름과 등 번호를 새길 수 있다(추가 비용 €25).

📍 92 Av. des Champs-Élysées, 75008 Paris 🚶 메트로 1호선 George V역 1번 출구, 개선문에서 콩코르드 광장 방향으로 도보 10분
🕐 월~토 10:00~20:00, 일 11:00~19:00 📞 +33-1-56-69-22-22
🏠 store.psg.fr

세련된 건물 속 멋진 상품들 ····· ②
퍼블리시스드러그스토어 Publicisdrugstore

개선문 가까운 곳에 자리한 범상치 않은 외관의 건물 안에 자리한 편집 숍. 프랑스 최대 광고 대행사에서 운영하는 공간으로, 감각적이고 잘 구성된 상품들이 여행자뿐만 아니라 파리지엔들의 눈과 손을 잡아끈다. 피에르 에르메의 마카롱 숍과 서점, 와인 숍 등이 자리하는데 독특한 디자인 상품이 다양하다.

📍 133 Av. des Champs-Élysées, 75008 Paris 🚶 메트로 1·2·6호선, RER A선 Charles de Gaulle-Étoile역 하차, 3번 출구에서 도보 3분
🕐 월~금 08:00~02:00, 토·일 10:00~02:00 📞 +33-1-44-43-75-07
🏠 www.publicisdrugstore.com

프랑스 대표 브랜드의 본점 ····· ③
루이 비통 Louis Vuitton

프랑스 브랜드 3대장 중 하나인 루이 비통의 본점. 한때 건물 전체가 커다란 가방의 형상을 하고 있어 눈길을 끌었으나 지금은 클래식한 외관으로 여행자들을 맞이한다. 늘 줄이 길게 늘어서 있는데, 이곳에서만큼은 루이 비통에서 생산하는 전 라인을 볼 수 있기 때문이라고.

📍 101 Av. des Champs-Élysées, 75008 Paris
🚶 메트로 1호선 George V역 2번 출구
🕐 월~토 10:00~20:00, 일 11:00~18:00
📞 +33-9-77-40-40-77 🏠 fr.louisvuitton.com

현대적 파리의 부도심

라데팡스
La Defense

도시 설계를 공부한다면 꼭 가봐야 하는 파리의 부도심 라데팡스.
1950년대부터 개발 구상을 마련해 30년 동안 계획한 후
1980~1990년대에 공사를 마친 상업 지구다. 쾌적하고 맑은 환경을 위해
전선, 도로 등을 모두 지하로 넣어 메트로 역에서 나와 보는 풍경이 깔끔하고 시원하다.
프랑스 혁명 200주년을 기념해 건설한 신 개선문을 중심으로
시원시원하게 뻗어 있는 고층 건물들, 곳곳에 자리한 조각상들 사이로
산책을 즐겨보자. 고딕의 도시 파리에서 현대를 만끽할 수 있다.

🚶 RER A선·트랑실리앙 L·U선·메트로 1호선 La Défense–Grande Arche역

라데팡스 개선문 Grande Arche de la Défense

프랑스 혁명 200주년을 기념해 건축했다. 라데팡스 개선문이라고 많이 부르는데 원어를 해석하면 라데팡스의 큰 개선문이다. 그도 그럴 것이 파리의 개선문 중 가장 큰 규모를 자랑한다. 높이는 건물 35층 높이의 110m, 폭 110m의 건물로 문 안으로는 노트르담 대성당이 딱 맞게 들어간다고. 개선문 중앙에 서면 저 멀리 에투알 개선문이 보이고, 그 도로를 따라가면 샹젤리제 거리를 지나 콩코르드 광장의 오벨리스크, 튈르리 정원, 카루젤 개선문을 지나 루브르 박물관의 유리 피라미드까지 연결된다. 라데팡스 개선문 정상에 오르면 주변의 불로뉴 숲, 에투알 개선문 등 파리 시내가 한눈에 보였으나 아쉽게도 2023년 4월부터 전망대는 폐쇄했다.

📍 1 Parv. de la Défense, 92800 Puteaux 🚶 RER A선·트랑실리앙 L·U선·메트로 1호선 La Défense–Grande Arche역 1번 출구
🏠 parisladefense.com

라데팡스 개선문 아래에서 본 에투알 개선문

크니트 C.N.I.T.(Centre des nouvelles industries et technologies)

라데팡스 개선문을 등지고 서서 오른쪽에 자리한 거대한 둥근 천막 같은 외형의 건물. 라데팡스 개발 계획이 완성되기도 전인 1958년 라데팡스에서 완공된 최초의 건물이다. 크니트는 그랑 팔레에서 수용하지 못하는 박람회를 개최하기 위해 만들었다. 그러나 파리에서 개최되는 박람회의 빈도가 늘면서 이곳의 공간도 부족해 방치되다 리노베이션을 감행해 지금의 모습으로 탈바꿈했다. 천막 같은 건물 안쪽으로 들어가면 또 다른 건물들이 자리하고 있는 모습이 이채로운데, 각종 회사의 사무실과 다양한 상점, 식당과 함께 고급 호텔도 입점해 있다.

♀ 2 Pl. de la Défense, 92092 Puteaux **🚶** 라데팡스 개선문을 등지고 오른쪽 **☎** +33-1-46-92-26-00

웨스트필드 레 카트르 탕 Westfield Les 4 Temps

파리에서 가장 큰 규모의 복합 쇼핑몰. 1981년에 개장했으며 사계절이라는 뜻의 쇼핑몰 이름처럼 사계절 내내 매일 운영한다. 내부에는 UGC 영화관을 비롯해 패션, 화장품, 스포츠 용품, 액세서리 등 다양한 가격대의 다양한 브랜드 상점이 자리하고 있다. 특히 현지인들이 좋아하는 브랜드들이 모여 있으니 현지에서 트렌디한 쇼핑을 하고 싶다면 들러보자.

♀ 15 Parv. de la Défense, 92092 Puteaux **🚶** RER A선·트랑실리앙 L·U선·메트로 1호선 La Défense–Grande Arche역에서 하차 후 2번 출구 **🕐** 10:00~20:30 **☎** +33-1-47-73-54-44 **🏠** https://www.westfield.com/france/les4temps

르 바신 타키스 Le Bassin Takis

라데팡스 개선문에서부터 에투알 개선문 방향으로 천천히 걷다 보면 만날 수 있는 연못. 그리스 출신 프랑스 조각가 타키스의 작품으로 49개의 기둥 위에 모양과 컬러가 각기 다른 컬러의 조형물이 달려 있다.

♀ Espl. du Général de Gaulle, 92400 Courbevoie **🚶** 메트로 1호선 Esplanade de La Défense역 위층

라데팡스를 아름답게 만들어주는
예술품들

라데팡스를 다니다 보면 곳곳에 예술 작품들이 서 있다. 삭막하고 건조할 법한 상업 지구에 생기를 불어넣고, 단순한 업무 지구에서 예술의 기운을 받게 해주는 작품들을 찾아가 보자.

엄지손가락 Le Pouce de Cesar
세자르 발다치니 • 1921~1998

크니트 옆에 서 있는 거대한 엄지손가락. 우리나라 서울 올림픽 공원에도 서 있는 세자르 발다치니의 대표작이다.

붉은 거미 L'Araignée Rouge 알렉산더 카더 • 1898~1976

기하학적 모빌 작품으로 유명한 알렉산더 칼더의 작품. 그가 사망한 해인 1976년에 이곳에 세워졌다.

두 사람 Deux Personnages Fantastique 호안 미로 • 1893~1983

웨스트필드 레 카트르 탕 앞에 있는 거대한 조형물. 빨강, 노랑, 파랑의 컬러가 산뜻하다. 스페인 출신 초현실주의 예술가 호안 미로의 작품.

이카리아 Ikaria 이고르 미토라이 • 1944~2014

폴란드 조각가 이고르 미토라이의 작품. 밀랍 날개를 달고 태양에 다가가다 날개가 녹아 추락사한 인물 이카루스를 묘사했는데, 날개와 몸통 속에 얼굴을 조각해 인간의 절망을 표현하고 있다. 부근에 자리한 〈거상Colossus〉이라는 별칭을 가진 청동상 〈이카레Icare〉도 그의 작품이다.

과거의 영광과 현재의 영화를
함께 볼 수 있는 지역

오페라·루브르 박물관·
샤틀레 레알

Opera·Musée du Louvre·Chatelet Les Halls

#루브르 #오페라 #예나지금이나화려한동네
#향수병치유가능구역

과거 파리의 호사스러움과 지금의 세련됨이 공존하는 공간.
한때 궁전이었던 세계 최고의 박물관과 귀족 문화의 정점이었던 극장,
그리고 현재 세련미를 자랑하는 상점들이 자리하고 있다.
큼직한 볼거리 사이 숨어 있는 작은 공간들도 놓치지 말자.

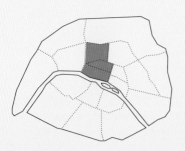

오페라·루브르 박물관·샤틀레 레알
이렇게 여행하자

귀족의 전유물이었던 화려한 오페라 극장과 왕궁이었던
세계 최고의 박물관이 자리하는 구역으로 그만큼
호사스럽고 세련된 화려함이 공존한다. 루브르 박물관 뒤
구역의 쇼핑도 놓치기 어렵고, 오페라 극장 주변의
한식당과 일식당의 유혹도 떨치기 어렵다.

웨스트필드 포럼 데 알 P.166

도보 10분

루브르 박물관 P.146

도보 10분

틸르리 정원 P.144

도보 5분

방돔 광장 P.152

도보 10분

오페라 가르니에 P.145

주변 역

- 메트로 3·7·8호선 Opéra역
- 메트로 1·4·7·11·14호선 Châtelet역
- 메트로 1·7호선 Palais Royal-Musée du Louvre역

오페라·루브르 박물관·샤틀레 레알 상세 지도

• 파사주 베르도

01 부용 샤르티에 그랑 블루바르
• 파사주 주프루아

• 파사주 데 파노라마

Ⓜ Grands Boulevards

Ⓜ Bonne Nouvelle

03 르 비스트로 뒤 크루아상

Ⓜ Bourse

12 리브라리에 구르망드

Ⓜ Sentier

• 갤러리 콜베르
• 갤러리 비비엔느

Ⓜ Réaumur - Sébastopol

14 스토러

Ⓜ Arts et Métiers

Ⓜ Étienne Marcel

11 생 퇴스타슈 성당

10 피노 컬렉션

Ⓜ Les Halles

04 웨스트필드 포럼 데 알

06 에이스 마트

ⓇⒺⓇ Châtelet Les Halles

15 불랑제리 장 노엘 줄리앙

Ⓜ Rambuteau

ouvre - Rivoli

02 르 프티 사마리텐

03 사마리텐
13 코바 파리   **14 리볼리 59번지**

13 생 제르맹 록세루아 성당   Ⓜ Châtelet

15 LV 드림

Ⓜ Pont Neuf

Rue de Rivoli

N

04 오 비외 샤틀레

0   100m

Ⓜ Hôtel de Ville

센강

〈수련〉의, 〈수련〉을 위한, 〈수련〉에 의한 ········· ①

오랑주리 미술관
Musée de l'Orangerie

튈르리 정원에 있던 궁전 부속 온실을 개조한 미술관으로 클로드 모네Claude Monet의 〈수련〉 연작으로 잘 알려져 있고, 미술 중개상 장 월터Jean Walter와 폴 기욤Paul Guillaume의 컬렉션 역시 미술 애호가들의 발길을 이끈다. 1층의 두 전시실엔 〈수련〉 연작만 전시되어 있다. 자연 채광을 극대화한 타원 형태의 전시실 벽면을 8점의 수련이 채우고 있는데, 몽환적인 분위기와 더불어 연못에서 풍기는 풀냄새가 느껴지는 곳이다. 장 월터 / 폴 기욤 컬렉션이라 이름 지은 지하 2층의 전시실에는 20세기 파리에서 가장 중요한 갤러리스트였던 폴 기욤과 그의 사후 부인의 재혼 상대였던 건축가 장 월터가 수집한 예술품이 전시되어 있다. "작은 오르세"라 해도 과언이 아닐 만큼 높은 수준을 자랑하는데 르누아르, 피사로, 피카소, 마티스, 세잔 등의 걸작품이 전시되어 있다.

📍 Jardin des Tuileries, 75001 Paris 🚶 메트로 1·8·12호선 Concorde역 4번 출구에서 도보 3분 💶 성인 €12.50, 파리 뮤지엄 패스 사용 가능, 매월 첫 번째 일요일 무료(예약 필수) 🕐 수~월 09:00~18:00, 폐관 45분 전까지 입장 가능 ✖ 화요일, 5월 1일, 7월 14일 오전, 12월 25일 📞 +33-1-44-50-43-00 🏠 www.musee-orangerie.fr

장 월터 / 폴 기욤 컬렉션 전시실

모네의 〈수련〉

모네는 지베르니 자택의 정원과 연못에서 영감을 얻어 1890년대 말부터 1926년 사망할 때까지 300여 점의 수련을 그렸는데, 그중 가장 커다란 작품 8점이 오랑주리 미술관에 전시되어 있다. 오랑주리 미술관에 전시된 〈수련〉은 총길이 100m, 면적 200㎡의 대작으로 일출에서부터 일몰로 이어지는 시간의 흐름을 구현한 걸작이다. 작은 공간 속에서 흐르는 시간이 한눈에 보이는 근사한 경험이 가능한 작품.

장 월터 / 폴 기욤 컬렉션의 주요 작품

피아노 치는 소녀들
Jeunes Filles au Piano

오귀스트 르누아르
Pierre-Auguste Renoir

르누아르 특유의 따뜻한 느낌을 주는 그림. 오르세 미술관에도 비슷한 그림이 전시되어 있는데 오랑주리 미술관에 전시된 이 그림이 습작에 가깝다.

폴 기욤의 초상화 Paul Guillaume, Novo Pilota
아마데오 모딜리아니 Amadeo Modigliani

이 공간의 주인공, 파리에서 가장 영향력 있었던 갤러리스트 폴 기욤의 초상화. 아래쪽에 새긴 "Novo Pilota(자가용 운전자)"라는 문구로 폴 기욤은 자신의 재력을 자랑하고 있다.

마드모아젤 샤넬의 초상
Portrait de Mademoiselle Chanel

마리 로랑생 Marie Laurencin

섬세하고 관능적 표현, 환상적 색감의 여성 화가 마리 로랑생이 그린 코코 샤넬의 유일한 초상화. 그러나 의뢰인 코코 샤넬이 자신과 닮지 않았다며 그림 인수를 거부했다고.

어릿광대와 피에로 Arlequin et Pierrot
앙드레 드랭 André Derain

앙드레 드랭은 초기 야수파의 대표 화가 중 한 명으로 이탈리아 여행 이후 고전주의 화풍을 접목한 그림.

튈르리 정원 Jardin des Tuileries

콩코르드 광장과 루브르 박물관 사이에 자리한 파리의 대표 정원. 베르사유궁의 정원을 디자인한 앙드레 르 노트르가 디자인했다. 앙리 2세의 왕비 카트린 드 메디시스가 만든 튈르리궁의 정원이었으나 프랑스 대혁명과 파리 코뮌을 지나며 궁은 파괴되고 정원은 시민들에게 개방했다. 정원 곳곳에 여러 조각품이 있고 분수 주변에서 피크닉을 즐기기 좋으며, 6~8월에는 놀이공원으로 변신하는데 그 풍경 또한 근사하다.

📍 Place de la Concorde, 75001 Paris
🚶 메트로 1호선 Tuileries역 유일한 출구, 메트로 1·8·12호선 Concorde역 1·4번 출구에서 각각 도보 3분 🕐 3월 마지막 일요일~9월 마지막 토요일 매일 07:00~21:00 (6~8월 ~23:00), 9월 마지막 일요일~3월 마지막 토요일 매일 07:30~19:30

마들렌 대성당 Église de la Madeleine

그리스 신전 같은 전면 파사드가 인상적인 성당. 루이 15세가 건축을 시작해 나폴레옹이 완성한 파란만장한 역사를 가지고 있다. 카를로 마로케티의 작품인 중앙 제단의 조각상이 볼 만하고 음악회가 많이 열리는 성당 중 하나다. 1849년에는 쇼팽, 1971년에는 코코 샤넬이 이 성당에서 장례식을 치렀다.

📍 Place de la Madeleine, 75008 Paris
🚶 메트로 8·12·14호선 Madeleine역 2번 출구에서 도보 2분
🕐 09:30~19:00 📞 +33-1-44-51-69-00
🏠 lamadeleineparis.fr

카루젤 개선문
Arc de Triomphe du Carrousel

파리의 3대 개선문 중 가장 먼저 만들었다. 로마 콘스탄티누스 개선문을 모델로 삼았으나 나폴레옹의 마음에 들지 않아 에투알 광장의 개선문을 다시 만들었다. 튈르리 정원과 루브르 박물관을 연결하는 위치에 있으며, 이곳을 기점으로 에투알 개선문, 라데팡스 개선문까지 이어진다.

📍 Place Arc de Triomphe du Carrousel, 75001 Paris
🚶 메트로 1·7호선 Palais Royal-Musée du Louvre역 6번 출구에서 도보 3분, 루브르 박물관 유리 피라미드에서 도보 3분

샤갈의 천장화

오페라 가르니에 Palais Garnier

프랑스 공연예술의 1번지이며 파리에서 가장 화려한 건물. 1860년 공모전에서 당선된 무명의 건축가 샤를 가르니에의 작품으로, 당시 귀족의 전유물이었던 오페라가 열리는 공간이었던 만큼 그 화려함은 여느 궁전 못지않다. 웅장한 중앙 계단과 발코니, 베르사유 궁전의 '거울의 방'과 유사한 분위기의 메인 홀은 물론, 공연장 내 천장에 그린 샤갈의 그림 〈꿈의 꽃다발〉 모두 호사스럽고 화려하다. 그림의 중심에 자리한 크리스털 샹들리에는 소설 〈오페라의 유령〉에 모티브를 제공했고 이후 뮤지컬과 영화로도 제작되었다.

📍 Palais Garnier, 75009 Paris(내부 관람은 8 Rue Scribe로 입장) 🚶 메트로 3·7·8호선 Opéra역 1번 출구 맞은편 💶 성인 €15, 나비고 월간 패스 소지자·바스티유 오페라 투어 티켓 소지자 €10, 가이드 투어 €20.50~, 멀티미디어 가이드 €6.50(한국어 가이드 가능) 🕙 10:00~17:00 ❌ 비정기적이므로 홈페이지에서 확인 📞 +33-1-71-25-24-23 🏠 www.operadeparis.fr

루브르 박물관 Musée du Louvre

전 세계에서 파리를 찾는 여행자들이 꼭 한 번 들러보고자 하는 세계 최고의 박물관. 관람을 기다리고, 미술품을 관람하는 사람들로 늘 붐빈다. 내부에서 전시되고 있는 그림과 조각상들 속 인물들을 비롯해 파리에서 가장 인구밀도가 높은 곳을 선정한다면 바로 이곳이 아닐까. 12세기에 파리를 지배하던 카페 왕조의 필립 오귀스트의 명으로 파리를 보호할 요새를 외곽에 세웠는데, 그것이 루브르의 시작이다.

14세기에 샤를 5세가 루브르로 왕궁을 이전하며 증축과 개축을 진행해 확장되었고, 16세기에 프랑수아 1세가 이탈리아에서 수입한 예술품들을 보관, 정리하면서 박물관으로서의 기능이 시작되었다. 루이 14세가 베르사유로 거처를 옮기면서 루브르 궁전은 왕실에서 수집한 예술품들의 수장고와 전시실로 변모해갔고, 프랑스 대혁명 이후 예술품들은 왕실만의 것이 아니라는 시민들의 요구로 개방을 시작해 1798년 나폴레옹이 루브르궁의 전시품을 모아 나폴레옹 뮤지엄으로 개관하며 루브르는 본격적인 박물관으로서의 역할을 시작했다.

여러 차례의 증·개축이 진행된 루브르를 가장 혁신적으로 바꾼 것은 1980년대 미테랑 대통령의 위대한 루브르 프로젝트Le Grand Louvre Plan. 루브르 중앙에 서 있는 중국계 미국인 건축가 이오 밍 페이貝聿銘의 유리 피라미드로 대변되는 이 프로젝트로 루브르는 고리타분한 이미지를 벗고 시대의 흐름에 발맞추며 영원성이라는 가치를 지켜나가고 있다. 물론 아직도 동선은 불편하지만. 루브르 박물관은 2022년 772만 6000명이 찾아 세계에서 가장 인기 좋은 박물관의 자리를 지키고 있다. 늘어나는 여행자의 수요, 복잡한 환경으로 인한 불편 등을 최소화하기 위해 현재는 하루 3만 명으로 입장객을 제한하는 등 관람 환경을 개선하는 중이다.

📍 Musée du Louvre, 75001 Paris
🚶 메트로 1·7호선 Palais Royal-Musée du Louvre역 1·6번 출구 💶 성인 €22, 18세 미만 무료, 파리 뮤지엄 패스 사용 가능, 예약 권장, 7월 1일~9월 8일 예약 필수
🕐 목·토~월 09:00~18:00, 수·금 09:00~21:00, 입장 마감 폐관 1시간 전
❌ 화요일 📞 +33-1-40-20-53-17
🏠 www.louvre.fr

나폴레옹 홀(입구)

12세기 당시의 흔적

〈다빈치 코드〉에 등장했던 대회랑

루브르 박물관에서 꼭 봐야 할 주요 작품

루브르 박물관의 모든 작품을 관람하려면 일주일도 모자란다는 평가. 3만 5000여 점의 작품이 400여 개의 전시실에 흩어져 있다. 입구에 비치된 한국어 지도를 챙겨 관람에 나서자. 루브르 박물관은 유럽의 여느 박물관보다 동선이 불친절하다.

나폴레옹 1세의 대관식 Le Sacre de Napoléon 1er

자크 루이 다비드 Jacques-Louis David

루브르 박물관에서 두 번째로 큰 그림. 황제의 관을 쓴 나폴레옹이 자신의 왕비 조제핀에게 관을 내리는 장면이다. 통상적으로 교황이 하던 역할을 나폴레옹이 수행하고 있는데, 이는 그의 절대 권력을 상징한다.

사모트라케의 니케 Victorie de Samothrace

헬레니즘 시대의 걸작품. 휘날리는 옷자락과 금방이라도 차고 오를 것 같은 날개가 세찬 바람을 일으킬 듯하다. 세계적인 스포츠 브랜드 나이키Nike의 이름도 여기에서 따왔다.

메두사호의 뗏목 Le Radeau de La Méduse

테오도르 제리코 Théodore Géricault

낭만주의의 시작점으로 평가받는 그림. 세네갈 원정에 나섰던 프랑스 군함 메두사호의 침몰 사건과 선원들의 표류기를 소재로 삼았다.

모나리자 Monna Lisa
레오나르도 다빈치 Léonard da Vinci

루브르 박물관의 최고 인기 작품. 늘 사람들로 붐비고 곳곳에 소매치기도 있어 실망하는 사람도 많은 레오나르도 다빈치의 그림이다. 이탈리아 상인의 아내 초상으로 여인의 우아한 자세, 손 모양, 원근법을 사용해 묘사한 여릿한 풍경 등 다빈치의 천재성이 유감없이 발휘된 작품이다. 가장 주목할 부분은 그녀의 미소. 언뜻 보면 무표정한 얼굴에 살짝 스쳐 지나가는 웃음기가 여행자들을 이끄는 것이 아닐지.

죽어가는 노예
Esclave Mourant
미켈란젤로 Michelangelo Buonarroti

르네상스 시대의 천재 조각가 미켈란젤로의 작품. 교황 율리우스 2세의 영묘 작업으로 만든 것으로 피렌체 아카데미아 미술관 속 노예 시리즈와 연작이다. 줄에 묶여 있으나 평안해 보이는 얼굴이 인상적인 작품.

밀로의 비너스 Vénus de Milo

앞에 서면 저절로 미소 짓게 되는 아름다운 조각상으로 8등신 미녀의 대명사다. 그리스 밀로스섬 아프로디테 신전에서 발견되어 프랑스 해군에게 넘어왔다. BC 130~100년쯤 제작된 것으로 추정하며, 완벽한 비율과 관능미는 헬레니즘 미술의 특징을 잘 보여준다.

함무라비 법전
Code de Hammurabi

"눈에는 눈, 이에는 이"라는 문구로 잘 알려진 바빌론의 함무라비 왕이 제정한 최초의 성문헌법이 새겨진 비석. 이 법전이 기록된 유일한 기록물이다.

가나의 혼인 잔치 Les Noces de Cana

파올로 베로네세 Paolo Veronese

소형 아파트 한 채의 면적을 가진, 루브르 박물관에서 가장 거대한 그림이다. 혼인 잔치에 참석한 예수 그리스도가 물을 포도주로 변화시킨 첫 번째 기적을 소재로 그렸다. 그러나 그림의 배경은 베네치아이며, 기적의 순간보다는 떠들썩한 잔치 분위기가 강조되어 비난받은 작품.

민중을 이끄는 자유

Le 28 juillet 1830. La Liberté guidant le people

외젠 들라크루아 Eurène Delacroix

19세기 낭만주의의 대표 화가 들라크루아의 대표작으로 1830년 7월 혁명을 모티프로 그렸다. 자유를 상징하는 여인이 총검과 프랑스 국기를 들고 시민을 이끄는 모습이 인상적이며, 여인 옆 소년은 빅토르 위고의 소설 〈레 미제라블〉 속 등장인물 가브로슈를 떠올리게 한다.

암굴의 성모 La Vierge aux Rochers

레오나르도 다 빈치 Léonard da Vinci

댄 브라운의 소설과 영화 〈다빈치 코드〉에 등장해 잠시 주목받았던 그림. 공기의 밀도와 원근법을 새롭게 사용한 그림으로 삼각형 구도의 천사, 아기 예수, 세자 요한의 구도가 안정적이다.

큐피드의 키스로 살아난 프시케

Psyché Ranimée par le Baiser de l'Amour

안토니오 카노바 Antonio Canova

비너스의 미움을 산 프시케가 우여곡절 끝에 영원한 잠에 빠지고, 그녀를 사랑한 큐피드가 그녀를 살려냈다는 신화를 모티프로 한 신고전주의 조각가 카노바의 작품. 아름다운 선과 두 주인공의 애틋함이 묻어 있는 조각상이다.

앉아 있는 서기상
Le Scribe Accroupi

4600여 년 전에 만들어진 것으로 추정되며, 보관 상태는 물론 근육의 표현, 표정의 생동감이 놀라움을 자아내는 고대 이집트 조각상.

사기꾼
Le Tricheur à l'as de Carreau
조르주 드 라 투르
Georges de La Tour

종교화를 주로 그렸던 조르주 드 라 투르의 풍속화. 당시 3대 사회악이었던 도박, 술, 허영이 표현되어 있으며, 서로 속고 속이는 등장인물 간의 긴장감이 그림 속에 가득하다. 섬세한 옷 장식은 보너스.

레이스를 짜는 소녀
La Dentellière
요하네스 페르메이르
Johannes Vermeer

〈진주 귀걸이를 한 소녀〉로 유명한 네덜란드 화가 페르메이르의 작품. 작은 캔버스를 가득 채우고 있는 묘한 공간감이 관람객들의 발길을 잡아당긴다.

메디시스 갤러리 La Galerie Médicis

루벤스 갤러리라고도 부르는 방. 앙리 4세의 왕비 마리 드 메디시스의 일생을 그린 거대한 크기의 그림 24점이 벽면을 가득 채우고 있다.

구매 욕구 폭발! ……… ⑦

장식미술 박물관 Musée des Arts Décoratifs

루브르 박물관 끝자락에 자리한 박물관으로 16세기부터 현재까지 장식미술의 흐름을 볼 수 있다. 세심하고 화려한 공예품을 비롯해 각종 가구, 카페 등을 볼 수 있다. 패션이나 브랜드 관련 특별전 등 꽤 재미있는 전시들이 자주 열린다.

📍 107 Rue de Rivoli, 75001 Paris 🚶 메트로 1호선 Tuileries역 유일한 출구, 메트로 1·7호선 Palais Royal-Musée du Louvre역 7번 출구에서 각각 도보 4분 💶 성인 €15, 니심 드 카몽도 미술관 복합 티켓 €22(4일 유효), 파리 뮤지엄 패스 사용 가능 🕐 화~일 11:00~18:00, 기획 전시 목 11:00~20:00 ❌ 월요일, 1월 1일, 5월 1일, 12월 25일 📞 +33-1-44-55-57-50 🏠 madparis.fr

샤넬이 사랑한 광장 ……… ⑧

방돔 광장 Place Vendôme

파리에서 가장 호사스러운 광장. 광장 중앙에는 아우스터리츠 전투 승전 탑이 있고 광장 주변에는 프랑스 바로크 건축의 대가 망사르Mansart가 설계한 건물들 속에 세계 유수의 유명 브랜드의 상점, 특히 보석상들이 입점해 있다. 샤넬의 창업자 코코 샤넬은 이 광장을 사랑해 광장 한쪽의 리츠 호텔에 머물며 광장의 8각형 모양에서 영감을 얻어 샤넬의 전설적인 향수 No.5의 병마개를 디자인했고, 광장의 형태와 광장 중앙 원주의 그림자가 움직이는 모습은 샤넬 시계의 모티프가 되었다.

📍 14 Pl. Vendôme, 75001 Paris
🚶 메트로 8·12·14호선 Madeleine역 3번 출구에서 도보 8분, 메트로 3·7·8호선 Opéra역 2번 출구에서 도보 7분

팔레 루아얄 정원 Jardin du Palais-Royal

두 개의 고원

루이 13세 시대 재상 리슐리외의 저택으로 지은 건물이 왕가의 소유가 되면서 왕궁이라는 뜻의 팔레 루아얄로 바뀌었다. 현재 건물은 프랑스문화부, 헌법재판소 등이 입주해 있어 들어가기는 어렵지만, 여행자들이 주목하는 곳은 정원. 복잡하고 번잡한 파리 시내를 걷다가 이 공간으로 들어서면 평화롭고 조용해진다. 정원 주변 회랑에는 다양한 브랜드와 빈티지 상점, 식당, 카페 등이 자리하고 안뜰에는 다니엘 뷔랑의 〈두 개의 고원〉이 있는데 인증샷을 찍는 여행자들로 붐빈다. 루브르 박물관 쪽 정문 왼편에 자리한 국립극장 코메디 프랑세즈는 무대에 서는 프랑스 배우들의 자부심 가득한 공간이다.

📍 2 Gal de Montpensier, 75001 Paris
🚶 메트로 1·7호선 Palais Royal-Musée du Louvre역 유일한 출구 맞은편, 메트로 14호선 Pyramides역 1번 출구에서 도보 6분
💶 무료 🕐 10~3월 08:30~20:30, 4~9월 08:30~22:30 📞 +33-1-44-76-87-08
🏠 www.domaine-palais-royal.fr

피노 컬렉션

Bourse de Commerce - Pinault Collection

경매회사 크리스티와 유명 패션 브랜드들을 소유하고 있는 프랑스 출신 사업가이자 현대 미술 컬렉터인 프랑수아 피노가 베네치아의 그라시 궁전Palazzo Grassi, 푼타 델라 도가나Punta della Dogana에 이어 자신의 컬렉션을 위해 리모델링한 미술관. 앞의 두 미술관의 리모델링을 진행한 일본 건축가 안도 다다오의 주도로 4년여의 공사를 거쳐 2021년 개관했다. 철골과 유리로 만든 거대한 원형 돔 아래 프레스코화는 19세기에 제작한 것이고, 채광이 근사한 전시실에는 20세기 이후의 작품 5000여 점이 전시되며 독특한 기획 전시도 자주 열린다.

📍 2 Rue de Viarmes, 75001 Paris 🚶 메트로 1·4·7·11·14호선 Châtelet역 7·8번 출구에서 도보 2분, 메트로 1호선 Louvre-Rivoli 유일한 출구에서 도보 5분, 메트로 4호선 Les Halles역 4번 출구에서 도보 5분 💶 성인 €14, 매월 첫 번째 토요일 17시 이후 무료(예약 필수)
🕐 수·목·토~월 11:00~19:00, 금 11:00~21:00(폐관 1시간 전 입장 마감) ❌ 화요일, 5월 1일 📞 +33-1-55-04-60-60
🏠 www.pinaultcollection.com

프랑스에서 가장 큰 파이프오르간 ······ ⑪

생 퇴스타슈 성당 Église Saint-Eustache

레 알 지구 북쪽에 자리한 17세기에 지은 성당. 웅장하고 아름다운 건물 외관에 비해 내부는 프랑스 대혁명과 파리 코뮌을 거치며 화염에 휩싸였던 터라 소박한 느낌이다. 이 성당에서 퐁파두르 부인, 리슐리외 추기경, 극작가 몰리에르 등이 세례를 받았고, 루이 14세가 첫 영성체를 했으며, 모차르트의 어머니 장례식이 열리기도 했다. 종교음악을 좋아한다면 베를리오즈의 〈테 데움Te Deum〉의 초연을 함께한 8000개의 파이프를 가진 프랑스에서 가장 큰 규모의 파이프오르간 연주를 들을 수 있는 일요일 오후 미사 시간에 맞춰 방문해보자.

📍 2 Imp. Saint-Eustache, 75001 Paris 🚶 메트로 1·4·7·11·14호선 Châtelet역, RER A·B·D선 Châtelet-Les Halles역 5·7번 출구 앞 🕐 월~금 09:30~19:00, 토 10:00~19:00, 일 09:00~19:00, 공휴일 12:00 ~19:00 📞 +33-1-42-36-31-05 🏠 www.saint-eustache.org

낭만 그 자체 ······ ⑫

예술의 다리 Pont des Arts

프랑스 학술원과 루브르 박물관을 잇는 보행자 전용 다리. 1804년에 건설된 파리 센강을 가로지르는 최초의 철제 다리로, 나무 판을 걷는 느낌과 영원한 사랑을 기원하며 난간에 매단 자물쇠가 낭만적 분위기를 선사한다.

📍 Pont des Arts, 75006 Paris 🚶 메트로 7호선 PontNeuf역 2번 출구에서 도보 5분, 루브르 박물관에서 센강 방면으로 도보 5분

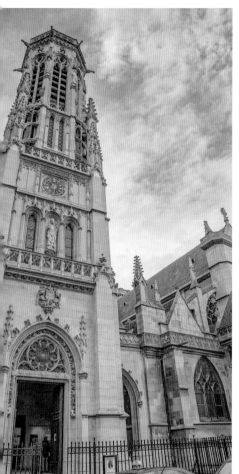

다양한 건축 양식을 볼 수 있는 ⋯⋯⋯ ⑬
생 제르맹 록세루아 성당
Église Saint-Germain-l'Auxerrois

루브르 박물관과 사마리텐 백화점 사이에 자리한 성당. 7세기에 건축을 시작해 500년의 세월 동안 확장 및 보수를 거듭하면서 로마네스크, 고딕, 르네상스 양식이 혼재된 지금의 모습을 갖추었다. '성 바르톨로메오 축일의 학살'이라는 역사적 사건이 이 성당의 종탑에서 시작된 아픈 시간도 겪었다. 지금은 노트르담 대성당 화재 이후 파리의 중심 성당 역할을 하고 있으며, 내부의 스테인드글라스는 생트 샤펠과 유사한 형태를 보인다.

📍 2 Pl. du Louvre, 75001 Paris 🚶 메트로 1호선 Louvre-Rivoli역 유일한 출구에서 도보 3분, 메트로 7호선 Pont Neuf역 1번 출구에서 도보 2분, 사마리텐 백화점 옆 🕐 09:00~19:00
📞 +33-1-42-60-13-96 🏠 saintgermainlauxerrois.fr

결혼식 축하에서 끔찍한 학살로, 성 바르톨로메오 축일의 학살

때는 종교전쟁의 시대. 구교 가톨릭과 신교가 대립하며 서로 죽고 죽이던 중 가톨릭의 맏딸이라 불리는 프랑스 내에서도 가톨릭에 반기를 드는 신교도, 위그노 교도들의 세력이 힘을 키우면서 파리로 진격해왔다. 이를 평화적으로 해결하기 위해 생 제르맹 앙제성에서 평화협정을 맺고 프랑스 왕 샤를 9세의 섭정 태후 카트린 드 메디시스는 자신의 딸인 마르그리트 드 발루아와 프랑스 내 신교의 수장 나바르의 왕 앙리 나바르(이후 앙리 4세)를 정략결혼 시키기로 했고, 이들의 결혼식날 많은 신교도가 파리로 모여들었다. 결혼식장에서 위그노 교도의 중심이었던 가스파르 드 콜리니의 저격 사건이 일어났다. 겨우 평화를 찾아가던 파리는 다시 험악한 분위기가 되었고, 강경 가톨릭 세력인 기즈 가문의 앙리 공작은 위그노들의 학살을 주장했다. 카트린 드 메디시스 역시 자신의 신변의 위협을 느끼고 샤를 9세를 통해 위그노 지도자들을 숙청하라는 명령을 내렸다.
1572년 8월 24일, 성 바르톨로메오의 축일에 생 제르맹 록세루아 성당 종탑의 종 마리가 울림과 동시에 프랑스 가톨릭교도들은 위그노 교도들을 살해했다. 파리에서 시작된 학살은 지방으로 퍼져나갔고, 희생자는 3만에서 7만으로 추산된다. 종교개혁이 일어나고 혼란한 시대에 가장 끔찍하고 참혹한 사건이었다.

비 오는 파리 뽀송하게 여행하는 방법
파리 파사주·갤러리 기행

1년 365일 뽀송뽀송하고 화창할 수는 없다. 7, 8월에는 갑작스러운 소나기가 쏟아지기도 하고, 11월부터는 습하고 비가 많이 오는 게 파리 날씨다. 여행 중 갑자기 쏟아지는 소나기를 피하면서 아름다운 공간 속으로 이동할 수 있는 파리의 파사주·갤러리를 소개한다. 한때 파리 부르주아들의 쇼핑 장소로 명성을 떨치며 160여 개에 달하는 파사주가 있었으나 봉 마르셰, 사마리텐 등 백화점이 개장하면서 쇠락을 길을 걸었다. 지금은 20여 개만 남아 있고 일부 파사주는 파리 문화유산으로 지정되었다.

🏠 www.passagesetgaleries.fr

갤러리 비비엔느 Galerie Vivienne

섬세한 바닥 모자이크, 아치가 이어진 유리 천장이 내뿜는 우아한 분위기의 갤러리. 오래된 서점들이 자리하고 있으며 디자이너 장폴 고티에의 첫 번째 부티크가 있었던 곳이기도 하다.

📍 4, rue des Petits Champs, 5, rue de la Banque, 6, rue Vivienne, 75002 Paris 🚶 팔레 루아얄에서 도보 3분 🕐 08:30~20:30

갤러리 콜베르 Galerie Colbert

갤러리 비비엔느 옆에 붙어 있는 갤러리. 프랑스 국립 도서관 소유로 상점은 없고 국립 미술사 연구소 소속 연구실들이 자리하고 있어 조용하고 우아하게 산책을 즐길 수 있는 곳이다.

📍 6, rue des Petits Champs – 2 rue Vivienne, 75002 Paris 🚶 갤러리 비비엔느 옆 🕐 월~토 ❌ 일요일

파사주 데 파노라마 Passage des Panoramas

프랑스 문화유산에 등록된, 파리에서 두 번째로 조성된 파사주로 1817년 최초로 가스등을 밝힌 곳이다. 에밀 졸라의 〈나나〉의 배경으로 등장한다. 오래된 우표 상점과 독일 로텐부르크를 연상시키는 간판의 행렬이 흥미롭다.

📍 11-13, boulevard Montmartre – 151, rue Montmartre, 75002 Paris 🚶 메트로 8·9호선 Grands Boulevards역 3번 출구에서 도보 2분 🕐 06:00~24:00

파사주 주프루아 Passage Jouffroy

밀랍 박물관인 그레뱅 박물관이 입구에 있어 찾기 쉬운 파사주. 파사주 안쪽 호텔 쇼팽Hôtel Chopin은 실제로 쇼팽이 즐겨 찾던 곳이다. 미니어처 장난감 상점, 오래된 서점 등 가장 볼거리가 다양한 파사주다.

📍 10-12, boulevard Montmartre – 9, rue de la Grange Batelière, 75009 Paris 🚶 메트로 8·9호선 Grands Boulevards역 2번 출구에서 도보 2분, 파사주 데 파노라마와 파사주 베르도 사이 🕐 07:00~21:30

파사주 베르도 Passage Verdeau

파사주 주프루아와 마주 보고 있는 파사주. 파사주 데 파노라마와 파사주 주프루아의 연장선에 있으나 앞의 두 파사주에 비해 조금 한적하다. 앤티크한 서점 사이 십자수 전문점이 눈길을 끈다. 북쪽 출구로 나와 왼쪽으로 조금 걸어가면 1회 바게트 대회 우승 집 불랑제리 장 노엘 줄리앙(1 Rue de Provence, 75009 Paris)이 있다.

📍 6, rue de la Grange Batelière – 31, bis rue du Faubourg Montmartre, 75009 Paris 🚶 파사주 주프루아 북쪽 출구 건너편 🕐 월~토 07:00~22:00 ❌ 일요일, 공휴일

자유로운 예술가의 둥지 ······ ⑭

리볼리 59번지 59 Rivoli

파리를 가로지르는 리볼리 대로변의
방치된 건물에 젊은 창작자들이 아틀
리에를 만들면서 여행자들의 눈길을 끄
는 공간으로 변모했다. 아티스트 30여 명의 작업실이 있고 각자
개성 가득한 작업을 뽐내고 있는데 하나하나 눈여겨볼 만하다.
가끔 주말 밤에 열리는 콘서트도 볼거리.

📍 59 Rue de Rivoli, 75001 Paris 🚶 메트로 1·4·7·11·14호선
Châtelet역, RER A·B·D선 Châtelet-Les Halles역 11번 출구에서
도보 2분 💶 무료 🕐 화~일 13:00~20:00
❌ 월요일, 그 외 비정기 휴무 🏠 www.59rivoli.org

루이 비통 그 자체 ······ ⑮

LV 드림 LV Dream

2022년 12월 개관한 루이 비통의 복합 문화 공간. 루이 비통 헤드쿼터 사
무소가 자리한 건물 한쪽에 루이 비통의 모든 것을 담았다. 1층 전시실엔
루이 비통의 아이콘이라 할 수 있는 여행용 트렁크를 비롯한 각종 핸드백,
컬렉션을 전시하고, 2층에는 각종 소품 등을 구매할 수 있는 숍과 카페가
마련되어 있다.

📍 26 Quai de la Mégisserie, 75001 Paris 🚶 메트로 1호선 Louvre-Rivoli역
유일한 출구에서 도보 3분, 메트로 7호선 Pont Neuf역 1번 출구에서 도보 2분,
사마리텐 백화점 옆 💶 무료, 예약 필수 🕐 11:00~20:00
❌ 1월 1일, 12월 25일, 그 외 유동적, 홈페이지 참조 📞 +33-9-77-40-40-77
🏠 https://fr.louisvuitton.com/fra-fr/magazine/articles/lv-dream

막심 프레데릭 루이 비통 카페
The Maxime Frédéric at Louis Vuitton café

LV 드림 2층에 자리한 카페로 미쉐린 디저트 별 3
개를 받은 파티시에 막심 프레데릭의 커피와 케이
크를 맛볼 수 있다. 루이 비통의 시그니처 모노그램
속 꽃무늬를 담은 케이크와 진한 커피는 여행의 피
로를 날리기에 그만이다.

화려한 분위기 속에서
착한 가격의 푸짐한 식사 ⋯⋯ ①

부용 샤르티에 그랑 블루바르
Bouillon Chartier Grands Boulevards

1896년 샤르티에 형제가 버려진 기차역의 대합실을 개조해 만든 레스토랑. 바로크와 아르누보가 혼합된 장식의 실내에서 아주 착한 가격으로 식사할 수 있어 여행자들은 물론 현지인에게도 인기 좋은 식당. 줄서기 싫어도 한번 서보자. 줄선 시간만큼의 보상이 따라온다. 넓은 매장이지만 찾는 사람이 많아 합석은 일반적이니 당황하지 말자. 테이블에 주문한 음식 가격을 적어주는 것도 보기 드문 서비스.

📍 7 Rue du Faubourg Montmartre, 75009 Paris
🚶 메트로 8·9호선 Grands Boulevards역 2번 출구에서 도보 2분
💶 전식 €1~15, 메인 요리 €4~13.20, 디저트 €2~4.90
🕐 11:30~24:00 📞 +33-1-47-70-86-29
🏠 www.bouillon-chartier.com

합리적 가격으로 먹는 프랑스 음식 ⋯⋯ ②

르 프티 사마리텐 Le Petit Samaritain

사마리텐 백화점의 두 건물 사이 작은 골목길에 자리한 식당. 자리한 골목 이름과 식당 이름이 맞아떨어진다. 깔끔한 식당 분위기와 내어주는 음식이 잘 어울리고, 주변 현지인들의 모임 장소로도 사랑받는 곳. 스테이크 종류가 맛있다는 평이다.

📍 8 Rue Baillet, 75001 Paris 🚶 메트로 1호선 Louvre-Rivoli역 유일한 출구에서 도보 4분, 메트로 7호선 Pont Neuf역 1번 출구에서 도보 3분, 사마리텐 백화점 뒤 💶 전식 €9~12, 메인 요리 €16~31, 디저트 €8~10 🕐 화~토 10:00~21:00 📞 +33-1-47-70-86-29
❌ 일·월요일 📞 +33-1-42-36-00-35
📘 www.facebook.com/LePetitSamaritain

르 비스트로 뒤 크루아상 Le Bistrot du Croissant

브롱냐르궁 주변 대로에 자리한 비스트로. 1914년 사회주의 정치가 장 조레스 Jean Jaurès가 암살된 장소로 유명세를 치렀고, 식당 외벽에 그를 기리는 명패가 붙어 있다. 품고 있는 아픈 사건의 역사와 달리 내부는 화사하고 가성비 좋은 음식을 내어주어 주변 회사원들이 점심 회식 장소로도 자주 이용한다. 주요 스포츠 이벤트가 있을 때 단체 관람 이벤트도 자주 열린다고. 식당 앞 칠판에 추천하는 오늘의 요리를 선택하는 것도 좋다.

📍 146 Rue Montmartre, 75002 Paris 🏃 메트로 3호선 Bourse역 1번 출구에서 도보 3분, 메트로 8·9호선 Grands Boulevards역 4번 출구에서 도보 7분
💶 전식 €3.50~4.50, 메인 요리 €11.50~15, 디저트 €5~8 🕐 월~토 10:00~02:00
❌ 일요일 📞 +33-9-74-73-50-22 🏠 www.bistrotducroissant.fr

오 비외 샤틀레 Au Vieux Châtelet

생트샤펠, 콩시에르주리에서 샤틀레 쪽으로 다리를 건너면 보이는 레스토랑. 밝은 분위기에 실내가 깔끔하며, 센 강변 도로 옆에 있어 테라스보다는 실내 좌석이 좋다. 정찬보다는 캐주얼한 분위기의 식사 위주이며, 저녁 시간의 칵테일 바 분위기가 좋다는 평가.

📍 1 Pl. du Châtelet, 75001 Paris 🏃 메트로 1·4·7·11·14호선 Châtelet역, RER A·B·D선 Châtelet-Les Halles역 15번 출구에서 도보 2분, 콩시에르주리에서 도보 3분
💶 전식 €10~, 메인 해산물 요리 €17~ 🕐 07:00~24:00
📞 +33-1-42-33-79-27

뒷골목에 자리한 활기찬 식당 ⸱⸱⸱⸱⸱ ⑤
이랑 Ilang

오페라 가르니에 앞 대로 뒤편에
자리한 한식당으로 프랑스 현지 손
님이 대다수일 만큼 인기 만점이다. 주로 판매되는 메뉴는 비
빔밥, 소고기 바비큐, 뚝배기 불고기. 점심시간에 €3.50를 더
내면 오징어무침이나 군만두, 치킨을 추가할 수 있어 더욱 만
족스럽다.

📍 2 bis Rue Daunou, 75002 Paris 🚶 메트로 3·7·8호선 Opéra역
4번 출구에서 도보 2분 💶 치킨 €7.80~15.20, 비빔밥·덮밥 €15.20
~19.50, 반찬·요리 €3~14, 찌개류 €16.90/18.20 🕐 월~토 12:00~
22:30 ❌ 일요일 📞 +33-1-42-61-48-38 📷 ilangparis

세트 메뉴가 푸짐한 고향의 맛 ⸱⸱⸱⸱⸱ ⑥
구이 레스토랑 GOUI PARIS

생트 안느 파사주 안에 자리한 한식당. 친절한 서버의 응대
가 편안하고 한국에서 먹던 그대로 식사가 가능해 가족 여행
을 떠났을 때 찾아가면 좋다. 현지인들은 주로 비빔밥과 불고
기, 빈대떡 등을 선호한다고. €3~4를 더 지불하면 사이드 메
뉴와 함께 식사할 수 있는데 양이 꽤 푸짐하다.

📍 12 Rue Dalayrac, 75002 Paris 🚶 메트로 7·14호선
Pyramides역 1번 출구에서 도보 3분, 오페라 가르니에에서 도보
10분 💶 비빔밥 €17~, 찌개류 €18~, 불고기 €18~, 점심 세트 메뉴
€16, 저녁 세트 메뉴 €21 / 29 🕐 월~토 12:00~15:00·18:00~
23:00 ❌ 일요일 📞 +33-9-83-27-09-62 📷 goui_paris

미쉐린 픽 우동집 ⸱⸱⸱⸱⸱ ⑦
사누키야 Sanukiya

30여 가지의 쫄깃한 우동으로 사랑받는 사누키 우동 전
문점. 진하고 시원한 국물로 파리지엔과 여행자 모두를
사로잡아 6년 연속 〈미쉐린 가이드〉의 선택을 받았다. 오
후 6시 이전에 방문해 우동 메뉴에 €6를 추가하면 치킨,
달걀말이, 닭고기 우엉밥이 더해지는데 저녁 식사 전까지
포만감이 유지될 정도다.

📍 9 Rue d'Argenteuil, 75001 Paris 🚶 메트로 7·14호선
Pyramides역 1번 출구에서 도보 4분, 장식미술 박물관에서
도보 5분 💶 우동 €12~22 🕐 11:30~22:00
📞 +33-1-42-60-52-61

조용하게 진한 커피 한잔 ······ ⑧

카페 베를레 Café Verlet

루브르 박물관 뒤편 조용한 골목 안에 자리한 카페. 파리의 커피 애호가라면 한 번은 들러봤을 법한 로스팅 카페다. 진한 카페라테가 노곤한 아침을 깨워줄 맛이고 가볍게 즐길 수 있는 오믈렛도 맛있다. 인도네시아, 남미 등 다양한 국적의 원두도 구매할 수 있으며, 구입한 원두는 원하는 굵기대로 갈아주며 커피는 테이크아웃도 가능하다.

📍 256 Rue Saint-Honoré, 75001 Paris 🚶 카루젤 개선문에서 도보 5분
€ 커피 €3.95~8.50, 크루아상 €3.20, 아침 식사 €6.50~15.90, 차 €6.50~7.90
🕐 월~토 10:00~19:00 ❌ 일요일 📞 +33-1-42-60-67-39 🏠 www.verlet.fr

루브르 유리 피라미드와 건배! ······ ⑨

르 카페 마를리 Le Café Marly

루브르 박물관 안뜰에 있는 카페. 실내에서는 루브르 박물관 내 마를리 가든의 조각상이 보이고, 외부에서는 루브르 유리 피라미드가 보인다. 진한 핫초코가 인기 음료. 달고 진한 음료 한 잔으로 에너지를 채우고 루브르 관람에 나서거나 관람 후 기력을 채우기 좋다. 음식값은 풍경만큼 비싸다.

📍 93 Rue de Rivoli, 75001 Paris 🚶 메트로 1·7호선 Palais Royal-Musée du Louvre역 6번 출구, 루브르 박물관 안뜰 € 커피 €6~9, 핫초코 €9, 칵테일 €17~, 디저트 €12~20
🕐 08:00~02:000 📞 +33-1-49-26-06-60 🏠 cafe-marly.com

천사가 즐기는 달달함 ······ ⑩

앙젤리나 Angelina

코코 샤넬이 사랑한 카페. 1903년에 개업했으며 당시의 고풍스러운 실내를 그대로 유지하고 있다. 아프리카산 코코아를 사용한 핫초코와 진한 밤 크림을 얹은 몽블랑이 대표 메뉴. 과도한 달달함을 예상했으나 먹고 나면 행복해지는 마력이 있는 카페. 밤 크림과 커피, 초콜릿을 판매하는 상점을 함께 운영한다.

📍 226 Rue de Rivoli, 75001 Paris 🚶 메트로 1호선 Tuileries역 유일한 출구에서 콩코르드 광장 방향으로 도보 3분 € 커피 €4.70~8.50, 핫초코 €8.90, 몽블랑 €10, 베이커리류 €8.60~ 🕐 월~목 07:30~19:00, 금 07:30~19:30, 토·일 08:00~19:30 📞 +33-1-42-60-82-00 🏠 www.angelina-paris.fr

향기로운 차, 색색의 마카롱 ⑪
라뒤레 파리 로얄 Ladurée Paris Royale

가장 인기 있는 마카롱 브랜드 라뒤레의 본점. 마카롱 구입 공간과 차 마시는 공간이 나뉘어 있다. 마카롱과 잘 어울리는 차는 홍차로 약한 바닐라 향이 첨가된 스페셜 라뒤레 블렌드Mélange spécial Ladurée가 가장 기본 스타일. 미니 마카롱도 아기자기하고 재미있지만 커다란 마카롱에 산딸기가 가득한 이스파한도 별미다.

📍 16 Rue Royale, 75008 Paris
🚶 마들렌 대성당에서 센강 방면으로 도보 2분 💶 브런치 €21~45, 점심 식사 €15~40, 케이크 €10~18, 차 €9~15, 커피 €3~10 🕐 월~금 08:30~19:30, 토 09:00~19:30, 일 10:00~19:00 📞 +33-1-42-60-21-79 🏠 www.laduree.fr/laduree-paris-royale.html

오페라 가르니에 앞 유명한 ⑫
카페 드 라 패 Café de la Paix

1862년부터 오페라 가르니에를 드나드는 사람들과 함께한 카페, 우리말로 "평화다방"이라고 불러도 무방하다. 파리의 유명 인사들은 한 번씩은 다 거쳐갔다는데 모파상, 빅토르 위고, 에밀 졸라, 헤밍웨이 등이 단골이었다고. 오페라 가르니에 공연 전 음료 한잔 마시기에 좋다. 음식 가격은 카페 이름처럼 평화롭지 못한 게 단점 아닌 단점.

📍 5 Pl. de l'Opéra, 75009 Paris 🚶 메트로 3·7·8호선 Opéra역 1번 출구로 나와 오른쪽 길 건너 💶 커피·차 €6~, 맥주 €9~, 칵테일 €17~, 디저트 €12~20 🕐 08:00~23:00 📞 +33-1-44-71-83-12 🏠 cafedelapaix.fr

밀라노에서 건너온 카페 ······ ⑬

코바 파리 Cova Paris

1817년 밀라노에서 오픈한 카페를 2013년 루이 비통 모에 헤네시 그룹이 인수한 후 파리 분점을 헤드쿼터 사무실이 자리한 부근에 오픈해서 화제가 되었다. 밀라노 본점은 헤밍웨이의 〈무기여 잘 있거라〉 속에도 등장하는 카페이고, 다른 파리의 카페다는 이탈리아의 분위기와 맛이 물씬 풍긴다. 추천 메뉴는 크림과 피스타치오를 얹은 코바치노Covaccino. 쇼케이스 속 아기자기한 베이커리류도 유혹적이다.

📍 1 Rue du Pont Neuf Ground Floor, 75001 Paris
🚶 메트로 1호선 Louvre-Rivoli역 유일한 출구에서 도보 3분, 메트로 7호선 Pont Neuf역 1번 출구에서 도보 2분, 사마리텐 백화점과 LV 드림 사이 건물 💶 커피 €5~11, 베이커리 €4~
🕐 월·수·금 08:30~20:00,
목 08:30~21:00, 토·일 10:00~20:00
🏠 pasticceriacova.com

문화재가 된, 파리에서 가장 오래된 빵집 ······ ⑭

스토러 Stohrer

1730년에 오픈한 빵집. 루이 15세의 왕비가 데려온 파티시에가 만든 빵집이 지금까지 내려오고 있다. 럼주에 절인 버섯 모양의 빵 바바 오 럼Baba au Rhum이 시작된 곳으로 유명하다. 술에 적신 빵이므로 술에 약하다면 에클레르나 커스터드 크림이 가득한 퓌이 다무르Puits d'amour를 추천. 이곳이 본점이며 파리 시내에 6개의 분점이 있다.

📍 51 Rue Montorgueil, 75002 Paris 🚶 생 퇴스타슈 성당 뒤편에서 도보 5분, 또는 메트로 3호선 Sentier역 2번 출구에서 도보 5분 🕐 08:00~20:30 📞 +33-1-42-33-38-20
🏠 stohrer.fr

최초의 바게트 대회 우승 집 ······ ⑮

불랑제리 장 노엘 줄리앙
Boulangerie Jean-Noel Julien

1995년 최초의 '파리 최고의 바게트' 대회 우승 빵집. 외관은 크게 눈에 띄지 않지만, 사람들이 손에 바게트를 들고 줄지어 나오는 모습에 호기심이 생긴다. 최고의 바게트였던 명성 그대로 바게트 샌드위치도 맛있고 크루아상이나 팽 오 쇼콜라도 풍미 가득하다.

📍 75 Rue Saint-Honoré, 75001 Paris 🚶 사마리텐 백화점에서 샤틀레 방향으로 도보 5분, 메트로 1·4·7·11·14호선 Châtelet역, RER A·B·D선 Châtelet-Les Halles역 6번 출구에서 도보 3분
🕐 월~토 07:00~20:00 ❌ 일요일 📞 +33-1-42-36-24-83

파리 제1의 백화점 ······ ①

갤러리 라파예트 오스만
Galeries Lafayette Haussmann

파리에서 백화점에 간다면 주저 없이 추천하고 싶은 파리 쇼핑의 1번지. 가장 크고 화려한 여성관 쿠폴Coupole과 그 주변으로 남성관인 옴므Homme, 식품과 리빙 제품을 주로 판매하는 메종/구르메Maison et Gourmet 세 건물로 나뉘어 있다. 화려한 건물과 더 화려한 내부 장식으로 사람들의 마음을 들쑤시는 곳이다. 화려한 분위기와 화려한 상품에 더해 음식도 맛있으며, 옥상 테라스에서 무료로 파리 시내를 한눈에 조망할 수 있다.

📍 40 Bd Haussmann, 75009 Paris
🚶 메트로 7·9호선 Chaussée d'Antin—La Fayette역 1번 출구 앞, RER A선 Auber역, 메트로 3·9호선 Havre-Caumartin역 4번 출구 앞, 오페라 가르니에 뒤편으로 도보 3분
🕐 월~토 10:00~20:30, 일·공휴일 11:00~20:00 📞 +33-1-42-82-34-56
🏠 haussmann.galerieslafayette.com

라파예트의 라이벌 ······ ②

프랭탕 오스만
Printemps Haussmann

라파예트와 비교할 때 화려함에서는 밀리지만 아르누보 스타일의 우아한 분위기가 일품이다. 쇼핑의 즐거움을 봄날에 비견한 백화점 이름도 인상적이다. 크리스마스 시즌에는 건물 외벽의 전등 장식도 볼거리. 쇼핑 후 옥상 테라스를 둘러보는 것도 잊지 말자.

📍 64 Bd Haussmann, 75009 Paris
🚶 메트로 3·9호선 Havre-Caumartin역 3번 출구에서 도보 2분
🕐 월~토 10:00~20:30, 일 11:00~20:00
📞 +33-1-71-25-26-01
🏠 www.printemps.com

파리 최초의 백화점, 아름다운 노포 ⋯⋯ ③

사마리텐 Samaritaine

에르네스트 코냐크가 만든 파리 최초의 백화점. 2021년 루이 비통 모에 헤네시 그룹이 인수했다. 2005년 파리를 덮친 폭우로 인해 폐장한 후 16년간 개보수 공사를 마치고 2021년 재개관해 파리의 새로운 쇼핑 성지로 자리매김한 곳이다. 아르데코의 진수를 볼 수 있는 내·외부만으로도 충분한 볼거리로 프랑스 정부가 역사 기념물로 지정한 건물 안에서 세련되고 감각적인 상품의 쇼핑이 가능하다. 주변은 루이 비통 헤드쿼터 오피스, LV 드림, 카페 코바 등이 자리해 루이 비통 타운이라 해도 과언이 아니며, 센 강변으로 나가면 퐁네프 다리와 연결된다.

📍 9 R. de la Monnaie, 75001 Paris
🚶 메트로 1호선 Louvre-Rivoli역 유일한 출구에서 도보 3분, 메트로 7호선 Pont Neuf역 1번 출구에서 도보 2분
🕐 10:00~20:00 📞 +33-1-88-88-60-00
🏠 www.dfs.com/en/samaritaine

파리 중심에 자리한 초대형 쇼핑몰 ⋯⋯ ④

웨스트필드 포럼 데 알 Westfield Forum des Halles

파리 외곽의 원형 순환도로 중심에 자리한 거대 쇼핑몰. 12세기부터 자리했던 파리 중앙시장Les Halles이 파리 최초의 대형 쇼핑몰 포럼 데 알로 변모한 후 몇 번의 리모델링을 거쳤고, 렘 콜하스의 프로젝트로 지금의 모습을 갖게 되었다. 거대한 유리 천장에서 빛이 떨어져 환하고 깔끔하며, 내부에는 130여 개의 상점이 들어서 있다. 자라, 망고 등의 SPA 브랜드와 산드로, 클로디 피에로 등 프랑스 브랜드 상점은 물론 세포라, 화장품 매장, 슈퍼마켓 등 다양한 종류의 상점이 있다.

📍 101 Porte Berger, 75001 Paris
🚶 메트로 1·4·7·11·14호선 Châtelet역, RER A·B·D선 Châtelet-Les Halles역, 메트로 4호선 Les Halles역 지하로 연결 🕐 월~토 10:00~20:30, 일 11:00~ 19:30(입점 매장마다 차이 있음) ❌ 1월 1일, 12월 25일 📞 +33-1-44-76-87-08 🏠 www.westfield.com

캐주얼 패션의 모든 것 ...... ⑤
시타디움 Citadium

파리 청춘들의 패션을 책임지고 있는 곳. 벤시몽, 컨버스 등 스트릿 패션과 나이키, 아디다스를 비롯한 스포츠 브랜드 상점이 주를 이루고 있다. 주변 백화점의 위압감에 주눅 들었다면 이곳에서 편안하게 쇼핑하자.

📍 56 Rue de Caumartin, 75009 Paris　🚶 메트로 3·9호선 Havre-Caumartin역 3번 출구에서 도보 3분, 프랭탕 백화점 뒤편　🕐 월~토 10:00~20:00, 일 11:30~19:30
📞 +33-1-41-83-56-46　🏠 www.citadium.com

없는 거 빼고 다 있는 한국 슈퍼마켓 ...... ⑥
에이스 마트 Ace Mart Louvre

1998년에 오픈한 커다란 규모의 한국 슈퍼마켓. 2층 규모의 매장에서 없는 재료를 찾기가 더 어려울 정도로 다양한 물품을 판매한다. 주방 있는 숙소에 머문다면 편리하게 쇼핑할 수 있고, 한국 음식에 관심이 많은 현지인도 많이 볼 수 있다.

📍 3 Rue du Louvre, 75001 Paris　🚶 메트로 1호선 Louvre-Rivoli역 유일한 출구에서 도보 2분　🕐 10:00~21:00　📞 +33-1-42-36-00-35　🏠 acemartmall.com

케이마트 오페라 K-Mart Opéra

2006년부터 파리에 사는 한국인과 여행자들의 향수를 달래주고 있는 한국 슈퍼마켓. 과자와 젤리 등을 쇼핑하는 현지인들을 심심찮게 볼 수 있다. 이곳이 본점이고, 샹젤리제 거리 주변을 비롯해 총 5개의 점포를 운영 중이다.

📍 4-8 Rue Sainte-Anne, 75001 Paris
🚶 메트로 7·14호선 Pyramides역 1번 출구에서 도보 3분
🕐 10:00~21:00 📞 +33-1-42-36-00-35
🏠 www.k-mart.fr

라 퀴르 구르망드

La Cure Gourmande

프랑스 남부 지방에서 생산되는 버터, 우유 등으로 만드는 비스킷, 쿠키 전문점. 입안 가득 퍼지는 버터 향에 행복해지는 곳으로, 상점 안으로 들어서는 순간 뭘 골라야 할지 모를 정도로 다양한 쿠키, 비스킷, 사탕, 초콜릿 등이 가득하다. 예쁜 케이스에 담긴 세트도 다양해서 선물용으로도 좋다.

📍 49 Av. de l'Opéra, 75002 Paris 🚶 메트로 3·7·8호선 Opéra역 1번 출구에서 도보 2분 🕐 09:00~20:00 📞 +33-1-40-06-02-47 🏠 curegourmande.fr

라 메종 뒤 미엘 La Maison du Miel

번화가 뒤 조용한 골목에 자리한 꿀 전문점. 프랑스 내에서 생산된 다양한 꿀을 만나볼 수 있다. 대표 상품을 묶어서 판매하는 샘플러도 가성비가 좋다. 꿀 이외에 잼, 쿠키, 누가, 캔디 등도 함께 판매하며 립밤도 품질이 좋다.

📍 24 Rue Vignon, 75009 Paris 🚶 마들렌 대성당 뒤편에서 비뇽가Rue Vignon 따라 프랭탕 백화점 방향으로 도보 5분 🕐 월~토 9:30~19:00 ❌ 일요일
📞 +33-1-47-42-26-70 🏠 maisondumiel.fr

다양한 맛의 머스터드 ⋯⋯ ⑩
부티크 마유 Boutique Maille

프랑스 요리에서 빠지지 않는 머스터드 소스 전문점. 1747년부터 운영하고 있는 상점으로 루이 15세 궁정의 공식 공급 업체였다. 100여 종류의 머스터드를 판매하는데 매장 내에서 시식할 수 있는 종류도 다양하고, 대중적 소스를 묶어 파는 샘플러나 세트도 잘 갖추고 있다.

📍 6 Pl. de la Madeleine, 75008 Paris 🚶 마들렌 대성당 맞은편 🕐 월~토 10:00~19:00 ❌ 일요일, 1월 1일, 5월 1일, 7월 14일, 12월 25일 📞 +33-1-40-15-06-00
🏠 maille.com/fr

유럽에서 가장 오래된 영어책 서점 ⋯⋯ ⑪
리브라리에 갈리냐니 Librairie Galignani

1520년에 설립된 베네치아의 출판사 설립자의 후손이 파리로 이주해 서점을 만들었고 지금 매장은 1856년부터 운영 중이다. 프랑스어와 영어로 된 다양한 책을 보유하고 있는 서점으로 실내의 책꽂이는 1930년대에 만든 것이라고.

📍 224 Rue de Rivoli, 75001 Paris
🚶 메트로 1호선 Tuileries역 유일한 출구에서 도보 3분
🕐 월~토 10:00~19:00 ❌ 일요일
📞 +33-1-42-60-76-07 🏠 www.galignani.fr

만들 수 없는 음식이 없게 해주는 곳 ⋯⋯ ⑫
리브라리에 구르망드 Librairie Gourmande

거의 모든 분야의 요리 책이 가득한 서점. 재료별, 메뉴별로 다양한 요리책이 가득하다. 이곳의 책들만 있으면 못 만들 음식이 없을 정도. 영어 번역 책은 많지 않지만 사진으로 설명이 잘되어 있어 프랑스어를 몰라도 볼 수 있는 책이 많다.

📍 92-96 Rue Montmartre, 75002 Paris 🚶 메트로 3호선 Sentier역 1번 출구에서 도보 3분 🕐 화~토 11:00~13:30· 14:30~18:45 ❌ 일·월요일 📞 +33-1-43-54-37-27
🏠 www.librairiegourmande.fr

어른, 아이 할 것 없이
즐길 수 있는

디즈니랜드 파리
Disneyland Paris

파리 시내에서 역사책이나 교과서에서 접했던 명소와
작품들을 만났다면 이곳에선 잠시 다 털어버리고 자유로운 시간을 보내자.
재미있는 머리띠나 액세서리를 착용하고, 신나게 놀아보자.
영화나 애니메이션 속 주인공이 될 수도 있고 퍼레이드를 관람하며
잠시 동심으로도 돌아갈 수도 있다.

모두 함께 즐기는 동심의 세계

디즈니랜드 파리 Disneyland Paris

우리에게 친숙한 캐릭터들이 가득한 '꿈과 환상의 나라'가 눈앞에 펼쳐지는 곳, 디즈니랜드. 전 세계 6개의 디즈니랜드 중 두 번째로 작은 규모지만 성보다는 조경에 많은 신경을 써 유럽의 고풍스러운 분위기가 물씬하다. 디즈니랜드 파리는 전통적인 디즈니 캐릭터들을 만날 수 있는 디즈니랜드 파크, 〈겨울왕국〉 등 애니메이션 속 캐릭터와 영화를 콘셉트로 한 월트 디즈니 스튜디오 파크로 나뉜다. 하루에 두 파크 모두 방문할 수 있는데, 월트 디즈니 스튜디오 파크를 먼저 보고 디즈니랜드 파크로 가서 놀이기구 등 시설을 즐긴 후 불꽃놀이까지 챙겨 보자. 시간 여유가 있다면 하루에 한 파크씩 둘러보는 것도 좋다. 디즈니랜드 파크는 각종 놀이기구가 있는 테마파크로 디즈니성으로 가는 메인 스트리트 외 4개의 테마로 나뉜다. 〈인디아나 존스〉, 〈캐리비안의 해적〉을 테마로 한 놀이기구와 〈스타워즈〉 테마의 놀이기구가 인기 좋으니 먼저 둘러보자. 또한 애니메이션 캐릭터들이 펼치는 퍼레이드도 재미있고 멋있었다.

월트 디즈니 스튜디오 파크는 영화를 주제로 한 스튜디오 테마파크로 픽사, 마블 등의 영화 촬영장의 현장을 볼 수 있다. 곳곳에서 다양한 공연도 열리므로 미리 시간을 체크해두자.

📍 Bd de Parc, 77700 Coupvray 🚶 ① RER A선 Marne-la-Vallée Chessy역 맞은편, Châtelet Les Halles역에서 편도 40분, 나비고, 모빌리스, 파리 비지테 5존 패스 사용 ② **디즈니 파리 익스프레스**Disneyland Paris Expres 파리 에펠탑 부근(08:30, 14-16, rue Jean Rey-75015 Paris)에서 출발해 오페라 가르니에(08:35, 8, place de l'Opéra-75009 Paris), 샤틀레(08:55, 1, place du Châtelet-75001 Paris)를 거쳐 디즈니랜드에 09:45에 도착한다. ③ 샤를 드 골 공항에서 직접 출발하는 Magical Shuttle Bus를 이용할 수도 있다. 시간표는 홈페이지 참고 magicalsshuttle.co.uk
💶 1파크 €62~(11세 이하 €57~), 1일 2파크 €87~(11세 이하 €82~). 2일 이상 2파크 €154~(11세 이하 €142), 요일과 시기에 따라 유동적 🕐 09:30~22:00(시기별 차이가 있으니 홈페이지 체크 필수) 🏠 www.disneylandparis.com

디즈니랜드 파리 똑똑하게 여행하는 법

- 공식 홈페이지보다 여행 플랫폼이 저렴할 때가 있다. 또한 시내 프낙Fanc 에서 미리 구입하면 할인 받을 수 있다.
- 교통 패스 없이 편도 티켓을 사용한다면 티켓은 출발할 때 두 장을 사두자.
- 식당은 비싸고 늘 붐빈다. 도시락과 물을 준비하자.
- 이틀 꼬박 파크에서 보낼 예정이라면 숙박하는 게 좋은데 파크 내 호텔도 좋고, Marne-la-Vallée Chessy역 전 정거장인 Val d'Europe역 주변 호텔을 알아보자. Val d'Europe역은 파리 라 발레 빌리지 아웃렛과 가까운 곳에 자리한다.

꿈틀거리는 기운으로 가득 찬 지역

퐁피두 센터·
마레 지구·바스티유

Le Centre Pompidou·Marais·Bastille

#파격적인건물 #꿈틀거리는생명력 #영화에서본듯한저기

혁명의 기운이 가득한 지역이다. 프랑스 대혁명의 도화선이었던
바스티유 지역과 고정관념을 파괴한 파격적인 건물 퐁피두,
그리고 세련미와 개성이 가득한 상점이 골목골목에 자리한 마레까지.
파리에서 가장 역동적이고 활기찬 지역에서 나만의 장소를 만들어보자

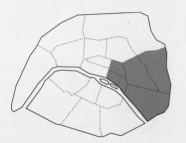

퐁피두 센터·
마레 지구·바스티유
이렇게 여행하자

혁신적인 건물과 예술품을 감상하고
파리의 역사를 둘러본다. 파리에서 가장 오래된
광장에서 휴식을 취하고, 혁명의 도화선이었던
광장에서 아늑한 운하로 산책을 떠나자.

조르주 퐁피두 센터 P.176

도보 15분

국립 피카소 미술관 P.181

도보 5분

카르나발레 박물관 P.182

도보 5분

보주 광장 P.182

도보 7분

바스티유 광장 P.184

메트로+도보 15분

생 마르탱 운하 P.187

주변 역

· 메트로 1호선 Saint Paul역
· 메트로 1·5·8호선 Bastille역
· 메트로 1·4·7·11·14호선 Châtelet역

명소

식당/카페

상점

RER M Gare de l'Est

11 생 마르탱 운하

앙투안 에 릴리 07

아르타자르 03

08 메이크 마이 레모네이드

12 기술공예 박물관

M Arts et Métiers

멜트 07

08 송 훙

M Oberkampf

오베르 마마 05

01 오베르주 니콜라스 플라멜

09 앙팡 루주 시장

Rue Beaubourg

M Rambuteau

04 메르시

01 조르주 퐁피두 센터

03 국립 피카소 미술관

Châtelet M

르 프티 수크 05

02 이탈리 파리 마레

오 프티 페흐 아 슈발

카르나발레 박물관

Beaumarchais

02 쉐 자누

베아슈베 마레 01

03

06 타비오

04

02 카레트

파리 시청사 02

Rue de Rivoli

05 보주 광장

10 바스티유 시장

카사 산 파블로 06

06 빅토르 위고 저택

Saint Paul M

Rue de Sévigné

10 라 카페오테크 드 파리

르노트르 11

04 보핑거

M Pont Marie

Bastille M

07 바스티유 광장

08 오페라 바스트

쿨레 베르트 산책길 10

센

N

0   200m

르 트랭 블루 12

Gare de Lyon RER

퐁피두 센터·마레 지구·바스티유 상세 지도

Ⓜ Père Lachaise

⑨ 페르 라셰즈 묘지

Bd de Ménilmontant

Philippe Auguste

Ⓜ Rue de Charonne

Ⓜ Alexandre Dumas

⑬ 시네마테크 프랑세즈

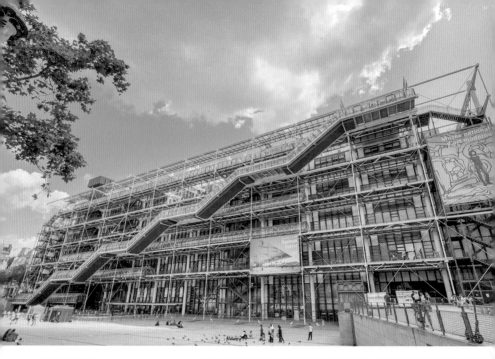

파리에서 가장
파격적인 건물 ━━ ①

조르주 퐁피두 센터

Le Centre Pompidou

건물 외부로 돌출된 빨강, 노랑, 파랑 등 다양한 색깔의 파이프와 에스컬레이터 등으로 인해 건축 당시 많은 비판을 받았던 건물로 이탈리아 건축가 렌초 피아노와 영국인 리처드 로저스가 설계했다. 정식 명칭은 조르주 퐁피두 국립예술문화센터Le centre national d'art et de culture Georges-Pompidou(CNAC). 프랑스 제5공화국 2대 대통령(지금의 에마뉘엘 마크롱 대통령은 5공화국 8대 대통령)인 조르주 퐁피두 재임 시 건축을 시작해 그의 이름이 붙었다.

포럼 데 알과 마레 지구 사이에 자리한 복합 문화센터로 도서관, 영화관, 서점 등이 있다. 여행자들이 주목하는 공간은 4, 5층에 자리한 현대 미술관으로 1905년 이후부터 지금까지의 미술품을 전시하고 있다. 마티스, 피카소, 몬드리안, 호안 미로, 앤디 워홀 등의 걸작들이 전시되고 있어 루브르 박물관에서 고대부터 인상파 직전까지, 오르세 미술관에서 인상파부터 20세기까지, 그리고 퐁피두 센터에서 그 이후의 작품을 감상한다면 미술사의 흐름을 따라가게 된다.

퐁피두 센터는 2025년 하반기부터 5년간 대대적 리모델링 공사를 진행할 계획이다. 이를 위해 2024년 10월부터 조금씩 시설을 닫고, 일부 작품들은 여러 분관에 옮겨져 전시된다. 이 중 서울 63빌딩에도 분관이 들어설 예정이다.

📍 Place Georges-Pompidou, 75004 Paris
🚶 메트로 11호선 Rambuteau역 1번 출구에서 도보 3분, 메트로 1·11호선 Hôtel de Ville역 7번 출구에서 도보 8분, 메트로 1·4·7·11·14호선 Châtelet역, RER A·B·D선 Châtelet-Les Halles역 3번 출구에서 도보 8분
💶 성인 상설 전시 €15, 특별 전시 €16~18, 파리 뮤지엄 패스 사용 가능(상설전), 매달 첫 번째 월요일 상설 전시 무료 🕐 미술관 수·금~월 11:00~21:00, 목 11:00~23:00 도서관 12:00~22:00 ❌ 화요일, 5월 1일
📞 +33-1-44-78-12-33
🏠 www.centrepompidou.fr

1층 홀. 지금은 흔한 천장 배관이지만 이 건물의 완공은 1977년

176

퐁피두 센터가 자리한 위치는 1970년대까지만 해도 파리 도심에서 가장 낙후된 지역이었다. 조르주 퐁피두 대통령이 이 지역 재개발을 천명하며 만든 프로젝트의 중심이었던 퐁피두 센터는 전체 부지의 절반에만 지었다. 그 결과 퐁피두 센터 앞 광장은 탁 트인 경사진 모습으로 여행자가 건물 안으로 쏟아져 들어갈 수 있는 기능을 하면서 빽빽한 레알 지구에서 벗어나 한가롭고 시원한 느낌을 준다. 광장에서는 늘 예술가들의 거리 공연이 펼쳐지고, 주변에는 키네틱 아트의 대가 장 팅겔리와 니키 드 생팔의 스트라빈스키의 분수가 물줄기를 뿜어내고 있으며, 곳곳에 독특한 그래피티가 있어 엄숙하고 고전적인 파리에서 즐겁고 유쾌한 기분을 느낄 수 있는 공간이다.

장 팅겔리와 니키 드 생팔의 스트라빈스키의 분수

뒤에 보이는 건물은 음악 및 음향학 연구소. 분수 모양과 잘 맞아떨어진다.

국립 현대 미술관 주요 작품들

퐁피두 센터 4, 5층(우리식 5, 6층)에 자리한 국립 현대 미술관에서는 9개의 전시실에서 샤갈, 마티스, 칸딘스키 등 모더니즘에서 시작해 팝아트에 이르는 현대 미술의 흐름을 볼 수 있다. ★작품 제목 아래 아이콘을 주목하자. 이 미술관에서 꼭 봐야 할 작품들이 표시되어 있다.

★ 작품명 아래 이 아이콘이 있다면 주목할 것.

루마니아풍 블라우스
La Blouse Roumaine

앙리 마티스 Henri Matisse

야수파의 대표 화가 마티스의 작품. 배경과 비교하면 단순하게 표현한 블라우스와 블라우스 패턴이 돋보이는 작품.

곡예사 Acrobate

조르주 루오 Georges Rouault

캔버스에 스테인드글라스와 같은 그림을 그린 조르주 루오의 작품. 밝은 푸른색 배경에 어두운 톤의 인물은 신성함과 비참함을 함께 나타내고 있다.

검은 아치가 있는 그림 Mit dem schwarzen Bogen

칸딘스키 Vassily Kandinsky

최초의 현대 추상 작품을 그린 화가로 평가받는 러시아 화가 칸딘스키의 작품. 작곡가 쇤베르크가 구현한 불협화음의 원리를 그림으로 구현했다.

에펠탑의 신랑 신부 Les Mariés de la tour Eiffel

샤갈 Marc Chagall

색채의 마법사로 불리는 초현실주의 화가 샤갈의 동화 같은 작품. 몽환적이고 화사한 색깔이 눈길을 끈다.

열 명의 리즈 테일러 Ten Lizes
앤디 워홀 Andy Warhol

팝아트의 선구자 앤디 워홀의 초기작. 할리우드의 대표 아이콘이었던 미국 여배우 엘리자베스 테일러의 얼굴을 반복적으로 프린팅했는데 각각의 프린팅이 조금씩 다 다르게 나타나고 있다. 앤디 워홀은 이런 반복되는 프린팅을 통해 20세기의 급격한 사회 변화 속에서 원본성 개념의 소실에 대한 문제를 제기했다.

저널리스트 실비아 폰 하르덴의 초상
Bildnis der Journalistin Sylvia von Harden

오토 딕스 Otto Dix

히틀러 시대의 참혹한 현실을 고발했던 독일 표현주의 작가 오토 딕스의 작품. 괴팍하며 깐깐한 것 같은, 당시엔 보기 드문 여성 언론인의 초상으로 전체적으로 팽팽한 긴장감이 가득하다.

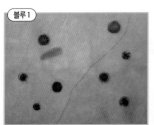

블루 1

블루 2

블루 3

블루 연작 Les Trois Bleus
호안 미로 Joan Miró

한없이 빠져들어 가는 푸른빛 가득한 공간. 스페인 초현실주의 화가 호안 미로의 3연작으로 단순한 형태가 가져다주는 경건함이 가득하다.

블루 연작이 전시된 전시실

파리 시청사 Hôtel de Ville

웅장한 성곽 같은 파리 시청사는 1871년 화재로 전소한 건물을 프랑스 르네상스 양식으로 다시 지었다. 루아르 강변 고성에서 영감 받아 지은 건물로 외벽에 프랑스 위인 136명의 석상이 자리하고, 중앙 시계 아래에는 프랑스 정신이라 불리는 '자유, 평등, 박애'가 새겨져 있다. 시청이 자리한 광장은 한때 공개 처형 장소로 사용된 곳이다. 시민과 가까워지기 위해 여러 가지 이벤트가 열리는데, 대표적인 것이 서울 시청 앞 광장 야외 스케이트장의 모티프를 제공한 겨울 시즌 야외 스케이트장. 로맨틱 파리라는 별칭을 갖게 한 로베르 두아노Robert Doisneau의 〈파리 시청 앞 광장에서의 키스〉도 시청을 배경으로 촬영했다. 주말이면 광장 맞은편에 무료 급식소가 열려 다소 어수선한 분위기가 된다.

📍 Pl. de l'Hôtel de Ville, 75004 Paris
🚶 메트로 1·11호선 Hôtel de Ville역 3·4번 출구 앞
📞 +33-1-42-76-40-40 🏠 www.paris.fr

피카소의 작품을 가장 많이 소장하고 있는 ⋯⋯ ③

국립 피카소 미술관 Musée National Picasso-Paris

한국에서의 학살

스페인 출신 화가 피카소의 가족들이 상속세로 기증한 작품들로 설립한 미술관. 17세기 중반에 지은 바로크풍의 저택 안에 피카소의 작품 3500여 점을 소장·전시하고 있으며, 피카소가 수집한 세잔, 드가, 르누아르 등의 작품들도 볼 수 있다. 전시 작품은 시기에 따라 교체한다. 주요 작품으로는 〈자화상Autoportrait〉, 〈셀레스탱La Célestine〉, 한국 전쟁을 배경으로 그린 〈한국에서의 학살Massacre en Corée〉 등이 있으며, 마네의 걸작 〈풀밭 위의 점심 식사 재해석Le Déjeuner sur l'herbe d'après Manet〉도 흥미롭다. 물론 가장 중요한 작품은 여행자 자신의 눈과 마음에 들어오는 그림이다.

풀밭 위의 점심 식사 재해석

셀레스탱

📍 5 Rue de Thorigny, 75003 Paris 🚶 메트로 1호선 Saint-Paul역 유일한 출구에서 도보 10분, 메트로 8호선 Saint-Sébastien-Froissart역 1번 출구에서 도보 8분
€ 성인 €16, 파리 뮤지엄 패스 사용 가능, 매월 첫 번째 일요일 무료
🕐 화~일 09:30~18:00, 매월 첫 번째 수 10:30~22:00, 입장 마감 폐관 45분 전
✖ 월요일, 1월 1일, 5월 1일, 12월 25일 📞 +33-1-85-56-00-36
🏠 www.museepicassoparis.fr

카르나발레 박물관 Musée Historie de Paris Carnavalet

마레 지구에서 가장 오래된 건물 중 하나로 파리의 역사와 혁명에 대한 자료를 많이 소장하고 있는 박물관이다. 당시 귀족들의 생활상을 엿볼 수 있는 가구, 식기, 거리의 간판은 물론 파리 역사상 주요 인물들의 초상화 등이 가득하다. 소장품 수준을 생각한다면 무료로 들어가기 미안한 박물관.

♀ 23 Rue de Sévigné, 75003 Paris
🚶 국립 피카소 미술관에서 도보 5분, 메트로 1호선 Saint-Paul역 유일한 출구로 나와 길 건너 도보 5분 **€** 상설 전시 무료, 기획 전시에 따라 유동적 🕐 화~일 10:00~18:00
✖ 월요일, 1월 1일, 5월 1일, 12월 25일
📞 +33-1-44-59-58-58
🏠 www.carnavalet.paris.fr

보주 광장 Place des Vosges

파리에서 가장 오래된 광장. 광장을 둘러싼 붉은 벽돌의 4층 건물과 광장 안 초록 나무와 잔디밭의 색감 조화가 싱그럽다. 앙리 4세의 도시 계획에 따라 만든 보주 광장은 이후 유럽 도시 계획의 표본으로 자리 잡았다. 광장 주변을 둘러싸고 있는 건물은 광장 조성 초기에는 왕족들이 살았고, 이후 유명 인사들이 이주해 한때 파리 최고의 부자 동네의 지위를 갖기도 했다. 지금도 한쪽에 프랑스 대문호 빅토르 위고가 살던 집이 기념관으로 꾸며져 있고 건물 회랑에는 갤러리, 카페, 빈티지 숍 등이 자리한다.

♀ Pl. des Vosges, 75004 Paris
🚶 메트로 1·5·8호선 Bastille역 7번 출구에서 도보 7분, 메트로 1호선 Saint-Paul역 유일한 출구에서 도보 8분

프랑스 대문호의 저택이
기념관으로 ⑥
빅토르 위고 저택
Maison de Victor Hugo

〈레 미제라블Les Misérables〉, 〈파리의 노트르담Norte-dame de Paris〉의 작가이자 정치가였던 프랑스 대문호 빅토르 위고가 16년간 살았던 집을 1903년 박물관으로 꾸몄다. 7개의 방에서 그의 삶의 궤적을 볼 수 있는데, 당시 프랑스 상류층의 살림살이부터 빅토르 위고의 데생, 친필 원고와 그가 수집한 가구, 식기들이 가득하다. 빅토르 위고는 이 집에서 〈레 미제라블〉의 집필을 시작했으며, 잠시 벨기에에서 망명 생활을 마치고 돌아와 거주했던 에일로가 130번지(130, avenue d'Eylau)의 침실을 재현한 붉은 방의 침대는 그가 마지막을 맞이한 장소다. 현재 빅토르 위고는 팡테옹에서 안식을 취하고 있다.

📍 6 Pl. des Vosges, 75004 Paris 🚶 메트로 1·5·8호선 Bastille역 7번 출구에서 도보 7분, 메트로 1호선 Saint-Paul역 유일한 출구에서 도보 8분, 보주 광장 💶 무료 🕐 화~일 10:00 ~18:00 ❌ 월요일 📞 +33-1-42-72-10-16 🏠 www.maisonsvictorhugo.paris.fr

바스티유 광장 Place de la Bastille

우뚝 솟은 청동 탑, 현대적인 외관의 오페라 극장, 센강과 마주하는 생 마르탱 운하가 어우러지는 광장. 지금의 모습은 평화롭지만 1789년 7월 14일에 프랑스 혁명이 시작된 장소다. 광장 중앙의 '7월의 탑'은 1830년의 7월 혁명을 기념하는 탑이며, 오늘날 파리에서 일어나는 시위의 주 출발점이기도 하다.

📍 Place de la Bastille, 75004 Paris 🚶 메트로 1·5·8호선 Bastille역

오페라 바스티유 Opéra Bastille

프랑스 대혁명 200주년을 기념해 만든 현대적인 공연장. 오페라 가르니에와 대비되는 깔끔하고 세련된 외관이 인상적이다. 내부 홀은 2700여 개의 좌석을 갖고 있으며 음향 처리나 무대 효과는 세계 최고 수준을 자랑한다. 개관 당시 음악감독으로 서른여섯 살의 한국인 지휘자 정명훈을 선임해 화제가 된 공연장이다. 공연장을 즐기는 데는 공연 관람이 가장 좋지만 스케줄이 맞지 않는다면 가이드 투어로 돌아보는 것도 추천.

로열박스를 없앤 관객석

📍 Pl. de la Bastille, 75012 Paris 🚶 메트로 1·5·8호선 Bastille역 3번 출구 💶 가이드 투어 성인 €17 🕐 가이드 투어 매주 수·토요일 17:00(프랑스어로 진행) 📞 +33-8-92-89-90-90 🏠 www.operadeparis.fr

오늘날
프랑스의
정신적
중심
프랑스 혁명

18세기 프랑스 사회는 2%의 추기경과 가톨릭 고위 성직자, 귀족들이 모든 혜택을 누리고 나머지 98%의 평민이 나라의 모든 세금을 부담하면서 2%의 고위층에 대한 불만이 쌓여가고 있었다. 1775년 영국을 상대로 미국이 독립 전쟁을 시작했고, 프랑스 정부는 미국을 지지하며 막대한 재정 지출을 감행한다. 이 때문에 프랑스의 재정은 흔들리고, 파산 직전에 이르며 평민의 세금 부담은 더해져 갔다. 이에 당시 재무장관은 프랑스 국왕의 자문 주요 의제를 논의하는 명사회를 소집해 2%의 특권층에게 세금을 부과하려는 개혁안을 제시했다. 하지만 그들은 개혁안을 거부하고 각 신분의 대표자가 모여 중요 의제를 토론하는 삼부회를 소집한다. 그러나 투표 방식을 놓고 의견차를 좁히지 못하고 삼부회는 결렬된다. 시민 대표단은 테니스 코트에 모여 새로운 헌법이 제정될 때까지 해산하지 않겠다는 테니스 코트의 서약을 하고 국민의회를 조직한다. 이에 당시 프랑스 국왕이었던 루이 16세는 국민의회를 무력으로 해산시키려 했으나 이를 눈치챈 시민들이 먼저 혁명에 필요한 무기를 탈취하기 위해 1789년 7월 14일 바스티유 감옥을 습격하며 프랑스 혁명이 일어난다.

이 혁명의 결과 루이 16세와 왕비 마리 앙투아네트를 비롯한 수많은 귀족과 혁명을 주도했던 로베스피에르, 당통 등 지도자들이 콩코르드 광장에서 처형당한다. 바스티유 감옥의 습격으로부터 시작된 프랑스 혁명은 '민주주의의 시초'인 세계사적 사건으로 평가받는다. 시민 세력이 왕조를 무너뜨린 최초의 사건이었고, 이어 유럽 봉건왕조의 연쇄적 붕괴의 시작이었으며 전근대적 왕정에서 근대 국민국가체제의 전환을 이끈 사건으로 평가받는다.

1789년의 혁명 이후 프랑스에서는 들라크루아의 〈민중을 이끄는 자유〉(루브르 박물관)의 배경이 되는 1830년 7월 혁명, 〈레 미제라블〉의 시대적 배경이 된 1832년의 6월 혁명도 있었다. 7월 혁명으로 집권한 루이 필리프의 왕정을 무너뜨린 1848년 2월 혁명은 전 유럽적 자유주의 운동의 시발점이 되었다. 1871년 보불 전쟁 직후 70일간 존속한 인류 역사상 최초의 공산주의 정부 파리 코뮌이 세워지기도 했고, 넓게 보면 나치 독일 치하 레지스탕스의 활동과 1968년 학생들과 노동자들이 연합해 기존의 보수적 체제에 저항했던 68 운동 같은 다른 혁명들이 수두룩하다.

모든 혁명이 프랑스에서 성공한 것은 아니다. 그러나 혁명은 인권, 평등, 환경, 반전에 대한 가치를 다시 한번 생각하게 했고 많은 사회적 변화를 이루어냈다. 그리고 그것이 지금의 프랑스를 이끌어가는 힘이 되고 있다.

파리 코뮌의 벽

쇼팽의 묘지. 그의 심장은 폴란드 바르샤바에 있다.

구석에 있지만 늘 꽃이 가득한 짐 모리슨의 묘

이사도라 덩컨의 납골묘

마리아 칼라스의 유골이 안치되었던 자리

파리에서 가장 크고 유명한 묘지 ······ ⑨

페르 라셰즈 묘지 Cimetière du Père Lachaise

파리에서 가장 큰 묘지로 최초의 정원식 공동묘지다. 13만 평에 달하는 대지에 7만 5000기가 넘는 무덤이 조성되어 있으며, 우리에게 익숙한 유명인들도 이곳에 잠들어 있다. 늘 꽃이 가득한 쇼팽과 짐 모리슨의 묘도 인상적이고, 입술 자국이 가득해 이제는 아크릴 보호 장벽을 두른 오스카 와일드의 묘도 독특하다. 또한 불꽃같은 삶을 살다 간 그녀들 이사도라 덩컨, 마리아 칼라스의 납골묘, 에디트 피아프의 가족묘와 더불어 화가 들라크루아, 모딜리아니, 샹송 가수 이브 몽탕, 조르주 무스타키 등 많은 예술가가 안식을 취하고 있는 곳이다. 그 외 프랑스를 위해 죽음을 맞이한 이들에 대한 추모비들도 자리하고 있는데, 그중 1871년 파리 코뮌 당시 총살당한 병사들을 그리는 파리 코뮌의 벽 앞은 늘 꽃이 가득하다.

📍 16 Rue du Repos, 75020 Paris 🚶 메트로 2호선 Philippe Auguste역 1번 출구에서 도보 3분, 메트로 3·3B호선 Gambetta역 3번 출구로 나와 도보 3분, 메트로 2·3호선 Père Lachaise역 1번 출구로 나와 길 건너 💶 무료 🕐 3월 16일~11월 5일 월~금 08:00~18:00, 토 08:30~18:00, 일 09:00~18:00, 11월 6일~3월 15일 월~금 08:00~17:30, 토 08:30~17:30, 일 09:00~17:30 📞 +33-1-55-25-82-10 🏠 www.paris.fr/dossiers/bienvenue-au-cimetiere-du-pere-lachaise-47

큰 규모의 묘지에 유명인들의 묘는 산재해 있다. 강베타Gambetta역 입구로 들어오면 오스카 와일드 묘와 이사도라 덩컨, 마리아 칼라스의 납골당과 가깝고, 필립 오귀스트Philippe Auguste역 쪽 입구로 들어와 오른쪽 구역으로 가면 짐 모리슨, 쇼팽의 묘와 가깝다. 입구에서 지도를 미리 챙기거나 홈페이지에서 다운받자.

Philippe Auguste역 쪽 입구

쿨레 베르트 산책길 Coulée verte René-Dumont

프롬나드 플랑테Promenade Platée라는 이름으로 불리던 고가 철도 위에 만든 산책로. 바스티유 극장에서 뱅센 숲까지 걸어갈 수 있는 푸른 숲길이다. 힘에 부친다면 중간중간 마련된 출구를 통해 언제든지 나갈 수 있다. 걷다 힘들면 엘리베이터를 이용하자. 파리를 배경으로 하는 영화 〈비포 선 셋〉에 등장해 영화광들의 사랑을 받는 장소다.

철로 아래 아치를 막아 숍, 카페로 사용한다.

📍 1 Coulée Verte René-Dumont, 75012 Paris 🚶 메트로 1·5·8호선 Bastille역 4번 출구에서 도보 5분, 메트로 8호선 Ledru-Rollin역 3번 출구에서 도보 4분 🕐 월~금 07:00~, 토·일·공휴일 08:00~, 일몰 시간 폐쇄

생 마르탱 운하 Canal Saint-Martin

바스티유 광장에서 시작해 라 빌레트 공원까지 이어지는 4.5km 길이의 운하. 식수 공급과 농축산물 운반을 위해 만들었다. 영화 〈아멜리에〉 속에서 아멜리에가 물수제비를 뜨면서 알려지기 시작했다. 여행자들이 모여드는 풍경은 레퓌블리크 광장과 스탈린그라드 광장 사이. 운하를 가로지르는 철제 다리와 주변에 늘어서 있는 나무, 운하 변에 자리한 카페, 숍들이 잘 어우러져 여유로운 풍경을 만날 수 있다.

📍 292 Rue Saint-Martin, 75003 Paris 🚶 메트로 2·3·7B호선 Jaurés역 1번 출구, 메트로 4·5·7호선 Gare de l'Est역 3번 출구에서 도보 6분, 메트로 11호선 Goncourt역 2번 출구에서 도보 5분

센강 유람선이 식상하다면 생 마르탱 운하 유람선

생 마르탱 운하를 오가는 유람선은 바스티유 광장 부근과 라 빌레트 부근에서 각각 출발해 2시간 30분 정도 운행한다. 일부 구간은 지하 터널을 지나는데 이 또한 새로운 볼거리를 제공한다. 사진에서 많이 보던 풍경이 아닌 다른 풍경을 보고 싶다면 선택하자. 운행 횟수, 시간표는 시기에 따라 변동이 많으니 여행 계획이 생기면 미리 체크하는 것이 좋고, 오르세 미술관에서 출발하는 노선도 있다.

💶 성인 €20~
🏠 www.canauxrama.com/www.pariscanal.com

아비옹 3호. 라이트 형제의 그것보다 10년 정도 빨리 동력 비행했다.

과학기술의 모든 것 ...... ⑫
기술공예 박물관 Musée des Arts et Métiers

프랑스의 엘리트 교육기관 그랑제콜 중 하나인 국립기술대학의 부속기관. 수도원 성당을 개조해 파스칼의 계산기, 와튼의 증기기관 등 우리 삶을 획기적으로 바꿔준 과학기술의 모든 것을 볼 수 있다. 꽤 큰 규모의 건물에 건설, 통신, 에너지, 기계공학, 교통 등 과학기술 전반의 귀한 유물과 모형을 갖추고 있다.

📍 292 Rue Saint-Martin, 75003 Paris 🚶 메트로 3·11호선 Arts et Métiers역 5번 출구로 나와 길 건너 💶 성인 €12, 파리 뮤지엄 패스 사용 가능(특별 전시 시 일정 요금 부과할 수 있음), 매월 첫 번째 금요일, 일요일 무료 ⏰ 화~목·토·일 10:00~18:00, 금 10:00~21:00 ❌ 월요일, 1월 1일, 5월 1일, 12월 25일 📞 +33-1-53-01-82-63 🏠 www.arts-et-metiers.net

파리의 시네마 천국 ...... ⑬
시네마테크 프랑세즈 La Cinémathèque Française

베르시역 앞 베르시 공원의 구불거리는 건물 안에 있는 영화 박물관. 최초의 영화를 만든 뤼미에르 형제의 영사기를 비롯해 프랑스 영화 산업의 발달 과정과 역사를 볼 수 있다. 곳곳에서 상영되는 옛 영화들이 반갑고, 직접 만져볼 수 있는 영사기도 이채롭다. 영화 박물관이 자리한 곳은 해체주의 건축가 프랭크 게리(루이 비통 재단 건물의 설계자)가 설계한 구 미국 문화원 건물. 영화가 시작된 나라 프랑스의 영화 박물관이 오늘날의 영화 산업을 이끌고 있는 할리우드의 나라 미국 문화원으로 쓰이던 건물에 자리하고 있는 묘한 타임라인이 흥미롭다.

📍 51 Rue de Bercy, 75012 Paris 🚶 메트로 6·14호선 Bercy역 1번 출구에서 도보 5분 💶 성인 €10, 매월 첫 번째 일요일 무료 ⏰ 월·수~금 12:00~19:00, 토 11:00~21:00, 일 11:00~20:00 ❌ 화요일, 5월 1일, 12월 25일, 2024년 7월 22일~8월 27일 📞 +33-1-71-19-33-33 🏠 www.cinematheque.fr

파리에서 가장 오래된 집에서 즐기는 식사 ······ ①

오베르주 니콜라스 플라멜 Auberge Nicolas Flamel

1407년에 지은 파리에서 가장 오래된 집에 자리하고 있는 식당. 2021년 미쉐린 1스타에 오르며 유명세를 탔지만 그 이전부터 〈해리포터〉 팬들에게는 성지와도 같았다. 이곳에 살았던 연금술사 니콜라스 플라멜이 〈해리포터〉 속 등장인물의 모델이었기 때문. 오래된 주택의 멋을 살리며 깔끔하게 리모델링한 실내에서 정갈한 음식을 맛볼 수 있는데 가격은 그때그때 유동적이다. 홈페이지를 통해 미리 알아볼 수 있으며 저녁 식사는 예약 필수.

📍 51 Rue de Montmorency, 75003 Paris 🚶 메트로 1·4·7·11·14호선 Châtlet역, RER A·B·D 선 Châtlet-Les-Halles역 4번 출구에서 도보 8분, 메트로 4호선 Étienne Marcel역 유일한 출구에서 도보 5분, 메트로 11호선 Rambuteau역 4번 출구에서 도보 3분 € 점심 €48, 저녁 €178~, 와인 페어링 €45 ⏱ 화~토 12:00~13:30·19:30~21:30 ✖ 월·일요일 📞 +33-1-42-71-77-78 🏠 auberge.nicolas-flamel.fr

오리가 맛있는 자누의 집 ······ ②

쉐 자누 Chez Janou

20년 가까이 자리를 지키고 있는 녹색 차양을 가진 식당. 정감 있는 실내에서 즐기는 라타투이와 오리 요리가 맛있다는 평가. 그날그날 달라지는 오늘의 추천 요리도 훌륭하다. 음식은 전반적으로 간이 세지 않고 프랑스 남부 프로방스의 정취가 가득하다.

📍 2 Rue Roger Verlomme, 75003 Paris 🚶 보주 광장에서 도보 5분, 메트로 8호선 Chemin Vert역 1번 출구에서 도보 3분 € 전식 €10~14, 메인 요리 €20~28, 후식 €9 ⏱ 12:00~16:00, 19:00~23:300 ✖ +33-1-42-72-28-41 🏠 www.chezjanou.com

다정한 분위기의 비스트로 ⋯⋯⋯ ③

오 프티 페흐 아 슈발 Au Petit Fer à Cheval

초록색 식당 외관이 정겨운 작은 비스트로. 브런치부터 식사, 저녁의 근사한 칵테일까지 좋은 음식을 즐기기 위한 파리지엔과 여행자들로 붐비는 곳이다. 한국 여행자들은 주로 송아지 스테이크를 먹는다고 귀띔해주는 서버가 다정한 곳. 익혀서 나온 타르타르스테이크도 꽤 별미다.

📍 30 Rue Vieille-du-Temple, 75004 Paris 🚶 보주 광장에서 도보 10분, 퐁피두 센터에서 도보 7분 💶 전식 €7~, 메인 요리 €15~ 🕐 수~월 09:00~02:00 ✖ 화요일, 2024년 8월 7일~9월 4일 📞 +33-1-42-72-87-82

1854년에 시작한 브래서리 ⋯⋯⋯ ④

보핑거 Bofinger

바스티유 광장에서 마레 지구로 들어가는 길가에 자리한 파리에서 가장 오래된 브래서리. 오픈된 주방에서 보이는 해산물들이 구미를 당긴다. 실내는 벨 에포크식으로 고급스럽게 꾸며져 있고 신선한 해산물 요리와 함께 산악지대인 알자스 요리를 맛볼 수 있다는 게 특색.

📍 5-7 Rue de la Bastille, 75004 Paris 🚶 메트로 1·5·8호선 Bastille역 7번 출구에서 도보 2분 💶 전식 €9.50~, 메인 해산물 요리 €19.50~ 🕐 월~금 12:00~15:00·18:30~24:00, 토 12:00~15:30·18:30~24:00, 일 12:00~24:00 📞 +33-1-42-72-87-82 🏠 www.bofingerparis.com

파리 속 이탈리아 ⋯⋯⋯ ⑤

오베르 마마 Ober Mamma

파리 여행 중 불현듯 이탈리아가 그립다면 찾아볼 만한 이탈리아 식당. 이탈리아 음식 특유의 짭조름함이 우리 입맛에 잘 맞는다. 활기찬 분위기, 발랄한 식기, 다정한 서비스로 음식 맛이 더 좋아지는 기분. 파스타는 매달 메뉴가 바뀌고, 피자는 가장자리가 도톰한 나폴리식 피자가 나온다.

📍 107 Bd Richard-Lenoir, 75011 Paris 🚶 메트로 5·9호선 Oberkampf역 4번 출구에서 도보 4분 💶 전식 €8~, 파스타 €13.50~, 피자 €12.50~, 후식 €8~ 🕐 월~수 12:00~14:30·18:45~22:45, 목·금 12:00~14:30·18:30~23:00, 토·일 12:00~15:30·18:45~22:45 📞 +33-1-86-47-78-34 🏠 www.bigmammagroup.com/fr/trattorias/ober-mamm

다양한 타파스를 맛볼 수 있는 ⑥
카사 산 파블로 Casa San Pablo

리볼리 대로에서 살짝 들어간 곳에 자리한 스페인 타파스 식당. 조금씩 나오는 타파스들이 하나같이 맛깔스럽고 우리 입맛에 잘 맞는다. 달걀로 만든 토르티야Tortillas와 문어 샐러드Salade de poulpe 추천. 알코올과 친하다면 음료는 더 볼 것 없이 상그리아.

📍 5 Rue de Sévigné, 75004 Paris 🏃 메트로 1호선 Saint Paul역 유일한 출구에서 도보 3분, 보주 광장에서 도보 7분 💶 타파스 €6.80~, 메인 요리 €16~, 칵테일 €6.50~ 🕐 화~금 16:00~24:00, 토·일 12:00~24:00 ❌ 월요일
📞 +33-1-42-74-75-90 🏠 casasanpablo.eatbu.com

고기가 먹고 싶을 땐 ⑦
멜트 MELT

요즘 떠오르는 오베르캄프 지역에 자리하고 있는 바비큐 전문 식당. 저온 숙성한 고기를 훈제 처리한 후 요리하는데 푸짐하고 맛있다. 점심 메뉴 구성이 가성비가 좋아 12시 즈음 가야 자리 잡기 좋다. 몽마르트르 부근과 몽파르나스 부근에 지점이 있는데 각기 메뉴 구성에 약간의 차이가 있다.

📍 74 Rue de la Folie Méricourt, 75011 Paris
🏃 메트로 5·9호선 Oberkampf역 1번 출구에서 도보 3분, 메트로 3호선 Parmentier역 유일한 출구에서 도보 2분
🕐 월~금 12:00~14:00·19:00~22:00, 토 12:00~15:00· 19:00~22:30, 일 12:00~15:00·19:00~22:00
📞 +33-9-81-36-42-76
🏠 www.meltslowsmokedbarbecue.com

늘 붐비는 쌀국수 전문점 ⑧

송 흥 Song Heng

캄보디아 이주민이 운영하는 쌀국수 식당. 메뉴는 쌀국수 포Pho와 비빔 쌀국수 보분Bo Bun 2가지다. 테이블은 10개 정도이나 그 맛에 반한 파리 시민은 물론 여행자들도 즐겨 찾아 늘 줄이 길고 합석도 빈번하게 일어난다. 위안이라면 테이블 회전이 빠른 편이라는 것. 눈앞에 쌀국수가 놓이고 한 젓가락 맛보면 모든 불평이 사라지는 마법을 경험할 수 있는 공간.

📍 3 Rue Volta, 75003 Paris 🚶 메트로 3·11호선 Arts et Métiers역 2번 출구에서 도보 2분 💶 국수 크기에 따라 €9.90/€10.90 🕐 월~토 11:15~16:00(재료 소진 시 일찍 마감) ✖ 일·공휴일 📞 +33-1-42-78-31-70

현지 사람들이 좋아하는 마카롱과 에클레르 ⑨

카레트 Carette

보주 광장 주변 카페, 레스토랑들 가운데 독보적 인기를 자랑하는 곳. 늘 줄이 길다. 미디어 선정 파티스트리 순위에서 늘 상위권을 차지하는 마카롱과 에클레르가 인기 메뉴. 실내에서 우아하게 식사하는 것도 좋고, 테이크아웃해 보주 광장에서 피크닉을 즐기기에도 좋다.

📍 25 Pl. des Vosges, 75003 Paris 🚶 메트로 1·5·8호선 Bastille역 7번 출구에서 도보 7분, 메트로 1호선 Saint-Paul역 유일한 출구에서 도보 8분, 보주 광장에 위치 💶 커피 €3.50~, 에클레르 €6.50~ 🕐 07:30~23:30 📞 +33-1-48-87-94-07

다양한 원두의 커피를 마실 수 있는 ······· ⑩
라 카페오테크 드 파리 La Caféothèque de Paris

다양한 종류의 원두를 골라 마실 수 있는 카페. 고르기 어렵다면 오늘의 원두를 선택하자. 어떤 것을 선택해도 실패하지 않을 맛이다. 근사한 내부 장식도 화려한 케이크류도 없이 오로지 커피 맛 하나로 승부하는 곳으로 직접 로스팅한 원두도 구입 가능하다.

📍 52 Rue de l'Hôtel de ville, 75004 Paris 🚶 파리 시청 뒤에서 도보 5분, 메트로 7호선 Pont Maire역 1번 출구에서 도보 3분
💶 커피 €2.50~5.80, 테이크아웃 시 €0.50 할인 🕐 09:00~19:00
📞 +33-1-53-01-83-84

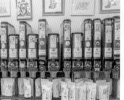

작지만 내공 가득한 곳 ······· ⑪
르노트르 Lenôtre

바스티유 광장과 가까운 곳에 자리한 카페. 세계적 초콜릿 장인 르노트르의 제과점으로 현지에서는 라뒤레보다 더 높은 평가를 받는다고. 바스티유 지점은 그의 명성에 비해 소박하지만, 기본에 충실한 베이커리류가 가득하고 색색의 마카롱 또한 귀엽고 정겹다.

📍 10 Rue Saint-Antoine, 75004 Paris
🚶 메트로 1·5·8호선 Bastille역 7번 출구에서 도보 3분, 보주 광장에서 도보 5분 💶 커피 €4.50~, 마카롱 €2.40~
🕐 09:00~20:00 📞 +33-1-53-01-91-91
🏠 www.lenotre.com

화려한 기차역 식당 ······· ⑫
르 트랭 블루 Le Train Bleu

리옹역 한편에 자리한 기차역 식당으로 뤽 베송 감독의 영화 〈니키타〉를 이곳에서 촬영했다. 로코코 양식의 실내가 화려하고 웅장해 왕궁 식당에서 식사하는 느낌이 든다. 레스토랑 식사는 예약 권장. 식당이 부담스럽다면 바 라운지도 추천. 쿨레 베르트 산책길 산책 후 또는 오페라 바스티유에서 공연을 보기 전에 들러 편안하게 앉아 시간 보내기 좋다.

📍 Paris Gare de Lyon(Doublon), Pl. Louis-Armand hall 1, 75012 Paris 🚶 메트로 1·14호선·RER A·D선 Gare de Lyon역 하차, 기차역 1층 💶 커피 €6~, 차 €10.50~, 칵테일 €8.50~, 메인 요리 €33~48
🕐 레스토랑 11:15~14:30·19:00~22:30, 라운지 바 07:30~22:30
📞 +33-1-43-43-09-06 🏠 www.le-train-bleu.com

마레를 침공한 외계인을 찾아라!
스페이스 인베이더 Space Invader

'스페이스 인베이더'는 1978년 발표된 초기 아케이드 슈팅 게임으로 문어, 게, 오징어가 주 캐릭터다.
인베이더 아티스트라는 예술가가 캐릭터를 건물 벽에 알록달록한 타일로 만들어 붙이고
사라지는데 주로 야간에 빠르게 작업한다고. 주로 게임 캐릭터가 많고, 지역별로 특징적인 모자이크화가 표현된다.
특히 파리에서는 마레 지구에서 많이 찾아볼 수 있는데 골목골목 재미있는 캐릭터들을 발견하게 된다.
건물주의 성향에 따라 스페이스 인베이더 작업을 그대로 두는 곳도 있고 폐기하는 곳도 있다.

🏠 www.space-invaders.com

📍 8 Rue Grenier sur l'Eau,
75004 Paris

📍 1 Rue des Hospitalières Saint-Gervais,
75004 Paris

📍 2 Pl. de Thorigny, 75003 Paris

📍 2 Rue du Roi Doré, 75003 Paris

📍 2 Rue Pierre au Lard, 75004 Paris

📍 22 Pl. des Vosges, 75004 Paris

📍 27 Rue de Turenne, 75004 Paris

📍 2 Rue des Francs Bourgeois,
75003 Paris

📍 10 Rue des Francs Bourgeois, 75003 Paris

📍 33 Rue du Roi de Sicile, 75004 Paris

📍 Rue du Roi Doré Entrée par le 8, 75003 Paris

마레 이외의 지역

📍 334 Rue Saint-Honoré, 75001 Paris

📍 1 Rue du Dragon, 75006 Paris

📍 20 Rue du Louvre, 75001 Paris

📍 46 Rue des Fossés Saint-Bernard, 75005 Paris

📍 810 Pont de Bir-Hakeim, 75015 Paris

📍 1 Pl. Suzanne Valadon, 75018 Paris

📍 83 Quai de Valmy, 75010 Paris

📍 44-70 Quai de Valmy, 75010 Paris

195

프랑스 감성 가득 ⋯⋯ ①

베아슈베 마레 BHV Marais

오페라 주변 백화점처럼 화려하진 않지만, 프랑스 감성 가득한 백화점. 다른 곳과 별반 차이 없는 1층 매장만 보고 실망하지 말고 지하로 내려가거나 위로 올라가자. 셀프 인테리어를 위한 여러 소품과 패브릭, 생활용품, 문구가 가득하다. DIY를 즐긴다면 반드시 방문해야 하는 곳.

📍 52 Rue de Rivoli, 75004 Paris 🚶 메트로 1·11호선 Hôtel de Ville역 6번 출구로 나와 길 건너 🕐 월~토 10:00 ~20:00, 일 11:00~19:00 📞 +33-1-83-65-81-00 🏠 https://www.facebook.com/LEBHVMARAIS

파리에서 이탈리아를 먹자 ⋯⋯ ②

이탈리 파리 마레 Eataly Paris Marais

프랑스와 더불어 유럽 음식 세계의 자웅을 겨루는 이탈리아 음식에 관한 모든 것을 볼 수 있는 공간. 이탈리아 북부 공업 도시 토리노에서 시작해 서울 여의도와 성남 판교에도 지점이 있다. 이탈리아를 먹자는 과감한 이름을 내걸고 '더 잘 먹고 더 잘 살자'를 모토로 질 좋은 식재료를 공급하고 음식을 판매한다. 프랑스 음식에 살짝 질린다면 찾아가볼 만하다. 간단한 식사도 가능하다.

📍 37 Rue Sainte-Croix de la Bretonnerie, 75004 Paris 🚶 메트로 1·11호선 Hôtel de Ville역 6번 출구에서 길 건너 BHV 뒤편 🕐 일~수 10:00~22:30, 목~토 10:00~23:00 📞 +33-1-83-65-81-00 🏠 eataly.fr

빨간색 외벽이 강렬한 디자인 서점 ⋯⋯ ③

아르타자르 Artazart

생 마르탱 운하 변에 자리한 빨간색 외벽의 서점. 산뜻하고 재미있는 디자인 서적과 그림책, 디자인 소품들도 판매한다. 스위스 업사이클 브랜드 프라이탁이나 프랑스 브랜드 벤시몽 등의 브랜드와의 협업도 진행해 독특한 상품을 구입할 수도 있다.

📍 83 Quai de Valmy, 75010 Paris 🚶 메트로 5호선 Jacques Bonsergent역 1번 출구에서 도보 5분 🕐 월~토 10:30~19:30, 일 11:00~19:30 📞 +33-1-40-40-24-00 🏠 www.artazart.com

판매자와 구매자 모두에게 감사한 공간 ⋯⋯ ④
메르시 Merci

감사라는 뜻을 가진 파리에서 가장 유명한 편집 숍으로 우리를 반겨주는 빨간색 피아트 자동차가 경쾌하다. 신진 디자이너들의 독특하고 트렌디한 상품들을 만나볼 수 있으며, 2009년에 오픈한 순간부터 지금까지 수익금의 일부는 마다가스카르의 미혼모와 어린이들을 위해 기부하고 있는 착한 가게다. 금색 메달이 달린 팔찌와 에코백이 인기 상품이며, 지하 레스토랑과 건물 옆 카페도 맛있는 음식과 차로 파리지엔들의 사랑을 받는 공간이다.

📍 111 Bd Beaumarchais, 75003 Paris 🚶 메트로 8호선 Saint-Sébastien-Froissart역 1번 출구에서 도보 2분, 국립 피카소 미술관에서 도보 8분 🕐 월~수 10:30~19:30, 목~토 10:30~20:00, 일 10:30~19:30 📞 +33-1-42-77-00-33 🏠 www.merci-merci.com

아기자기한, 아이들의 상점 ⋯⋯ ⑤
르 프티 수크 Le Petit Souk

아이들이 사용하는 모든 것을 판매하는 상점. 핸드메이드 인형, 아이들 식기 등과 파티 용품들도 가득하다. 아이들을 위한 선물을 사기 좋은 상점. 아기자기하고 색감 좋은 디자인의 상품이 가득하나 원산지를 잘 살펴볼 것. 프랑스산 제품이 아닌 것들도 섞여 있다.

📍 50 Rue de la Verrerie, 75004 Paris 🚶 메트로 1·11호선 Hôtel de Ville역 6번 출구에서 길 건너 BHV 뒤편 🕐 월 11:00~19:30, 화~토 10:30~19:30, 일 14:00~19:00 📞 +33-1-42-78-20-38 🏠 www.lepetitsouk.fr

붉은 말이 뛰어오르는 양말 상점 ······ ⑥
타비오 Tabio

소재, 길이, 문양 등이 다양한 양말이 가득한 일본 브랜드의 양말 상점. 남녀노소 누구나 들어와 하나씩 손에 들고 나갈 수 있을 만큼 모든 양말이 상점 안에 있다 해도 과언이 아니다. 특히 샌들 신을 때 착용하면 좋은 레이스 양말도 실용적이고 예쁘다.

📍 15 Rue Vieille-du-Temple, 75004 Paris
🚶 메트로 1호선 Saint-Paul역 유일한 출구로 나와 도보 5분
🕐 월~토 11:00~19:30, 일 12:00~19:30
📞 +33-1-42-78-20-38 🏠 tabio.fr

즐거운 화려함이 가득한 ······ ⑦
앙투안 에 릴리 Antoine et Lili

생 마르탱 운하 주변을 걷다 보면 한눈에 들어오는 노란색, 연두색, 분홍색 외관이 인상적인 매장. 알록달록한 컬러의 여성복, 아동복, 패션 소품과 인테리어 용품을 만나볼 수 있다. 몽마르트르와 프랑 부르주아 거리에도 지점이 있는데 이곳의 규모가 가장 크고 상품도 다양하다.

📍 95 Quai de Valmy, 75010 Paris 🚶 메트로 5호선 Jacques Bonsergent역 1번 출구에서 도보 7분 🕐 화~토 10:30~19:30, 일·월 11:00~19:00 📞 +33-1-40-37-41-55 🏠 www.antoineetlili.com

---

상큼한 분위기의 옷 가게 ······ ⑧
메이크 마이 레모네이드 Make My Lemonade

발랄하고 러블리한 분위기의 의류가 가득한 프랑스 여성복 브랜드 상점. 레모네이드 속으로 들어온 것 같은 분위기도 친숙함을 더한다. 2018년부터 운영하고 있으며 전시된 코디들은 보기만 해도 즐겁고 유쾌하다.

📍 61 Quai de Valmy, 75010 Paris
🚶 메트로 5호선 Jacques Bonsergent역 1번 출구에서 도보 5분
🕐 월~토 11:00~20:00, 일 11:00~19:00
❌ 1월 1일, 12월 25일
🏠 www.makemylemonade.com

붉은 아이들의 푸드 코트 ⑨

앙팡 루주 시장 Marché des Enfants Rouges

무려 400년 동안 운영하고 있는 파리에서 가장 오래된 시장. 앙팡 루주라는 이름은 부근에 있던 고아원 아이들이 입고 다닌 빨간 망토에서 유래되었다. 규모는 크지 않으나 골목골목에서 신선한 식재료와 꽃을 판매하며, 구석구석 자리한 이색적인 식당에서 간단히 한 끼 해결하기에도 안성맞춤이다.

📍 39 Rue de Bretagne, 75003 Paris
🚶 국립 피카소 미술관에서 도보 8분, 메트로 3·11호선 Arts et Métiers역 3번 출구에서 도보 7분 ⏱ 화~토 08:30~20:30, 일 08:30~17:00 ❌ 월요일 📞 +33-1-40-11-20-40

인심 좋은 상인들이 맞이하는 ⑩

바스티유 시장 Marché Bastille

파리에서 가장 활기찬 시장으로 평가받는 곳이다. 장바구니를 끌고 나온 시민부터 지나가다 들른 여행자들까지 북적인다. 싱싱한 채소, 과일, 생선 등이 볼거리이고 하나씩 건네주는 상인들의 인심도 푸짐하다. 일요일에도 장이 서 일요일에 쇼핑하기도 좋은데 물건값이 조금 더 비싸다는 건 함정.

📍 Bd Richard-Lenoir, 75011 Paris 🚶 메트로 1·5·8호선 Bastille역 1·9번 출구에서 도보 2분, 메트로 5호선 Bréguet-Sabin역 1번 출구 ⏱ 목 07:00~13:30, 일 07:00~14:30 ❌ 월~수·금·토 📞 +33-1-48-85-93-30

낭만과 예술혼이 가득한

몽마르트르·파리 북부

Montmartre·Paris Nord

#몽마르트르 #사크레쾨르 #예술가들의동네
#파리시내한눈에담기

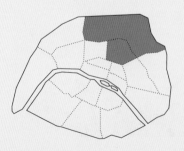

'낭만의 파리'를 대표하는 지역. 언덕 위 하얀색 성당이 눈부시고
그곳에서 바라보는 파리 시내는 아름답다. 예술혼과 낭만이 넘쳐흘러
골목골목을 걷다 보면 시간 가는 줄 모른다. 파리의 예술가가
된 듯한 기분으로 베레모 하나 구입해 쓰고 하염없이 걸어보자.

몽마르트르·파리 북부
이렇게 여행하자

낭만 가득한 골목길을 최대한 즐기는 것이
이 지역의 여행 포인트. 눈부시게 빛나는
성당의 보살핌을 받는 작은 상점,
조형물, 예술가들의 집 등을 찾아다니자.

사크레쾨르 대성당 P.204

도보 5분

테르트르 광장 P.206

도보 5분

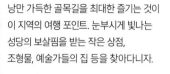

라팽 아질 P.208

도보 5분

달리다 광장 P.209

도보 3분

벽 뚫는 남자 P.209

도보 10분

'사랑해' 벽 P.206

도보 6분

카페 데 두 물랭 P.213

도보 3분

물랭 루주 P.210

주변 역

- 메트로 2호선 Anvers역
- 메트로 12호선 Abbesses역
- 메트로 2호선 Blanche역

메트로 12호선 아베스Abbesses역에서 하차했다면
꼭 엘리베이터를 타자. 계단을 이용하면 멋진 벽화를
볼 수 있지만 올라야 하는 계단이 무려 230여 개다.

몽마르트르·파리 북부
상세 지도

몽마르트르 묘지 04

Ⓜ La Fourche

Ⓜ Place de Clichy

Ⓜ Rome

Ⓜ Liège

Ⓜ Europe

🚉 Saint-Lazare

● 명소
● 식당/카페
● 상점

몽마르트르 미술관 **05**

라 갈레리에 뒤 19M **09**

과학과 산업의 도시 •

갤러리 메르데 **01**

라 빌레트 공원 **10**

라 메르 카트린느 **02**

음악 박물관 •

달리 미술관 **06**

사크레쾨르 대성당 **01**

테르트르 광장 **02**

Pl. du Terte

카페 데 두 물랭 **03**

'사랑해' 벽 **03**

몽마르트르 주 템므 **02**

M Abbesses

Rue des Abbesses

쉐 이삭 **05**

필론 **03**

글라스 바시르 **04**

물랭 루주 **07**

피레이츠 캔디즈 **06**

Anvers M

M Pigalle

부베트 파리 **01**

Rue Notre Dame de Lorette

M Saint-Georges

N

귀스타브 모로 박물관 **08**

0   100m

203

눈부시게 빛나는 하얀색 건물 ······ ①

사크레쾨르 대성당 Basilique du Sacré-Cœur de Montmartre

파리에서 가장 높은 곳에 자리한 성당으로 몽마르트르의 상징이다. 프랑스-프로이센 전쟁과 파리 코뮌 진압 등으로 희생된 프랑스 시민과 군인의 넋을 기리고자 1876년에 착공해 1919년에 완공했다.

뾰족한 첨탑이 특징인 고딕 양식으로 지은 파리의 다른 성당들과 달리 로마네스크와 비잔틴 양식을 혼합해 만든 부드러운 곡선의 돔이 특징이며, 몽마르트르의 로맨틱함을 더해준다. 내부로 들어가면 중앙 제대 뒤편 둥근 천장 앱스의 예수 그리스도와 성서 속 인물이 담긴 모자이크가 여행자들을 반긴다. 성당 내부는 늘 기도가 이루어지고 있으니 중앙 구역 출입은 삼가는 것이 좋다.

성당 정문을 바라보고 왼쪽 계단으로 내려가면 230여 개의 계단으로 이루어진 통로를 통해 종탑으로 올라갈 수 있는데 이곳에서 바라보는 파리 시내의 모습 또한 일품이다.

★ 종탑으로 가는 길은 엘리베이터가 없고 계단이 좁다. 폐쇄공포증이 있다면 권하지 않는다.

📍 35 Rue du Chevalier de la Barre, 75018 Paris
🏃 메트로 2호선 Anvers역 유일한 출구에서 도보 10분
💶 성당 무료, 종탑 성인 €8 🕐 성당 06:30~22:30, 돔 10:00~20:00(겨울 시즌 ~18:00) 📞 +33-1-53-41-89-00
🏠 www.sacre-coeur-montmartre.com

몽마르트르를
편하게 돌아보는 방법

① **푸니쿨라를 이용하자!** 메트로 2호선 Anvers역에서 나와 상점들이 늘어선 골목을 지나 생 피에르 광장으로 진입하면 위풍당당한 사크레쾨르 대성당이 눈에 들어온다. 성당을 마주 보고 왼편에 있는 푸니쿨라를 이용하면 올라가기가 조금 쉽다. 파리 시내 교통권 사용이 가능하다.

② **꼬마 열차를 타고 둘러보자!** 복잡하고 좁은 언덕길을 다니기 힘들고 덥다면 꼬마기차를 이용하는 것도 재미있는 선택. 메트로 2호선 Blanche역 앞 광장이나 생 피에르 성당 오른쪽 골목에서 탑승할 수 있다.(순환 1회권 €10)

①
②

몽마르트르에서 가장 붐비는 ⋯⋯ ②

테르트르 광장 Place du Tertre

몽마르트르 언덕 예술가들의 광장. 무명 화가들의 작업이 이루어지는 캔버스와 여행자들로 붐비는 공간이었는데, 지금은 주변 레스토랑들의 야외 테라스 좌석이 절반 이상을 차지하면서 예전의 정취를 찾기 어려워진 것이 아쉽다. 북적이는 화가와 식당 손님들, 그리고 여행자들 사이의 소매치기를 조심하자.

📍 Pl. du Tertre, 75018 Paris 🚶 사크레쾨르 대성당에서 도보 3분, 메트로 2호선 Anvers역 유일한 출구에서 도보 10분

온 세상의 언어로 외치는 사랑의 아우성 ⋯⋯ ③

'사랑해' 벽 Le Mur des 'Je t'aime'

낭만의 몽마르트르 지역에서 가장 낭만과 사랑이 흘러넘치는 곳. 300여 개의 언어로 쓰인 사랑 고백이 가득한 벽이다. 2000년에 프레데릭 바론과 클레어 키토가 의기투합해 만든 벽으로 한글도 곳곳에 숨어 있다. 벽 중간중간 빨간색 무늬는 사랑으로 상처받은 마음을 나타낸다고.

📍 Square Jehan Rictus, Pl. des Abbesses, 75018 Paris 🚶 메트로 12호선 Abbesses역 유일한 출구에서 도보 1분
🕐 오픈 시간 월~금 08:00, 토·일·공휴일 09:00, 폐장 시간 서머타임 종료~1월 17:30, 2월 1일~ 3월 1일 18:00, 3월 2일~4월 15일 19:00, 4월 16일~5월 15일 21:00, 5월 16일~8월 31일 21:30, 9월 20:00, 10월 1일~서머타임 종료까지 18:30 📞 +33-1-53-41-18-18
🏠 www.lesjetaime.com

206

드가의 묘에 놓여 있는
발레리나의 토슈즈

예술가들의 안식처 ······ ④

몽마르트르 묘지 Cimetière de Montmartre

파리 북쪽 묘지로 불리다가 몽마르트르가 유명해지면서 이렇게 이름이 바뀌었다. 몽마르트르의 분위기답게 많은 예술가가 잠들어 있는 묘지로, 예술가들의 특성이 보이는 묘비가 인상적이며 야외 조각공원과도 같은 분위기다. 프랑스 근대 소설의 개척자인 작가 스탕달, 발레리나 그림의 화가 드가, 무용가 니진스키, 영화감독 프랑수아 트뤼포, 샹송 가수 달리다 등이 잠들어 있다.

달리다의 묘

📍 20 Avenue Rachel, 75018 Paris 🏃 메트로 2호선 Blanche역 유일한 출구에서 도보 6분, 메트로 2·13호선 Place de Clichy역 2번 출구에서 도보 3분, '사랑해' 벽에서 도보 10분 € 무료 🕐 3월 16일~11월 5일 월~금 08:00~18:00, 토 08:30~18:00, 일 09:00~18:00, 11월 6일~3월 15일 월~금 08:00~17:30, 토 8:30~17:30, 일 09:00~17:30 📞 +33-1-53-42-36-30 🏠 www.paris.fr/lieux/cimetiere-de-montmartre-5061

화가들이 살았던 공간 ······ ⑤

몽마르트르 미술관
Musée de Montmartre

르누아르와 위트릴로가 살면서 작업했던 공간을 미술관으로 꾸몄다. 몽마르트르의 역사를 알 수 있는 자료들과 몽마르트르의 옛 모습을 담은 그림도 많이 볼 수 있다. 르누아르는 〈물랭 드 라 갈레트의 무도회〉를 이곳에서 그렸는데, 2012년 미술관을 리모델링하면서 이 그림을 참고해 정원을 꾸몄다.

📍 12 Rue Cortot, 75018 Paris 🏃 사크레쾨르 대성당에서 도보 3분, 테르트르 광장에서 도보 4분 € 성인 €15, 정원만 입장 시 €5 🕐 박물관 10:00~19:00, 입장 마감 폐관 45분 전, 카페 11:00~18:30 ❌ 정원·카페 10~12월 📞 +33-1-49-25-89-39 🏠 museedemontmartre.fr

예술가들이 사랑했던 공간 몽마르트르

감당하기 힘든 월세를 피해 파리 외곽으로 모여들었던 예술가들의 애환과 그들의 예술혼이 남아 있는 몽마르트르.
골목 곳곳에 자리한 그들의 흔적을 찾아가는 여행을 시작해보자.
현재는 일반인이 거주하는 곳들이 있어 겉에서 보기만 할 수 있으니 주의하자.

달리다의 집
Maison de Dalida

당대 최고의 미남 배우 알랭 들롱과 함께 〈파롤레, 파롤레Paroles, Paroles〉를 부른 샹송 가수이자 영화배우였던 달리다가 거주했고, 생을 마감한 공간.

📍 Rue d'Orchampt, 75018 Paris

라팽 아질 Lapin Agile

19세기 후반 이곳에 거주하던 예술가들의 사랑방이었고, 20세기 초반부터 샹송 가수들의 메카가 된 공간. 건물 외벽의 토끼 그림이 특징이다.

📍 32 Rue Saint-Vincent, 75018 Paris

아브뢰부아 거리

라 메종 로즈 La Maison Rose

몽마르트르의 화가 모리스 위트릴로의 그림으로 유명해진 카페 겸 레스토랑. 예쁜 외관의 건물에 늘 손님들로 북적인다.

📍 2 Rue de l'Abreuvoir, 75018 Paris

달리다 흉상

벽 뚫는 남자 Le Passe-Muraille

작가 마르셀 에메의 단편소설 〈벽을 드나드는 남자〉의 마지막 장면을 재현한 공간. 벽을 통과하는 초능력으로 각종 기행을 저지르다가 결국 벽에 갇히는 주인공을 표현했다.

📍 Pl. Marcel Aymé, 75018 Paris

달리다 광장 Place Dalida

샹송 디바 달리다의 흉상이 서 있어 여행자들이 찾는 공간. 이곳에서 시작하는 아브뢰부아 거리는 몽마르트르 지역의 아름다운 거리 중 하나로, 미국 드라마 〈에밀리, 파리에 가다〉를 촬영하기도 했다.

📍 Rue de l'Abreuvoir, 75018 Paris

세탁선 Le Bateau-Lavoir

마티스, 피카소 등이 머물렀던 아틀리에. 피카소는 이곳에서 〈아비뇽의 처녀들Les Demoiselles d'Avignon〉을 그렸고 큐비즘이 탄생한 장소다. 아쉽게도 1970년 화재로 소실된 후 일반 주택으로 바뀌어 내부 공개는 하지 않는다.

📍 13 Pl. Emile Goudeau, 75018 Paris

물랭 드 라 갈레트
Le Moulin de la Galette

르누아르의 〈물랭 드 라 갈레트의 무도회〉의 배경이 된 곳. 식당과 춤추는 공간을 함께 운영해 이 지역 한량들의 아지트였으나 지금은 식당만 운영한다.

📍 83 Rue Lepic, 75018 Paris

몽마르트르 포도밭
Vigne du Clos Montmartre

라팽 아질 앞에 펼쳐진 포도밭. 1930년대 예술가들이 조성한 포도밭으로 매년 10월 첫째 주에 포도 수확 기념 축제가 열린다. 하지만 수확량이 적어 와인은 맛볼 수 없다.

📍 18 Rue des Saules, 75018 Paris

신비한 그림을 만날 수 있는 ······ ⑥

달리 미술관 Dalí Paris

스페인 출신 초현실주의 화가 살바도르 달리Salvador Dalí의 작품 300여 점이 전시된 공간. 유쾌하고 재미있는 조각상, 그림들이 가득하다. 많은 복제품이 탄생한 입술 모양의 소파와 흘러내리는 시계 조형물이 재미있다. 작품 관람 후 피로하다면 츄파춥스 사탕을 입에 물어보자. 츄파춥스 포장지 디자인을 달리가 했다.

📍 11 Rue Poulbot, 75018 Paris 🚶 사크레쾨르 대성당에서 도보 3분
💶 성인 €16 🕙 10:00~18:00 📞 +33-1-42-64-40-10 🏠 www.daliparis.com

시간의 고귀함 La Noblesse du Temps

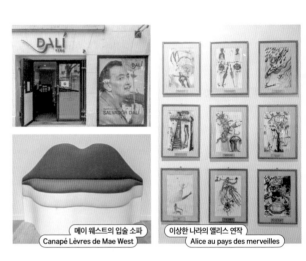

메이 웨스트의 입술 소파
Canapé Lèvres de Mae West

이상한 나라의 앨리스 연작
Alice au pays des merveilles

캉캉 춤의 고향 ······ ⑦

물랭 루주 Moulin Rouge

파리에서 가장 유명한 카바레다. 1889년에 개업한 곳으로 에디트 피아프, 이브 몽탕 등이 공연하기도 했다. 현재는 무희들의 캉캉 공연이 주를 이루며 미성년자는 출입 불가다.

📍 82 Bd de Clichy, 75018 Paris 🚶 메트로 2호선 Blanche역 맞은편
💶 쇼 €88~210, 디너+쇼 €225~450 🕙 디너 19:00, 쇼 21:00·23:00
📞 +33-1-53-09-82-82 🏠 www.moulinrouge.fr

화가가 거주하고 작업했던 몽환적인 공간 ·······⑧

귀스타브 모로 박물관 Musée Gustave Moreau

프랑스 상징주의의 대표 화가 귀스타브 모로가 작업하고 생의 마지막을 맞이한 미술관. SNS를 통해 유명해진 아르누보 양식의 나선형 계단이 인상적이다. 모로가 기증한 작품이 가득한데 신화와 성서를 주제로 한 몽환적이고 신비로운 분위기의 그림들이 벽을 가득 채우고 있다. 주요 작품으로는 〈레다Léda〉, 〈주피터와 세멜레Jupiter et Sémélé〉, 〈유니콘Les Licornes〉이 있다.

♀ 14 Rue Catherine de la Rochefoucauld, 75009 Paris **🚶** 메트로 12호선 Trinité역 1번 출구에서 도보 5분, 메트로 12호선 Saint Georges역 2번 출구에서 도보 5분, 메트로 2·12호선 Pigalle역 유일한 출구에서 도보 10분 **€** 성인 €7, 매월 첫 번째 일요일 무료, 파리 뮤지엄 패스 사용 가능, 장 자크 에네 미술관과 복합 티켓 €8 **🕐** 수~월 10:00~18:00(입장 마감 17:00) **✖** 화요일, 1월 1일, 5월 1일, 12월 25일 **📞** +33-1-83-62-78-72 **🏠** musee-moreau.fr

샤넬 공방 집합소 ·······⑨

라 갈레리에 뒤 19M La Galerie du 19M

프랑스 대표 브랜드 샤넬의 공방이 모여 있는 건물로 서울 선유도공원의 선유교를 디자인한 루디 리치오티의 설계로 2022년에 개관했다. 섬유가 연상되는 외관을 가진 두 채의 건물이 있는데 오른쪽 건물에는 샤넬의 트위드, 가죽 제품 등을 제작하는 공방이 모여 있고, 왼쪽 건물에서는 시즌별 컬렉션과 연관된 전시를 주로 여는 갤러리를 운영한다. 공방 견학은 불가능하지만, 전시와 관련된 워크숍이 있으니 홈페이지에서 일정을 체크해보자.

♀ 2 Pl Skanderbeg, 75019 Paris **🚶** 트램 T3b 선 Porte d'Aubervilliers 정류장 하차 후 도보 5분, RER E선·트랑지리엥 P선 Rosa Parks역 앞 버스 정류장에서 239번 버스를 타고 Parc du Millénaire 정류장 하차 후 도보 1분 **€** 무료 **🕐** 전시 일정에 따라 유동적이므로 방문 전 홈페이지 체크 요망 **🏠** www.le19m.fr

라 빌레트 공원 La Villette

10개의 테마 정원, 과학관, 파리 국립 고등음악무용원(CNSMDP) 등의 시설을 품고 있는 파리에서 가장 큰 공원이다. 도축장이 자리했던 곳을 도시 재개발 사업을 통해 공원으로 탈바꿈시켰다. 북쪽 지구에는 과학관과 대형 실내 공연장, 극장이 자리하고 남쪽 지구에는 대형 전시장, 필하모니 드 파리, 음악 박물관 등이 자리한다. 공원 중앙을 관통하는 운하는 남쪽 생 마르탱 운하와도 연결된다.

★ 전체적으로 사랑스러운 분위기의 공원이지만 페스티벌 기간이 아니면 해 질 녘 즈음부터 으스스하게 변한다. 해가 지기 전에 여행을 끝내는 게 좋다. 남쪽 지구에 자리한 파리 국립 고등음악무용원 건물에서 300m 떨어진 기숙사까지 가는 동안 소매치기 당하는 학생이 꽤 많았다고 하니 조심조심!

📍 211 Av. Jean Jaurès, 75019 Paris
🚶 메트로 5호선 Porte de Pantin역 1번 출구 (음악 박물관, 필하모니 드 파리 방면), 메트로 7호선 Porte de la Villette역 2·5번 출구 (라 빌레트 과학관 방면) 🕐 06:00~01:00
📞 +33-1-40-03-75-75 🏠 lavillette.com

다양한 체험이 가능한 박물관
과학과 산업의 도시
Cité des Sciences et de l'Industrie

18개의 주제로 나뉜 현대 과학관이 가득한 박물관이다. 축구장 5개 크기에 달하는 면적의 건물 속에서 다양한 과학 체험이 가능하다. 프랑스어로만 표기되어 있어 어른의 눈은 힘들지 모르나 아이들은 이 안에서 마음껏 체험하고 뛰놀 수 있다.

📍 30 Av. Corentin Cariou, 75019 Paris 🚶 메트로 7호선 Porte de la Villette역 2·5번 출구 💶 성인 €13, 파리 뮤지엄 패스 사용 가능 🕐 화~토 10:00 ~18:00, 일요일 10:00~19:00 ❌ 월요일, 1월 1일, 5월 1일, 12월 25일 📞 +33-1-40-05-70-00
🏠 www.cite-sciences.fr

다양한 악기의 세계 속으로
음악 박물관
Musée de la musique

6개의 주제로 나뉜 공간에서 1000여 점의 악기를 감상하면서 17세기부터 현재까지 음악의 흐름을 느껴볼 수 있다. 주요 악기에는 표시가 되어 있어 입장할 때 받은 오디오 가이드를 통해 직접 연주되는 소리를 들을 수 있다. 거의 매일 열리는 작은 설명회와 연주도 놓치기 아쉬운 볼거리.

📍 221 avenue Jean-Jaurès, 75019 Paris 🚶 메트로 5호선 Porte de Pantin역 1번 출구 💶 성인 €8, 파리 뮤지엄 패스 사용 가능 🕐 화~금 12:00~18:00, 토·일 10:00~18:00 ❌ 월요일
📞 +33-1-44-84-45-00 🏠 philharmoniedeparis.fr/fr/musee-de-la-musique

★2024년 11월 4일까지 보수 공사 예정

귀여운 분위기의 브런치 식당 ······ ①
부베트 파리 Buvette Paris

뉴욕, 도쿄, 서울에도 매장이 있는 브런치 카페. 옹기종기 아늑한 분위기가 재미있다. 신선한 재료를 사용한 음식을 푸짐하게 내어주어 여행자뿐만 아니라 현지인들에게도 인기 좋은 곳. 식사 메뉴로는 크로크무슈/마담 추천. 생과일주스와 샐러드도 신선하고 맛있다.

📍 28 Rue Henry Monnier, 75009 Paris 🚶 메트로 2·12호선 Pigalle역 유일한 출구에서 도보 5분, 메트로 12호선 Saint-Georges역 1·2번 출구에서 도보 3분 💶 크로크무슈/마담 €15, 샐러드 €18, 육류 요리 €18~22 🕐 월~목 09:00~23:00, 금 09:00~24:00, 토 10:00~24:00, 일 10:00~23:00 📞 +33-1-44-63-41-71
🏠 ilovebuvette.com/eat-drink-paris-location

비스트로의 시작 ······ ②
라 메르 카트린느 La Mère Catherine

1793년부터 운영을 시작한 이 지역에서 가장 오래된 비스트로. 1814년 러시아 군인들이 이곳에서 식사하며 '빨리'를 뜻하는 "비스트로bystro(키릴 문자 быстро)"를 외쳤고, 이후 음식이나 음료를 빨리 받을 수 있는 식당을 '비스트로'라 부르기 시작했다고 한다. 지금은 여행자들이 즐겨 찾는 테르트르 광장의 터줏대감 역할을 하고 있다.

📍 6 Pl. du Tertre, 75018 Paris 🚶 사크레쾨르 대성당에서 도보 3분, 테르트르 광장에 위치 💶 전식 €13~, 샐러드 €15~, 어·육류 €19~ 🕐 09:00~02:00 📞 +33-1-46-06-32-69 🏠 lamerecatherine.com

영화 〈아멜리에〉 속 그곳 ······ ③
카페 데 두 물랭 Café des 2 Moulins

2개의 풍차라는 뜻의 카페로, 영화 〈아멜리에〉 속에 등장하며 유명세를 타기 시작해 영화 팬들 사이에서 명소로 알려졌다. 간단히 음료와 디저트를 먹기 좋으며, 오후 4시부터 6시 사이에는 할인된 가격의 음료를 마실 수 있다. 식사보다는 지나가다 휴식을 취하며 음료나 디저트를 먹기에 적합하다.

📍 15 Rue Lepic, 75018 Paris
🚶 물랭 루주에서 도보 5분
💶 커피 €2~, 타파스 €6~
🕐 월~금 07:00~02:00, 토·일 09:00~02:00
📞 +33-1-42-54-90-50
🏠 cafedesdeuxmoulins.fr

피스타치오로 덮인 레바논 아이스크림 ······ ④
글라스 바시르 Glace Bachir

메트로에서 몽마르트르 언덕 쪽으로 오르기 전 숨을 고르며 당 충전하기 좋은 아이스크림 전문점. 레바논 출신의 바시르 형제가 1936년 레바논에서 시작해 대대적인 성공을 이룬 후 2016년 파리에 문을 열었다. 11가지 맛을 가진 아이스크림이 있고 피스타치오 가루는 선택. 피스타치오 가루를 곁들인다면 바닐라나 피스타치오 맛 추천. 로즈 페탈도 맛있다.

📍 7 Rue Tardieu, 75018 Paris 🚶 사크레쾨르 대성당에서 도보 5분, 몽마르트르 푸니쿨라 정류장을 등지고 오른쪽으로 도보 2분
🍦 아이스크림 €4.50~11.40 ⏰ 12:30~22:30
📞 +33-9-81-32-16-19 🏠 bachir.fr

2011년 바게트 대회에서 우승한 집 ······ ⑤
쉐 이삭 Chez Isaac

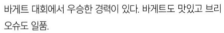

맛있는 빵집이 모여 있기로 소문난 몽마르트르 지역에서 전통과 역사를 자랑하는 빵집. 오 르방 당탕Au Levain d' Antan이라는 이름으로 2011년 바게트 대회에서 우승한 경력이 있다. 바게트도 맛있고 브리오슈도 일품.

📍 6 Rue des Abbesses, 75018 Paris 🚶 '사랑해' 벽에서 도보 2분
🥖 바게트 €1.20~, 브리오슈 €1.30, 샌드위치 €4.50~
⏰ 월~금 07:00~20:00 ❌ 토·일요일 📞 +33-1-42-64-97-83

달달한 사탕이 가득 ······ ⑥
피레이츠 캔디즈 The Pirates Candies

몽마르트르로 올라가는 길목에 있는 사탕·젤리 전문점. 상점 이름에 걸맞게 입구 양쪽에서 해적 인형이 반겨준다. 모양과 컬러가 다양한 사탕과 젤리를 원하는 양만큼 살 수 있으며 100g부터 판매한다. 생 미셸 지역에도 지점이 있다.

📍 3 Rue de Steinkerque, 75018 Paris
🚶 메트로 2호선 Anvers역 유일한 출구에서 도보 3분
⏰ 월 15:00~18:00, 화~토 10:00~19:00 ❌ 일요일

아늑한 아트 스튜디오 ······ ①
갤러리 메르데 Galerie Merde

빨간색 외관이 눈에 도드라지는 아트 스튜디오 겸 아트 숍. 부녀 예술가가 운영하고 있는데 아버지는 파리와 몽마르트르를 모티프로 한 작품을 제작하고, 딸은 해부학적 지식을 기반으로 작품을 제작한다. 머그잔과 에코백이 산뜻하고 다양한 엽서도 귀엽다.

📍 10 Rue du Mont-Cenis, 75018 Paris
🚶 사크레쾨르 대성당, 테르트르 광장에서 도보 2분
🕐 10:00~20:00   📞 +33-7-68-97-26-91
🏠 www.merde.shop

몽마르트르의 사랑이 흘러넘치는 곳 ······ ②
몽마르트르 주 템므 Montmartre je t'aime

'사랑해' 벽을 등지고 대각선 방향에 자리한 선물 가게. 몽마르트르를 사랑한다는 고백이 가득한 상점이다. '사랑해' 벽을 모티프로 한 상품이 많고, 그 외 스노볼, 엽서 등도 다양하게 마련되어 있다. 점포가 협소해 진열된 물건을 건드릴 위험이 있으니 주의해서 돌아볼 것.

📍 4 Rue la Vieuville, 75018 Paris   🚶 메트로 12호선
Abbesses역 바로 앞, '사랑해' 벽에서 대각선 방향
🕐 10:00~20:00   📞 +33-1-42-58-76-44

컬러풀한 소품들이 사랑스러운 ······ ③
필론 Pylones

귀엽고 사랑스러운 소품이 가득한 상점. 아이부터 어른까지 모두 좋아할 만한 상품이 많다. 가격대가 낮은 편은 아니지만 한국에 비해 저렴하고 발랄한 파리의 기념품을 구입하고자 한다면 추천. 시내에 꽤 여러 곳의 상점이 있다.

📍 7 Rue Tardieu, 75018 Paris   🚶 몽마르트르 푸니쿨라
정류장을 등지고 오른쪽으로 도보 2분   🕐 10:30~19:30
📞 +33-1-46-06-37-00   🏠 www.pylones.com

꿈틀거리는 생명력이 가득한

파리 좌안

센강이 흐르는 방향 따라 왼쪽에 자리한 파리 좌안은 프랑스 지성의 산실 소르본느가 자리하면서 새로운 학문이 꿈틀대던 지역이다. 지금의 프랑스를 만든 위대한 위인이 자리하고 있는 팡테옹, 오래된 성당이 어우러져 만들어내는 에너지와 함께 우뚝 솟은 마천루와 그 위에서 바라보는 파리는 새로운 기운이 가득하다.

AREA ① 에펠탑·앵발리드·오르세 미술관
AREA ② 시테섬·생 제르맹 데 프레·팡테옹
AREA ③ 몽파르나스·카타콤베·프랑수아 미테랑 국립 도서관

파리의 상징

에펠탑·앵발리드· 오르세 미술관

La Tour Eiffel·Invalides·Musée d'Orsay

#에펠탑 #오르세미술관 #인상파
#부유함이흐르는지역 #맛집불모지

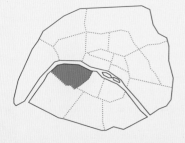

파리를 상징하는 구역이라 해도 과언이 아닌 곳이다.
건설 당시 흉물이라 비난받았던 에펠탑, 오늘날 파리의 기초를
만든 나폴레옹이 쉬고 있는 앵발리드, 그리고 인상파
화가들의 집합소 오르세 미술관까지. 부유함이 흐르는 지역에서
새로운 흐름의 예술을 감상하고 비난을 딛고 일어선
파리의 상징과 함께 시간을 보내자.

에펠탑·앵발리드·오르세 미술관
이렇게 여행하자

부유함과 예술혼이 공존하는 지역이다. 오르세 미술관의
경쾌한 예술품, 로댕 미술관의 정원과 조각상,
나폴레옹의 마지막과 파리의 상징을 함께 볼 수 있는 지역이다.
여행지별로 티켓을 예약해야 하니 시간 배분에 신경 쓰자.

★ 역순으로 여행하고 싶다면 오르세 미술관이 야간 개장하는 목요일에 계획하자.

오르세 미술관 P.226

도보 15분

로댕 미술관 P.234

도보 10분

앵발리드 P.232

도보 17분

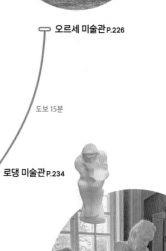

마르스 광장 P.225

도보 4분

에펠탑 P.222

주변 역

· RER C선 Musée d'Orsay역 또는 Champ de Mars Eiffel Tower역
· 메트로 8호선 École Militaire역

에펠탑·앵발리드·오르세 미술관
상세 지도

RER Pont de l'Alma

02 카페 자크

06 케 브랑리 박물관

Quai Jacques Chirac

Av. Rapp

Av. Bosquet

01 에펠탑

M Passy

세강

비르아켐 다리
03

프로마제 마리–안 캉틴 03

RER Champ de Mars Eiffel Tower

02 마르스 광장

École Militaire

Av. de Suffren

Bir-Hakeim
M

M Dupleix

03 르 토메트

M La Motte - Picquet Grenelle

Cambronne M

M Charles Michels

M Avenue Émile Zola

비난받는 고철 덩어리였던
파리의 그녀 ····· ①

에펠탑 La Tour Eiffel

"She is a Symbol of France. 그녀는 프랑스의 상징이다." 소설 〈다빈치 코드〉 속에 등장한 이 한 문장으로 에펠탑이 파리에서, 프랑스에서 갖는 위상이 설명된다. 범접할 수 없는 위치에 있는 파리의 상징이자 아이콘. 하늘을 향한 우아하고 완만한 곡선의 철골 구조물인 에펠탑은 오늘날의 명성과 달리 한때는 파리 시민의 비난 대상이자 천덕꾸러기였다. 에펠탑을 너무나도 싫어했던 소설가 모파상이 에펠탑의 모습이 보이지 않는 에펠탑 안에서 식사하고 글을 썼다는 일화가 있을 정도.

에펠탑은 1889년 귀스타브 에펠Gustave Eiffel의 설계로 파리 만국박람회 때 건설되었으며, 각계각층 인사들의 비난을 뚫고 개장하자마자 5000명이 찾았고 지금도 매년 700만여 명이 찾는 파리에서 가장 붐비는 명소 중 한 곳이다.

에펠탑의 높이는 324m로 서울 여의도 파크원 타워1보다 약간 낮은데 총 3개의 층으로 나뉘어 있다. 첫 번째 층과 두 번째 층은 계단이나 엘리베이터로, 세 번째 층은 엘리베이터로 올라갈 수 있고 층마다 보이는 전망이 다르므로 이왕 방문했다면 꼭대기까지 올라가자. 에펠탑은 성수기가 아니더라도 여행 계획이 잡혔다면 예약하는 것이 좋다. 또한 테러 방지를 위한 짐 검사도 하고 있어 예약 시간보다 30분 정도 일찍 도착해야 편하다.

1999년 12월 31일에 시작된 에펠탑 조명 쇼는 일몰 이후 매 시 정각 10분씩 진행된다. 샤요궁에 가장 많은 여행자가 자리해서 관람한다. 소매치기 조심!

📍 Av. Gustave Eiffel, 75007 Paris
🚶 RER C선 Champ de Mars Eiffel Tower역 2번 출구에서 도보 7분, 메트로 6호선 Bir-Hakeim역 2번 출구에서 도보 10분, 샤요궁에서 도보 15분 🕐 09:00~24:00 ❌ 7월 14일
📞 +33-8-92-70-12-39 🏠 www.toureiffel.paris

6월 하순 대기 인파.
현장 판매 티켓은 대부분 마감이다

구분	성인	12~24세	4~11세
2층 엘리베이터	€22.60	€11.30	€5.70
3층 엘리베이터	€35.30	€17.70	€8.90
2층 계단	€14.20	€7.10	€3.60
2층 계단+ 3층 엘리베이터	€26.90	€13.50	€6.80

파리의 그녀
에펠탑
미리 보기

에펠탑은 샤요궁이나 마르스
광장에서 보는 모습도 아름답지만
백미는 에펠탑에 올라
바라보는 파리 시내의 전경.
층마다 다르게 보이는 내 발아래
놓인 파리를 감상해보자.

3층
276m
엘리베이터를 이용해 오른다. 프랑스 대
표 샴페인 모엣 샹동에서 운영하는 샴페
인 바가 있어 파리 시내와 건배를 나누기에도 좋고 에
펠탑을 중심으로 케 브랑리 박물관, 샤요궁, 몽파르나
스 타워 등 주요 건물을 한눈
에 담기에 좋다. 귀스타브 에
펠의 사무실이 재현된 것도
볼거리.

한눈에 들어오는 샤요궁

에펠의 사무실

2층
116m
미쉐린 스타 레스토랑 쥘 베른Jules Verne
이 자리하고 있는데 레스토랑만 이용한
다면 별도의 입구로 접근할 수 있다.

1층
57m
건축 자료, 유명
인들의 사진이
전시된 박물관과 카페테리아
가 자리한다.

에펠탑을 바라보며 피크닉을 ⋯⋯ ②

마르스 광장 Champ-de-Mars

샤요궁과 함께 에펠탑을 제대로 볼 수 있는 장소. 넓게 펼쳐진 잔디밭에서 자유롭게 피크닉을 즐기기에도 좋다. 광장 끝에 서 있는 건물은 그랑 팔레 에페메르로 2024 파리 올림픽의 유도와 레슬링 경기가 열릴 예정이고, 마르스 광장에서는 비치발리볼 경기가 열릴 예정이다.

📍 2 Allée Adrienne-Lecouvreur, 75007 Paris 🚶 에펠탑에서 도보 5분, 메트로 8호선 École Militaire역 1번 출구에서 도보 5분

영화 속에 자주 등장하는 다리 ⋯⋯ ③

비르아켐 다리

Pont de Bir Hakeim

메트로를 타고 센강 위에서 에펠탑을 볼 수 있는 다리. 스냅 사진 촬영 장소로 인기 좋은 곳 중 하나다. 꿈과 현실 사이를 오가는 영화 〈인셉션〉과 〈파리에서의 마지막 탱고〉 속에 등장해 친숙한 곳으로 다리 중앙 보행자 구역은 프랑스 누벨바그 대표 영화배우 장폴 벨몽도 산책로Promenade Jean-Paul-Belmondo로 명명되었다.

📍 Pont de Bir-Hakeim, 75015 Paris

🚶 메트로 6호선 Passy역 1번 출구에서 도보 3분, Bir-Hakeim역 2번 출구에서 도보 3분

교과서 속 그림이 가득한 ······· ④

오르세 미술관 Musée d'Orsay

미술은 모르지만, 미술관은 가고 싶은 여행자에게 적극 추천하는 미술관. 교과서나 일상생활 속에서 접한 친숙한 그림을 많이 소장한 곳이다. 1900년 파리 만국박람회 때 기차역으로 지은 건물을 1989년 이탈리아 여성 건축가 가에 아울렌티Gae Aulenti의 주도 아래 미술관으로 개조했다. 철로가 있던 자리에는 조각상들이 전시되어 있고, 벽면의 커다란 벽시계는 이 건물이 기차역이었다는 것을 알려준다.

실내는 바닥부터 지붕까지 막힘없어 시원하고, 천장과 벽면 유리를 통해 들어오는 자연 채광과 세심하게 조절되는 조명등이 밝고 환한 분위기를 낸다. 전시 동선이 매우 직관적이고 표지판도 잘되어 있으며, 눈에 익은 작품이 많아 부담 없이 돌아보기 좋아 만족도도 높은 미술관이다.

📍 Esplanade Valéry Giscard d'Estaing, 75007 Paris 🏃 메트로 12호선 Solférino역 2번 출구에서 도보 3분, RER C선 Musée d'Orsay역 3번 출구에서 도보 3분 💶 성인 €14, 목요일 18:00 이후 €10, 매월 첫 번째 일요일 무료, 파리 뮤지엄 패스 사용 가능, 할인(8일 이내 발권한 귀스타브 모로 박물관 입장권 소지자, 국립 장 자크 에네 박물관 입장권 소지자) €11, 예약 권장(예약비 €2) 🕐 화·수·금~일 09:30~18:00, 목 09:30~21:45(입장 마감 17:45) ❌ 월요일, 5월 1일, 12월 25일 📞 +33-1-40-49-48-14 🏠 www.musee-orsay.fr

오르세 미술관에서 꼭 봐야 할 주요 작품

눈에 익은 작품이 많아 가볍게 돌아보기 좋은 오르세 미술관. 시대의 혁신을 이끌어내느라 비난받은 작가들도 많은 곳이 오르세 미술관이다. 새로운 사고와 화풍을 이끌어나간 그들에게 경의를 표하자.

장 프랑수아 밀레
Jean-François Millet
• 1814~1875

목가적인 분위기의 그림을 그린 바르비종 화파의 대표 화가.

귀스타브 쿠르베
Jean-Désiré Gustave Courbet
• 1819~1877

사실주의 화법으로 주목과 비난을 동시에 받던 화가. 엄숙하고 절제된 분위기의 그림이 특징이다.

에두아르 마네
Edouard Manet
• 1832~1883

사실주의와 인상주의 화파의 가교와 같은 인물. 비난의 대상이 된 여러 그림으로 고통받았으나 전통과 혁신을 이어주는 공로를 인정받았다.

에드가 드가
Edgar Degas • 1834~1917

발레리나의 그림으로 친숙한 드가. 그러나 1층에 자리한 그의 초기작들은 사뭇 다른 분위기를 풍긴다.

폴 세잔
Paul Cézanne
• 1839~1906

사물의 가장 단순한 형태를 추구하며 근본적인 물체의 질서를 파악하고 표현했으며, 입체파의 시조로 불리는 화가.

클로드 모네
Claude Monet • 1840~1926

인상파의 시작을 알린 화가. 빛과 색채의 흐름을 묘사한 섬세함이 압권인 그림들을 보여준다.

229

오귀스트 르누아르
Auguste Renoir • 1841~1919

화사하면서 따뜻하고 몽글몽글한 분위기의
그림들이 여행자를 행복하게 만든다.

빈센트 반 고흐 Vincent van Gogh • 1853~1890

한국인이 가장 사랑하는 화가. 부침이 심했던 삶과 붓질이 매력적인
그의 그림은 사람을 묘하게 끌어당기는 힘이 있다.

폴 고갱
Paul Gauguin
• 1848~1903

인상주의에서 벗어나 색채
론에 입각한 상징주의 화
가. 생애의 마지막 10년 동
안 타히티 등 폴리네시아에
서 활동하며 작업한 작품들
이 크게 인정받았다.

알아두면 쓸 데 많은
오르세 미술관 관람 팁

우리에게 친숙한 그림, 그냥 지나치기 아쉬운 작품을 많이 소장한 곳이 오르세 미술관이다. 동선이 복잡하지는 않지만 조금 더 수월하게 오르세 미술관을 관람할 수 있는 제안 6가지.

① 어디로 들어갈까?

오르세 미술관의 입구는 모두 4개. 파리 뮤지엄 패스를 소지했지만 예약하지 않았다면 C1 입구, 파리 뮤지엄 패스 또는 일반 입장권 입장 시간을 예약했다면 A2 입구로 들어가자. 18세 미만이거나 티켓을 현장 구매한다면 C2 입구로 들어간다.

예약하지 않은 뮤지엄 패스 소지자는 이쪽으로

② 뮤지엄 패스는 없지만, 할인받고 싶다면?

8일 이내에 장 자크 에네 미술관이나 귀스타브 모로 박물관을 관람했다면 오르세 미술관을 할인된 가격으로 관람할 수 있다. 반대의 경우도 성립한다.

③ 효율적인 동선은?

루브르 박물관만큼은 아니지만 많은 여행자가 찾으며, 소장한 작품도 많다. 특히 우리 눈에 익숙한 인상파 화가들의 작품은 지상 5층에 전시되어 있다. 입장해서 오른쪽 전시실을 관람한 후 에스컬레이터를 타고 올라가 인상파 작품들을 관람하고 내려오자.

④ 시간이 충분치 않아 핵심만 돌아보고 싶다면?

오르세 미술관 홈페이지에 한국어 미술관 안내도가 PDF 파일로 업로드되어 있다. 미리 다운받아 동선을 정해놓는 것도 좋다.

⑤ 지름신 강림!

곳곳에 뮤지엄 숍이 자리하고 있으니 눈에 들어오는 상품은 그때그때 구입하는 것도 나쁘지 않다.

⑥ 식사는 밖에서

미술관 내 식당은 붐비고 맛이 없다. 특히 지하 카페는 정말 비싸고 맛없다. 웬만하면 밖에서 먹고 들어가거나 안에서 먹어야 한다면 2층의 오르세 미술관 레스토랑Restaurant de Musée d'Orsay이나 5층의 카페 캄파나Café Campagna 추천.

황금 돔이 빛나는 나폴레옹의 안식처 ⑤
앵발리드 Hôtel des Invalides

파리 시내에서 눈에 띄는 황금 돔이 자리한 곳으로 17세기에 건설한 대규모 군사 복지 시설이었다. 지금은 군사 박물관, 돔 성당, 생 루이 성당 등이 자리하고 있다. 여행자들이 가장 주목하는 곳은 나폴레옹의 무덤이 있는 돔 성당L'Église du Dôme. 거대한 크기의 관과 주변의 웅장함은 그가 프랑스 역사에서 차지하는 비중을 알게 한다. 앵발리드역 쪽으로 나와 만나는 정원과 그곳의 건물은 군사 박물관, 입체 지도 전시관 등으로 사용하고 있다. 중세부터 17세기 중반까지 왕과 귀족들이 사용했던 갑옷, 무기, 군인용품, 훈장 등이 방대하게 전시되어 있어 전쟁사나 군사 문화에 관심 있는 여행자라면 꽤 긴 시간을 할애해야 한다.

📍 129 Rue de Grenelle, 75007 Paris 🚶 RER C선·메트로 8·13호선 Invalides역 1번 출구에서 도보 7분(군사 박물관 방향 진입), 메트로 8호선 École Militaire역 2번 출구에서 도보 10분(나폴레옹 무덤 방향 진입) 💶 성인 €15, 파리 뮤지엄 패스 사용 가능
🕐 10:00~18:00, 매월 첫 번째 금요일 10:00~22:00 ❌ 1월 1일, 5월 1일, 12월 25일
📞 +33-1-44-42-38-77 🏠 www.musee-armee.fr

실험적인 문화인류학 박물관 ⑥
케 브랑리 박물관 Musée du Quai Branly

자크 시라크 대통령이 시행한 문화정책의 상징으로 서울 리움미술관을 설계한 장 누벨Jean Nouvel이 설계했다. 아프리카와 오세아니아 등 각 대륙의 원시 문명 유산을 전시하고 있으며, 한쪽에서 우리 한복도 볼 수 있다. 개관 초기 학술적인 고려보다 맥락 없는 유물 배치, 전시품 설명에 대한 오류 등으로 비난받았지만 전시 구조와 설명에 변화를 주며 안정을 찾아가고 있다.

📍 37 Quai Jacques Chirac, 75007 Paris 🚶 RER C선 Pont de l'Alma역 1번 출구에서 도보 5분, 메트로 9호선 Alma-Marceau역 2번 출구에서 도보 10분 💶 성인 €14, 파리 뮤지엄 패스 사용 가능
🕐 박물관 화·수·금~일 10:30~19:00, 목 10:30~22:00, 정원 화·수·금~일 09:15~19:30, 목 09:15~22:15 ❌ 월요일, 5월 1일, 12월 25일
📞 +33-1-56-61-70-00 🏠 www.quaibranly.fr

마욜 미술관 Musée Maillol

프랑스 조각가 아리스티드 마욜의 모델이자 작품 컬렉터였던 미술상 디나 비에르니가 수집한 작품들을 정리해 개관했다. 고전적인 조각 기법에 작가의 해석을 곁들인 작품들이 가득하다. 고급스러운 분위기의 실내에서는 수준 높은 기획전도 자주 열린다.

📍 59-61 Rue de Grenelle, 75007 Paris
🚶 메트로 12호선 Rue du Bac역 유일한 출구에서 도보 3분
💶 성인 €17.50, 매주 수요일 €14.50
🕐 월·화·목~일 10:00~18:30, 수 10:00~22:00
📞 +33-1-42-22-59-58 🌐 museemaillol.com

우리의 성모, 기적의 메달 성당 Chapelle Notre-Dame-de-la-Médaille-Miraculeuse

한때 파리에서 가장 인기 있는 여행지 TOP 10 안에 들었던 성당. 1813년에 건축된 이 작은 성당에서 1830년 성녀 카트리나 라부레Sainte Catherine Labouré에게 성모 마리아가 발현해 다가올 고난을 예언하고 커다란 은총을 가져다줄 메달 제작을 명했다. 그 후 성모 마리아의 예언은 실현되었고, 은총과 평화를 얻기 위한 메달을 사려는 사람들이 모여들기 시작하면서 오늘날까지 순례자들의 발길이 끊이지 않는다. 다양한 크기의 메달과 묵주를 판매하고 있는데, 각 나라 언어로 쓰인 기도문과 함께 있는 작은 메달은 선물용으로도 좋다.

📍 140 Rue du Bac, 75007 Paris 🚶 메트로 10·12호선 Sevres-Babylone역 2번 출구에서 도보 4분 🕐 07:45~13:00·14:30~19:00(월·수~일 13:00~14:30 닫음) 📞 +33-1-49-54-78-88 🏠 www.chapellenotredamedelamedaillemiraculeuse.com

> 화장실 인심이 박한 파리에서 부담 없이 화장실을 이용할 수 있는 곳이기도 하다. 조용히 용무를 해결하고 마음의 평화를 얻자.

로댕 미술관의
주요 작품

생각하는 사람 Le Penseur

〈신곡〉의 작가 단테를 모티프로
한 작품. 〈지옥의 문〉 상단에 자리
하고 있으며, 독립 청동상은 1906
년에 확대한 크기로 제작한 것이
다. 자세히 보면 손 크기가 얼굴 크
기와 비슷한데, 이러한 왜곡을 통
해 고뇌의 크기가 생생하게 와닿
는다.

청동시대 L'Âge d'Airain

인체의 근육을 사실적으로 묘
사해 실제 인물의 본을 뜬 것
아니냐는 비난을 받은 작품.

로댕 미술관 Musée Rodin

미켈란젤로 이후 최고의 거장으로 추앙받는 조각가 로댕이 말년을 보낸 저택을 미술관으로 만들었다. 18세기 로코코 양식으로 꾸민 저택에 장 콕도, 이사도라 덩컨 등이 거주했고, 1911년부터 로댕이 거주하며 작업실로 사용했다. 로댕은 죽기 전 자신이 제작한 작품과 소장한 작품을 모두 기증했고, 프랑스 정부는 리모델링을 거쳐 1919년 미술관으로 개관했다. 깔끔하게 잘 정돈된 저택 안의 전시물도 훌륭하지만, 저택 뒤 정원 또한 아름답고 정원 곳곳에서 또 다른 작품 관람도 가능하다. 이 정원에서 볼 수 있는 앵발리드의 황금 돔은 보너스. 미술관 숍의 아기자기한 상품들도 유혹적이다.

📍 77 Rue de Varenne, 75007 Paris 🏃 메트로 13호선 Varenne역 유일한 출구에서 도보 3분
💶 성인 €14, 오르세 미술관 복합 티켓 €25, 파리 뮤지엄 패스 사용 가능, 매월 첫 번째 일요일 무료
🕐 화~일 10:00~18:30(입장 마감 17:45) ❌ 월요일, 1월 1일, 5월 1일, 12월 25일
📞 +33-1-44-18-61-10 🏠 www.musee-rodin.fr

지옥의 문
La Porte de l'Enfer

로댕이 말년에 27년 동안 심혈을 기울였으나 완성하지 못한 유작. 단테의 〈신곡〉지옥 편을 주제로 한 작품으로 200여 명의 인물이 등장한다.

입맞춤 Le Baiser

단테의 〈신곡〉에 등장하는 프란체스카와 파올로를 모티프로 한 작품. 〈지옥의 문〉의 일부로 제작했으나 전체 분위기와 어울리지 않아 독립시켰다.

우리나라에 〈지옥의 문〉이 있다?

로댕은 〈지옥의 문〉의 석고를 만들었고 청동 주조물은 그의 사후에 제작했다. 전 세계에 〈지옥의 문〉 청동 주조물이 8개 있는데 그중 일곱 번째 에디션을 삼성문화재단이 소장하고 있다. 불행하게도 현재는 수장고에 머물러 있지만. 지금 가장 가까이서 〈지옥의 문〉을 만나는 방법은 일본 도쿄 국립 서양 미술관이나 시즈오카 현립 미술관을 방문하는 것이다.

친절하고 활기찬 비스트로 ⑴
르 넴로드 Le Nemrod

매일매일 즐겁고 푸짐한 식사가 가능한 비스트로. 현지인들과 여행자들로 붐비는 데다 흥겹게 응대하는 서버들 덕에 더 즐거워진다. 깔끔하고 푸짐한 음식도 강점인데 중남부 오베르뉴 지역 요리가 주메뉴라고. 이 지역에서 보기 드문 가성비 식당.

📍 51 Rue du Cherche-Midi, 75006 Paris 🚶 봉 마르셰 백화점에서 도보 8분, 메트로 4호선 Saint-Placide역 2번 출구에서 도보 5분
💶 샐러드 €16~, 메인 요리 €19~
🕐 월~토 08:30~01:00, 일 09:00~01:00
📞 +33-1-45-48-17-05 🏠 www.lenemrodparis.com

정원 속에서 즐기는 여유 ⑵
카페 자크 Café Jacque

케 브랑리 박물관 정원에 자리하고 있는 카페. 박물관 관람 후 지친 몸과 다리를 쉬기에 적격이다. 실내도 깔끔하고 잘 정돈되어 있으나 이왕이면 테라스 자리에 앉아보자. 에펠탑과 함께 시간을 보낼 수 있다. 자리와 주변 풍경을 더한 음식값은 약간 불만족.

📍 27 Quai Jacques Chirac, 75007 Paris 🚶 RER C선 Pont de l'Alma역 1번 출구에서 도보 5분, 메트로 9호선 Alma-Marceau역 2번 출구에서 도보 10분, 케 브랑리 박물관 정원 🕐 화~일 11:00~19:00
❌ 월요일, 5월 1일, 12월 25일 📞 +33-1-47-53-68-01
🏠 musiam-paris.com/fr/restaurants/cafe-jacques/

건강한 음식이 가득 ⑶
르 토메트 Le Tomettes

구글 리뷰에 많이 등장하는 메뉴가 없어도 당황하지 말자. 시즌별로 메뉴 구성이 바뀌어서다. 친절한 서버가 자세히 안내해준다. 재료를 아끼지 않은 푸짐하고 건강한 맛의 샐러드가 강점이며, 아이를 동반한 가족 식사 장소로도 사랑받는 식당이다.

📍 64 Av. de la Motte-Picquet, 75015 Paris 🚶 메트로 6·8·10호선 La Motte - Picquet Grenelle역 4번 출구에서 도보 2분
💶 전식 €6.50~, 메인 메뉴 €17~ 🕐 09:00~24:00
📞 +33-9-81-63-55-62

르 봉 마르셰 Le Bon Marché

1838년에 개업한 파리 최초의 백화점. 고풍스럽고 차분한 분위기 속에서 쇼핑을 즐길 수 있다. 부담스럽게 따라붙는 점원이 없는 것도, 처음부터 끝까지 친절하게 응대해주는 점원도 인상적인 곳. 우안 지역 다른 백화점의 번잡함이 괴롭다면 이곳으로 가자. 편안하게 대접받으며 쇼핑할 수 있다.

📍 24 Rue de Sèvres, 75007 Paris 🚶 메트로 10·12호선 Sevres-Babylone역 2번 출구에서 길 건너 🕐 월~토 10:00 ~19:45, 일 11:00~19:45 📞 +33-1-44-39-80-00
🏠 www.lebonmarche.com

라 그랑드 에피세리 드 파리
La Grande Épicerie de Paris

봉 마르셰 백화점 지하에서 운영하던 식품관이 독립해 맞은편 건물로 이사했다. 다양한 국적의 식품들 사이에 우리 식품들도 있다. 여유로운 공간에서 여러 제품을 비교하며 편안히 쇼핑할 수 있으나 시내 다른 슈퍼마켓에 비해 조금씩 비싼 것이 단점. 간단하게 식사할 수 있는 코너도 있어 이 지역 여행 후 허기를 달래기 좋다. 단, 바게트는 비추천.

📍 24 Rue de Sèvres, 75007 Paris 🚶 봉 마르셰 백화점 길 건너
🕐 월~토 08:30~21:00, 일 10:00~20:00 📞 +33-1-44-39-80-00
🏠 www.lebonmarche.com

프로마제 마리-안 캉틴
Fromager Marie-Anne Cantin

1950년에 설립된 치즈 부티크로 지금은 설립자의 딸 부부가 운영하고 있다. 프랑스 전역에서 엄선한 전통 치즈를 맛볼 수 있으며, 자체 생산하는 버터 또한 풍미 가득하고 진한 맛이 일품이다. 입국 시 낙농품은 반입 금지 품목이니 많이 먹고 오자. 한국에 구매 대행 업체가 있으나 가격은 눈물 나는 수준.

📍 12 Rue du Champ de Mars, 75007 Paris 🚶 메트로 8호선 École Militaire역 1번 출구에서 도보 5분 🕐 화~토 08:30~19:30, 일 10:00~13:00 ❌ 월요일, 7월 하순~8월 중순
📞 +33-1-45-50-43-94 🏠 www.cantin.fr

파리의 시작 그리고 영광과 미래

시테섬·생 제르맹 데 프레
·팡테옹

Île de la Cité·Saint Germain des Prés
·Panthéon

#노트르담 #생제르맹데프레 #팡테옹 #먹고사고놀자

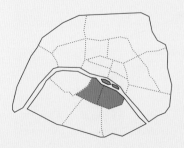

파리가 시작된 시테섬과 오래된 성당들이 모여 있으며,
파리의 미래를 만들어갈 젊은이들의 장소인 생 제르맹 데 프레
그리고 파리와 프랑스를 영광스럽게 만든 인물들이
모여 있는 팡테옹까지. 파리, 프랑스의 시작과 영광, 미래를
한껏 느낄 수 있는 지역이다. 경건한 마음으로 위인을 찾아보고,
탁 트인 공간에서 휴식을 취하고, 에너지 넘치는 지역에서
시간을 보내보자. 파리가 시작된 시테섬의 보석 노트르담 대성당이
다시 열리기를 기원하며.

시테섬·생 제르맹 데 프레·팡테옹
이렇게 여행하자

하루에 돌아보기엔 버거운 일정이 될 수도 있는 지역이다.
시테섬에서 시작해 센강을 건너면 오른쪽은 생 제르맹 데 프레,
왼쪽은 카르티에 라탱 지역이다. 성당 관람에 흥미가 없다면
카르티에 라탱으로, 오래된 성당과 함께 쇼핑을
즐기고 싶다면 생 제르맹 데 프레를 선택한다.

시테섬 P.244

도보 3분

생트샤펠 P.245 & 콩시에르주리 P.245

도보 7분

노트르담 대성당 P.242

도보 5분

셰익스피어 앤 컴퍼니 P.246

메트로+도보 10분

생 제르맹 데 프레 성당 P.246

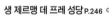

도보 8분

생 쉴피스 성당 P.247

도보 5분

뤽상부르 공원 P.248

도보 8분

팡테옹 P.249 & 생 에티엔 뒤 몽 성당 P.250

도보 14분

아랍 세계 연구소 P.250

주변 역
· 메트로 4호선 Cité역, Saint-Germain-des-Prés역
· RER B선 Luxembourg역

시테섬·생 제르맹 데 프레·팡테옹
상세 지도

퐁네프 **03**

Bd Saint-Germain

카페 드 플로르 **06**
레 되 마고 **05** **07** 생 제르맹 데 프레 성당

09 국립 들라크루아 미술관

07 타셴

Saint-Germain-des-Prés **M**

르 프티 프랭스 **06**

05 파미에 마

01 시티파르마

M Mabillon

02 르 프로코

Odéon **M** Bd

Seyres - Babylone
M 불랑제리 푸알란 **11**

M Saint-Sulpice

08 생 쉴피스 성당

•뤽상부르 궁

라 파리지엔 마담 **10**

레드 윌배로우 북스토어 **04**

리브라리에 뒤 시네마 뒤 팡테옹 시네리테라튀르 **03**

Saint-Placide
M

11 뤽상부르 공원

Luxembourg train station

Bd Saint-Michel

명소
식당/카페
상점

N
0 100m

05 콩시에르주리

04 생트샤펠
• 엘리자베스 2세 꽃 시장
Cité M
02 시테섬

Bd du Palais

Rue de la Cité

RER
Saint-Michel Notre-Dame
• 포엥 제로

01 노트르담 대성당

04 아니톨리 뒤륌
06 셰익스피어 앤 컴퍼니
01 르 프티 샤틀레
12 오데트

M Pont Marie

생루이섬

Rue des Deux Ponts

08 베르티용

M Cluny La Sorbonne
10 클뤼니 중세 박물관

M Maubert - Mutualité

센강

03 라 로티세리 다르장

Bd Saint-Germain

Rue des Écoles

Rue Monge

아랍 세계 연구소 14

08 르 레나흐 도레

07 봄바르디에르 잉글리시 퍼브 파리
13 생 에티엔 뒤 몽 성당

12 팡테옹

M Cardinal Lemoine

M Jussieu

Rue Monge

09 젤라티 알베르토

M Place Monge

02 몽주 약국

파리 식물원
Jardin des Plantes

241

노트르담 대성당 Cathédrale Notre-Dame de Paris

고딕의 도시 파리에서 만나는 고딕 건축의 걸작. 파리가 시작된 시테섬Île de la Cité 중앙에 자리한 파리의 보석이다. 이탈리아 각 도시에 두오모가 있듯 프랑스에는 노트르담 성당이 있는데 '우리의 부인'이라는 뜻으로 성모 마리아를 뜻한다. 노트르담 대성당은 1163년 착공해 1345년 완공된 후 파리의 중심 성당 역할을 했다. 백년 전쟁을 프랑스의 승리로 이끌었으나 마녀로 지목되었던 잔 다르크의 시성식이 열렸고, 나폴레옹 1세의 대관식이 열렸으며, 프랑스 대통령 샤를 드골(1890~1970), 조르주 퐁피두(1911~1974), 프랑수아 미테랑(1916~1996) 등의 장례 미사가 열렸다.

정면의 탑은 높이가 69m이고 왼쪽 측면에 전망대가 있다. 전망대에 올라 가고일Gargouille(영어로 Gargoyle. 주로 빗물받이 용도로 설치되는 괴물 모양의 조각상들)과 함께 보는 파리 시내의 전경이 일품이다. 또한 이 종탑은 빅토르 위고의 소설 〈파리의 노트르담Notre-dame de Paris〉의 배경이 되었고, 이후 디즈니 애니메이션과 뮤지컬로 제작되어 깊은 감동을 남겼다. 성당 안으로 들어가면 고딕 양식 건축의 백미인 스테인드글라스로 장식되어 있고 둥근 장미창을 통해 떨어지는 햇살은 노트르담 대성당의 신비로움과 거룩한 분위기를 더해준다.

8000개의 파이프와 5개의 키보드를 가진 파이프 오르간이 연주되는 미사는 가톨릭 신자가 아니더라도 방문해볼 만하며, 토요일 오후 연주회의 연주자 수준 또한 높다.

매년 1400만 명 이상이 다녀가는 파리 최고의 여행지였던 노트르담 대성당은 2019년 4월 15일 화재로 인해 첨탑과 지붕이 심하게 훼손되었다. 2024년 연말 재개장을 목표로 복원 공사 중이고, 현재는 성당 앞 광장에 스탠드가 설치되어 외형만 볼 수 있다.

📍 6 Parvis Notre-Dame - Pl. Jean-Paul II, 75004 Paris 🚶 메트로 4호선 Cité역 유일한 출구에서 도보 5분, RER B·C선 Saint-Michel Notre-Dame역 5번 출구에서 도보 2분, 메트로 4호선 Saint-Michel역 1번 출구에서 도보 7분 📞 +33-1-42-34-56-10 🏠 www.notredamedeparis.fr

파리에 다시 오고 싶다면 포앵 제로

로마를 다시 방문하고 싶은 마음을 담아 트레비 분수에 동전을 던지듯, 파리에 다시 오고 싶다면 노트르담 대성당 앞 광장 한쪽의 프랑스 전국 도로 기준점 포앵 제로 Point Zéro를 살짝 밟아줘야 한다. 지금은 노트르담 대성당 복구 공사로 인해 광장이 통제되어 접근할 수 없지만, 광장이 열린 뒤 파리를 방문한다면 꼭 한번 밟아볼 것.

엘리자베스 2세 꽃 시장 Marché aux Fleurs Reine Elizabeth II

19세기 초부터 열린 시장으로 개
장 당시부터 사용해온 파빌리온이
멋스러운 공간. 영국 여왕의 프랑
스 방문 이후 이름이 바뀌었다. 노
트르담 대성당 가는 길목에 자리
하고 있어 잠시 싱그러운 공기를
맛보기에도 좋다. 매주 일요일에
는 새 시장이 열려 새소리를 들으
러 가는 사람들도 있을 정도. 그러
나 파리시에서 도심 재개발 사업
을 목적으로 시장 상인들의 이주
와 철거를 계획하고 있으니 없어
지기 전에 다녀오자.

📍 37 Place Louis Lépine, 75004 Paris
🚶 메트로 4호선 Cité역 유일한 출구에서 도보 2분 🕐 09:30~19:00
🏠 www.marcheauxfleursdeparis.fr

시테섬 Île de la Cité

기원전 파리지Parisi족의 근거지였고 로마 시저의 군대와 맞서며 역사에 등장했던 시테섬. 5세기 말 메로빙거 왕조를 연 프랑스 최초의 왕 클로비스 1세가 이곳에 궁전을 건축했고, 14세기 말 샤를 5세가 루브르로 옮겨가기 전까지 프랑스 왕실이 있던 곳이다. 클로비스의 왕궁 일부는 지금 콩시에르주리와 생트샤펠로 사용되며 여행자를 맞이하고 있고, 두 건물 사이에는 프랑스 대법원이 자리한다. 서울 한강의 밤섬과 비슷한 크기로 클로비스의 왕궁 지대와 노트르담 대성당으로 양분되는 시테섬은 파리와 프랑스의 시작점인 곳이다.

📍 Île de la Cité, 75001 Paris 🚶 RER B·C선 Saint-Michel Notre-Dame역 4번 출구에서 도보 3분, 메트로 4호선 Saint-Michel역 1번 출구에서 도보 3분, 메트로 4호선 Cité역 유일한 출구에서 도보 3분, 메트로 1·4·7·11·14호선 Châtelet역 14번 출구에서 도보 4분

퐁네프 Pont Neuf

새로운 다리라는 뜻의 이름을 가진 파리에서 가장 오래된 다리로 사마리텐 백화점과 시테섬을 연결해준다. 1578년에 건설을 시작해 1607년에 완공한 최초의 석조 다리로 중간중간에 만들어 놓은 둥근 발코니에서 휴식을 취하기도 좋다. 우리나라에는 영화 〈퐁네프의 연인들〉로 잘 알려졌지만, 영화는 이곳에서 촬영하지 못했다고.

📍 Île de la Cité , 75001 Paris
🚶 메트로 7호선 Pont Neuf역 3번 출구 앞

생트샤펠 Sainte-Chapelle

반짝반짝 눈부신 빛의 향연이 펼쳐지는 공간. 벽면 전체를 장식하고 있는 스테인드글라스의 신비로움이 가득한 성당이다. 13세기에 루이 9세가 산 예수 그리스도의 가시 면류관, 십자가 조각, 예수 그리스도를 찌른 창날 등의 유물을 보관하기 위해 지었다. 현재 유물들은 노르트담 대성당에서 보관하다 화재 이후 루브르 박물관으로 옮겼다. 유럽의 다른 성당 스테인드글라스가 그러하듯 생트샤펠의 좁고 긴 창을 가득 메우고 있는 스테인드글라스도 성서 속 내용이니 비치된 패널을 참고해 한껏 고개를 빼고 감상하자.

📍 10 Bd du Palais, 75001 Paris 🏃 RER B·C선 Saint-Michel Notre-Dame역 4번 출구에서 도보 4분, 메트로 4호선 Saint-Michel역 1번 출구에서 도보 4분, 메트로 4호선 Cité역 유일한 출구에서 도보 2분, 메트로 1·4·7·11·14호선 Châtelet역 14번 출구에서 도보 5분 € 성인 €13, 콩시에르주리 복합 티켓 €20, 11~3월 첫 번째 일요일 무료, 파리 뮤지엄 패스 사용 가능, 예약 권장 🕐 4~9월 09:00~19:00, 10~3월 09:00~17:00 (입장 마감 폐관 30분 전) ✖ 1월 1일, 5월 1일, 12월 25일 📞 +33-1-53-40-60-80 🏠 www.sainte-chapelle.fr

콩시에르주리 Conciergerie

파리 왕권의 상징이었던 시테 궁전Palais de la Cité에 자리한 프랑스 최초의 감옥. 14세기 말 루브르 궁전과 생폴 궁전으로 이주할 때까지 프랑스 왕실의 궁전이었다. 왕들이 떠난 후 법원으로 사용되면서 감옥의 기능을 시작했다. 마리 앙투아네트가 단두대에 올라가기 전에 머물렀던 공간이 그대로 보존되어 있다.

📍 2 Bd du Palais, 75001 Paris 🏃 RER B·C선 Saint-Michel Notre-Dame역 4번 출구에서 도보 5분, 메트로 4호선 Saint-Michel역 1번 출구에서 도보 5분, 메트로 4호선 Cité역 유일한 출구에서 도보 3분, 메트로 1·4·7·11·14호선 Châtelet역 14번 출구에서 도보 4분 € 성인 €13, 생트샤펠 복합 티켓 €20, 11~3월 첫 번째 일요일 무료, 파리 뮤지엄 패스 사용 가능(*생트샤펠 관람 후 입장하면 대기 줄 면제) 🕐 09:30~18:00 ✖ 5월 1일, 12월 25일 📞 +33-1-53-40-60-80 🏠 www.paris-conciergerie.fr

영화 속에 등장한 100년 역사의 서점 ⑥

셰익스피어 앤 컴퍼니 Shakespeare and Company

노트르담 대성당에서 남쪽으로 건너면 줄 서서 입장을 기다리는 인파를 볼 수 있다. 영화 〈비포 선셋〉, 〈미드나이트 인 파리〉에 등장하며 유명해진 서점 셰익스피어 앤 컴퍼니에 들어가기 위한 여행자들이다. 파리에 처음 생긴 영미문학 전문 서점으로 100년 전 출판 금지된 소설을 출판하고 가난한 문인들을 후원했던 역사의 공간이다. 공기도 나쁘고 좁은 공간에서 사람들과 부대끼며 다녀야 하지만, 영화 속 장소에 들어간다는 의미가 있는 곳. 가볍고 예쁜 에코백은 기념품과 선물용으로도 좋다. 서점 구경 후 옆 카페(35 Rue de la Bûcherie, 75005 Paris, 매일 09:30~19:00)에서 번잡함을 씻어내보는 것도 추천.

📍 37 Rue de la Bûcherie, 75005 Paris 🏃 RER B·C선 Saint-Michel Notre-Dame역 3번 출구에서 도보 1분, 메트로 4호선 Saint-Michel역 1번 출구에서 도보 3분
🕐 월~토 10:00~20:00, 일 12:00~19:00 📞 +33-1-43-25-40-93
🏠 shakespeareandcompany.com

파리에서 가장 오래된 성당 ⑦

생 제르맹 데 프레 성당 Église Saint-Germain-des-Prés

파리에서 유일한 로마네스크 양식의 성당으로 558년에 세워졌다. 우뚝 솟은 종탑은 "이 지역의 주인공은 나야!"라고 외치듯 존재감을 뿜어내고, 외부와 달리 고딕 양식으로 꾸민 실내는 프레스코화가 빽빽하게 자리를 메우고 있다. 또한 이 성당 한쪽에서 철학자 데카르트가 쉬고 있다.

📍 3 Pl. Saint-Germain des Prés, 75006 Paris
🏃 메트로 4호선 Saint-Germain-des-Prés역 1번 출구에서 도보 1분 🕐 월 10:00~20:00, 화~토 08:30~20:00, 일 09:30~20:00 📞 +33-1-55-42-81-10
🏠 www.eglise-saintgermaindespres.fr

〈다빈치 코드〉에 등장한 ⑧

생 쉴피스 성당 Église Saint-Sulpice

압도적인 규모와 모양이 다른 두 종탑이 이색적인 성당으로 댄 브라운의 소설과 영화 〈다빈치 코드〉에 등장해 눈길을 끌었다. 내부는 단아한 분위기이며, 입구로 들어가면 오른쪽 첫 번째 경 당에 장식된 외젠 들라크루아의 프레스코화 〈천사와 씨름하는 야곱〉, 〈사원에서 쫓겨난 헬리오도로스〉가 눈길을 끈다. 〈다빈 치 코드〉에 등장했던 오벨리스크와 로즈 라인은 왼쪽 안쪽에 있 다. 성당의 파이프 오르간은 파리에서 가장 큰 크기로 노트르담 성당 화재 이후 중요한 가톨릭 행사 시 연주를 도맡고 있다. 두 종탑의 모습이 다른 것은 최초 건축가가 완공 전 죽음을 맞이하 면서 이후에 후배 건축가들이 짐작으로 만들었기 때문이다.

📍 2 Rue Palatine, 75006 Paris 🚶 메트로 4호선 Saint-Sulpice역 1번 출구에서 도보 3분 🕐 08:00~19:45 📞 +33-1-46-33-21-78 🏠 www.paroissesaintsulpice.paris

낭만주의 화가의 아틀리에 ⑨

국립 들라크루아 미술관
Musée National Eugène-Delacroix

프랑스 낭만주의의 대표 화가 외젠 들라크루아Eugène Delacroix(1798~1863)가 말년에 거주하며 작업했던 공 간이다. 주 건물에는 들라크루아의 자화상과 회화 작품 들, 작은 정원 건너편의 아틀리에에는 스케치와 그가 사 용했던 도구들이 전시되어 있다. 그가 직접 꾸몄다는 정 원은 파리 여행 중 피로를 씻어내기 좋은 장소.

📍 6 Rue de Furstemberg, 75006 Paris 🚶 메트로 4호선 Saint-Germain-des-Prés역 1번 출구에서 도보 4분, 메트로 10호선 Mabillon역 1번 출구에서 도보 3분, 생 제르맹 데 프레 성당에서 도보 3분 💶 성인 €9, 루브르 박물관 입장 포함 €22, 전날 루브르 박물관 입장권 소지자 무료, 파리 뮤지엄 패스 사용 가능, 매월 첫 번째 일요일, 7월 14일 무료 🕐 수~월 09:30~17:30(폐관 15분 전 입장 마감) ❌ 화요일, 1월 1일, 5월 1일, 12월 25일 📞 +33-1-44-41-86-50 🏠 www.musee-delacroix.fr

클뤼니 중세 박물관 Musée de Cluny - Musée national du Moyen Âge

고대 로마 유적 자리에 만든 클뤼니 수도원 수도사들의 숙소 건물에 자리한 박물관. 15세기 말 증축되어 지금까지 내려오고 있다. 고대 유물부터 중세의 스테인드글라스, 르네상스 시대의 예술품 등 24개의 전시실에 2300여 점의 유물이 전시되어 있다. 이 미술관의 백미는 15세기에 플랑드르 지역에서 제작한 것으로 추정되는 〈여인과 유니콘 La Dame à la Licorne〉. 6장의 태피스트리 연작으로 시각, 청각, 미각, 후각, 촉각 등 인간의 오감을 상징하는 5개의 작품과 여인의 자유 의지 또는 인간의 욕망을 표현하고 있는 가장 큰 크기의 작품으로 구성되어 있다.

여인과 유니콘

📍 28 Rue du Sommerard, 75005 Paris
🚶 메트로 10호선 Cluny La Sorbonne역 2번 출구에서 도보 2분 💶 성인 €12, 매월 첫 번째 일요일 무료, 파리 뮤지엄 패스 사용 가능 🕐 화~일 09:30~18:15, 매월 첫째·셋째 목요일 09:30~21:00 ❌ 월요일, 1월 1일, 5월 1일, 12월 25일 📞 +33-1-53-73-78-00
🏠 www.musee-moyenage.fr

뤽상부르 공원 Jardin du Luxembourg

커다란 연못 주변 곳곳에 의자가 놓여 있어 피크닉을 즐기기 좋은 곳. 우안의 튈르리 정원과 견줄 만한 공원이다. 17세기 앙리 4세의 두 번째 왕비 마리 드 메디시스가 이곳에 자신의 고향인 피렌체 분위기의 뤽상부르 궁전을 만들면서 조성되었고, 궁전은 현재 상원의회, 미술관 등으로 이용되고 있다. 푸른 잔디밭은 늘 피크닉을 즐기는 사람들로 붐비고, 커다란 연못에는 장난감 배를 띄우는 아이들의 웃음소리가 가득하다.

📍 15 Rue de Vaugirard, 75006 Paris 🚶 메트로 4·10호선 Odéon역 2번 출구에서 도보 6분, 10호선 Mabillon역 1번 출구에서 도보 8분, 4호선 Saint-Germain-des-Prés역 2번 출구에서 도보 10분, RER B선 Luxembourg역 1번 출구 앞 💶 무료 🕐 일출 시각~일몰 시각 (매월 15일, 30일에 조정되니 홈페이지 참고) 📞 +33-1-42-34-20-00
🏠 jardin.senat.fr

프랑스 위인들의 안식처 ······ ⑫

팡테옹 Panthéon

📍 Pl. du Pantoéon, 75005 Paris 🚶 RER
B선 Luxembourg역 2번 출구에서 도보 7분,
메트로 10호선 Cluny La Sorbonne역 3번
출구에서 도보 7분, 메트로 10호선 Cardinal
Lemoine역 2번 출구에서 도보 7분
💶 성인 €13, 11~3월 첫 번째 일요일 무료,
파리 뮤지엄 패스 사용 가능 🕐 4~9월
10:00~18:30, 10~3월 10:00~18:00, 매월
첫 번째 월요일 12:00~, 폐관 45분 전 입장
마감 ❌ 1월 1일, 5월 1일, 12월 25일
📞 +33-1-44-32-18-00
🏠 www.paris-pantheon.fr

> 팡테옹은 에펠탑이 건설되기 전까지 파리에
> 서 가장 높은 건물이었다. 로마의 템피에토
> 를 모델로 한 돔에 오르면 파리 시내를 조망
> 할 수 있는데 늘 줄이 길다. 돔은 4~10월에
> 개방하며, 입장하면서 돔에 오를 수 있는 시
> 간을 문의하고 티켓을 미리 구입하는 것이
> 좋다. 요금은 €3.50.

위대한 프랑스를 만드는 데 일조한 인물들의 안식처. 병에 걸린 루이 15세가 이
곳에서 기도를 올리고 자신의 병이 나은 것에 감사하며 로마의 판테온(모든 신
을 섬기는 신전이라는 뜻으로 이름이 같다)을 모델로 삼아 건설하고 파리의 수호
성녀 주느비에브의 유골함을 안치했다. 그러나 프랑스 대혁명 당시 성녀의 유골
함은 파괴되고 1791년 혁명가 미라보 백작을 시작으로(2년 후 강제로 이장되었
지만) 프랑스 역사에 한 획을 그은 이들이 매장되면서 국립묘지의 역할을 시작
했다. 지금 팡테옹에는 프랑스의 대문호 빅토르 위고, 계몽주의 사상가인 〈관용
론〉의 저자 볼테르, 행동하는 지식인의 상징과 같은 에밀 졸라, 라듐과 폴로늄을
발견해 최초로 노벨상을 받은 여성 퀴리 부인과 그의 남편, 〈삼총사〉, 〈몬테크리
스토 백작〉의 작가 알렉상드르 뒤마 등이 쉬고 있다. 가장 최근에 팡테옹에 안장
된 사람은 미삭 마누치안Missak Manouchian. 그는 아르메니아 태생의 이민자로 프
랑스 국적을 취득하지 못한 상태로 레지스탕스로 활동하다 처형된 사람으로 팡
테옹에 안장된 최초의 외국인이다.

생 에티엔 뒤 몽 성당 Église Saint-Étienne-du-Mont

팡테옹을 바라보다 왼쪽으로 고개를 살짝 돌리면 보이는 아름다운 성당. 파리의 수호 성녀 주느비에브Geneviève(제노베파)의 유해가 안치된 곳이다. 로마네스크, 고딕 등 다양한 건축 양식이 혼재되어 있는데, 백미는 중앙 제단 옆 나선형의 계단으로 이루어진 루드 스크린Rood Screen. 성가대와 본당을 분리하는 형태의 이 구조물은 파리 시내에서는 유일하게 이 성당에서만 볼 수 있다. 주느비에브 성녀의 석관은 금속 구조물로 보호하고 있는데 구조물 사이로 보이는 석관의 섬세한 조각이 압권이다. 이 성당에는 주느비에브 성녀 외에 수학자 파스칼, 작가 라신 등도 잠들어 있다.

📍 Place Sainte-Geneviève, 75005 Paris
🚶 메트로 10호선 Cardinal Lemoine역 2번 출구에서 도보 5분, 팡테옹 뒤 🕐 화·목·금 08:30~19:30, 월 14:30~19:30, 수 08:30~22:00, 토·일 08:30~13:00·14:00~20:00, 방학 기간 화~금 09:30~12:00·17:00~19:30, 토 10:00~12:00·15:00~20:00, 일 10:00~12:00·16:00~20:00 📞 +33-1-43-54-11-79 🏠 www.saintetiennedumont.fr

아랍 세계 연구소 Institut du Monde Arabe

유럽 국가 중 가장 많은 무슬림이 사는 나라 프랑스의 수도에 아랍권 국가와의 화합과 이해를 위해 만든 공간으로 프랑스 건축계의 거장 장 누벨이 설계했다. 아라베스크 문양의 창문으로 유명한 외관이 아름답고, 무료로 올라갈 수 있는 9층 전망대에서 보는 풍경 또한 아름답다. 9층 레스토랑에서 맛보는 아랍의 차와 디저트도 깔끔하고 맛있다. 박물관에서는 프랑스 식민 지배의 역사와 무슬림의 역사를 함께 볼 수 있으며, 무슬림의 이해를 돕는 수준 높은 기획전도 종종 열린다.

📍 1 Rue des Fossés Saint-Bernard, 75005 Paris 🚶 메트로 7·10호선 Jussieu역 1번 출구에서 도보 8분, 10호선 Cardinal Lemoine역 2번 출구에서 도보 7분 💶 박물관 성인 €9, 파리 뮤지엄 패스 사용 가능 🕐 박물관 화~금 10:00~18:00, 토·일·공휴일 10:00~19:00 ❌ 월요일, 5월 1일 📞 +33-1-40-51-38-38 🏠 www.imarabe.org

아담한 공간에서 정감 있는 식사 ····· ①
르 프티 샤틀레 Le Petit Châtelet

두 건물 사이에 자리한 아담한 공간에서 전형적인 프랑스 음식을 먹을 수 있는 식당. 위치 때문에 비쌀 것이라는 오해는 금물. 이 자리에서 이 가격의 식사가 가능하다는 것이 놀랍고, 양도 푸짐하고 맛있다. 전식+본식+후식 또는 전식/후식+본식 세트가 가성비 좋다. 그날그날 추천 요리가 쓰여 있는데 서버에게 도움을 요청하는 것이 마음 편하다.

📍 39 Rue de la Bûcherie, 75005 Paris 🏃 셰익스피어 앤 컴퍼니 옆
💶 세트 메뉴 €28.50, 메인 요리 €17.50~, 전식 €7.50, 후식 €7.50~
🕐 12:00~14:30·19:00~22:50 📞 +33-1-46-33-53-40
📷 lepetitchatelet_official

나폴레옹의 모자가 있는 파리 최초의 카페 ····· ②
르 프로코프 Le Procope

2026년이면 개업 340년의 역사에 빛나는 파리 최초의 카페. 이탈리아 시칠리아 출신 프로코피오 쿠토가 카페로 개업해 파리 최초로 젤라토를 판매하던 문학 카페였고, 지금은 레스토랑으로 운영하고 있다. 볼테르, 로베스피에르, 마라, 당통 등의 정치인과 발자크, 빅토르 위고 등 문학가가 단골이었고 나폴레옹도 자주 찾은 곳이다. 그 증거로 볼테르가 이곳에 갖다 놓고 글을 썼던 대리석 테이블, 나폴레옹이 식대 대신 맡기고 간 모자 등이 카페에 전시되어 있다. 추천 메뉴는 와인에 끓인 닭 요리 코코뱅.

📍 13 Rue de l'Ancienne Comédie, 75006 Paris 🏃 메트로 4·10호선 Odéon역 2번 출구에서 도보 2분, 생 제르맹 데 프레 성당에서 도보 8분
💶 전식 €9.50~, 메인 요리 €20.50~, 후식 €8.50~ 🕐 12:00~24:00
📞 +33-1-40-46-79-00 🏠 www.procope.com

라 로티세리 다르장

La Rôtisserie d'Argent

파리에서 가장 오래된 레스토랑이자 미쉐린 스타 레스토랑 라 투르 다르장La Tour d'Argent의 세컨드 플레이스. 라 투르 다르장은 부담스럽지만, 분위기를 느껴보고 싶다면 선택하기 좋다. 예약했다면 실내에, 그렇지 않다면 강변에 자리한 테이블로 안내받게 되며 주요리는 오리Canard. 와인 리스트도 잘 갖춰져 있으니 메뉴 주문 후 서버에게 추천을 요청해보자.

📍 19 Quai de la Tournelle, 75005 Paris 🚶 팡테옹 뒤, 생 에티엔 뒤 몽 성당 옆
💶 전식 €11~, 메인 요리 €28~, 후식 €6~ 🕐 12:00~14:15·19:00~22:15
📞 +33-1-43-54-17-47 🏠 rotisseriedargent.com

아나톨리 뒤륌 Anatolie Durum

여행자 대상 먹자 골목 초입에 자리한 터키 음식점. 메뉴 전체적으로 가성비가 좋고 양이 푸짐하다. 잡내 없는 고기 요리와 우리 입에 잘 맞는 소스들의 조화가 훌륭하다. 납작한 빵 안에 고기와 야채를 넣어 말아주는 뒤륌 추천. 피데는 피자와 비슷한 형태로 우리에게 친숙하다.

📍 9 Rue de la Harpe, 75005 Paris 🚶 RER B·C선 Saint-Michel Notre-Dame역 4번 출구에서 도보 3분, 메트로 4호선 Saint-Michel 역 1번 출구에서 도보 2분
💶 뒤륌 €8~, 피데 €8~ 🕐 월~목 11:30~24:30, 금~일 11:30~01:00 📞 33-6-88-37-00-86
🏠 anatolie-durum.fr

파리의 문화유산인 카페 ····· ⑤
레 되 마고 Les Deux Magots

1884년에 문을 연 카페로 지금 주인의 증조부가 1914년에 인수한 후 인테리어를 그대로 유지하면서 오늘날까지 이르고 있다. 기욤 아폴리네르, 헤밍웨이, 제임스 조이스, 랭보 등이 즐겨 찾았다. 주로 문학가들의 아지트였던 레 되 마고는 문학상을 제정해 그 명성을 드높였다. 그만큼 커피와 음식 값은 비싸지만, 파리를 사랑했던 문학가들이 활동했던 곳에서 시간을 가져보자.

📍 6 Pl. Saint-Germain des Prés, 75006 Paris 🚶 메트로 4호선 Saint-Germain-des-Prés역 1번 출구 앞 ☕ 커피 €5~, 핫쵸코 €9.50~, 전식 €15~, 샐러드 €20~, 스낵류 €17~ 🕐 07:30~01:00 📞 +33-1-45-48-55-25 🏠 www.lesdeuxmagots.fr

문학가들이 사랑한 꽃의 카페 ····· ⑥
카페 드 플로르 Café de Flore

옆집 레 되 마고와 더불어 이 지역의 터줏대감과도 같은 카페. 사르트르와 보부아르가 사랑했던 카페이자 미테랑 전 대통령과 디자이너 이브 생 로랑이 단골이었다. 레 되 마고처럼 문학상을 제정하기도 했고, 음식 가격은 비슷한 수준. 핫초콜릿은 카페 드 플로르 승.

📍 172 Bd Saint-Germain, 75006 Paris 🚶 메트로 4호선 Saint-Germain-des-Prés역 1번 출구 앞 ☕ 커피 €4.90~, 핫쵸코 €9.50~, 전식 €15~, 샐러드 €9~, 스낵류 €15~ 🕐 07:30~01:30 📞 +33-1-45-48-55-26 🏠 cafedeflore.fr

자유롭게 한잔! ····· ⑦
봄바르디에르 잉글리시 퍼브 파리
The Bombardier English Pub Paris

생 에티엔 뒤 몽 성당 오른편 코너에 자리한 펍. 주변의 소르본느 대학 학생들이 많이 찾아 활기차고 자유로운 분위기 속에서 맥주나 칵테일 한잔하기 좋다. 가벼운 핑거 푸드는 맛깔스럽고 버거는 푸짐하다. 평일에는 오픈 후 2시간 동안 진행되는 해피아워 시간에 할인된 가격으로 음료를 마실 수 있는 것도 장점.

📍 2 Pl. du Panthéon, 75005 Paris 🚶 팡테옹 뒤, 생 에티엔 뒤 몽 성당 옆 🍔 버거류 €14~, 음료 €6.50~ 🕐 월 16:00~02:00, 화~금 12:00~02:00, 토·일 11:30~02:00 📞 +33-1-43-54-79-22 🏠 www.bombardierpub.fr

베르티용 Berthillon

파리에서 가장 유명한 아이스크림을 먹을 수 있는 곳. 1954년부터 운영하고 있으며, 생 루이섬을 찾는 여행자 80% 이상이 이곳으로 향한다. 아이스크림뿐만 아니라 디저트, 샌드위치도 맛있는데 실내에 자리 잡기 어려워 보통 테이크아웃을 하는 여행자가 많다. 줄 서는 게 성가시다면 생 루이섬의 다른 곳을 찾아가자. 생 루이섬에 자리한 대부분의 음식점에서 베르티용 아이스크림을 팔고 있다.

📍 31 rue saint louis en l'ile, 46 Rue Saint-Louis en l'Île, 75004 Paris 🏃 노트르담 대성당에서 도보 10분, 메트로 7호선 Pont Marie역 2번 출구에서 도보 5분
💶 젤라토 €3.50~ 🕐 수~일 10:00~20:00
❌ 월·화요일 📞 +33-1-43-54-31-61
🏠 www.berthillon.fr

젤라티 알베르토 Gelati d'Alberto

파리의 오래된 먹자골목 중 하나인 무프타르 거리의 아이스크림 집. 지금은 흔해진 꽃 모양 아이스크림의 원조다. 무프타르 거리에서 식사한 후 후식으로 먹기에 좋은데, 원조의 추억을 되살리며 찾을 만하나 맛은 평이한 수준.

📍 45 Rue Mouffetard, 75005 Paris
🏃 몽주 약국에서 도보 3분, 팡테옹에서 도보 7분
💶 아이스크림 €4~ 🕐 12:00~24:00
📞 +33-1-77-11-44-55

라 파리지엔 마담 LA PARISIENNE Madame

뤽상부르 공원에서 피크닉을 하려 한다면 꼭 들러야 할 빵집. 2016년 파리 최고의 바게트 경연대회 우승 빵집으로 tvN 〈텐트 밖은 유럽 4〉에 등장했다. 늘어서 있는 바게트들도 맛있고 쇼케이스 속 샌드위치도 푸짐하다.

📍 48 Rue Madame, 75006 Paris 🏃 메트로 4호선 Saint-Placide역 1번 출구에서 도보 5분, 뤽상부르 공원에서 도보 5분
💶 바게트 €1.35, 샌드위치 €4.50~6 🕐 목~화 07:00~20:00
❌ 수요일 📞 +33-9-51-57-50-35
🏠 www.boulangerielaparisienne.com

멋 부리지 않은 식사 빵 ⑪
불랑제리 푸알란 Boulangerie Poilâne

우리나라 빵과 유럽 빵의 차이점이라면, 유럽 빵은 주식이라서 장식과 가미가 되지 않는다는 것. 그 전형을 만날 수 있는 빵집이 푸알란이다. 1932년부터 문을 열어 3대째 전통을 이어오고 있는 본점으로 살바도르 달리와 프랑스 대통령들도 즐겨 먹은 빵이다. 빵들은 거친 질감과 투박한 모양이 주를 이루는데, 인공적인 맛 없이 담백함이 중독적이다. 가능하다면 점심시간 이전에 찾자. 오후에는 빈 진열대가 많다.

📍 8 Rue du Cherche-Midi, 75006 Paris 🏃 봉 마르셰 백화점에서 도보 8분, 생 쉴피스 성당에서 도보 10분 💶 캄파뉴 €3.20~ 🕐 월~토 07:15~20:00 ❌ 일요일
📞 +33-1-45-48-42-59 🏠 www.poilane.com

깜찍한 슈크림 ⑫
오데트 Odette

올망졸망한 슈크림이 당신을 기다리는 곳. 달달한 크림과 부드러운 슈의 조화가 기가 막히다. 슈 안에 들어간 크림의 종류는 9가지이며 컬러별로 맛이 다르다. 한 곳에서 종류별로 모두 맛보기엔 부담스럽다면 오페라 부근(38 rue Godot de Mauroy, 75009 Paris), 몽토르게이 거리 부근 (18 rue Montorgueil, 75001 Paris) 지점을 찾아가 다른 컬러의 슈크림을 맛보자.

📍 77 Rue Galande, 75005 Paris 🏃 노트르담 대성당에서 도보 5분, 셰익스피어 앤 컴퍼니에서 도보 2분
💶 슈크림 1개 €2.50~, 커피 €3.30~ 🕐 09:00~20:00
📞 +33-1-43-26-13-06 🏠 www.odette-paris.com

약국 화장품 쇼핑 명소 ⋯⋯⋯ ①

시티파르마 Citypharma

파리에서 가장 큰 약국 화장품 쇼핑 명소. 현지인과 여행자들로 늘 북적여 친절을 기대하기는 어렵다. 대신 할인 행사 상품이 다양하고 다른 약국보다 저렴한 품목이 더 많다. 입구에 가드가 자리하고 있으나 심심찮게 소매치기와 도난 사건도 일어나니 조심 또 조심!

♀ 26 Rue du Four, 75006 Paris 🏃 메트로 4호선
Saint-Germain-des-Prés역 2번 출구에서 도보 3분
🕐 월~금 08:30~21:00, 토 09:00~21:00, 일 11:00~20:00
✖ 1월 1일, 5월 1일, 12월 24일 📞 +33-1-46-33-20-81
🏠 www.pharmacie-paris-citypharma.fr

한국 여행자들로 북적이는 ⋯⋯⋯ ②

몽주 약국 Pharmacie Monge Notre Dame

시티파르마와 더불어 약국 화장품 쇼핑의 쌍두마차로 무프타르 거리 끝자락에 자리한다. 한국인 직원이 상주하고 있어 택스 리펀드, 제품 위치 등에 대한 도움을 받기 좋아 한국 여행자들이 많이 찾는다. 에펠탑 부근에도 지점이 있는데 한국인 대상 서비스는 이곳이 더 다양하다.

♀ 1 Pl. Monge, 75005 Paris 🏃 메트로 7호선 Place Monge역 1번 출구 앞 🕐 월~토 08:00~20:00 ✖ 일요일 📞 +33-1-43-31-39-44 🏠 notre-dame.pharmacie-monge.fr

영화 그 끝나지 않을 꿈 ⋯⋯⋯ ③

리브라리에 뒤 시네마 뒤 팡테옹 시네리테라튀르 Librairie du Cinéma du Panthéon Cinélittérature

1907년 개관한 극장 옆 서점. 오래된 영화 관련 서적, DVD, LP 등을 구매할 수 있고, 유럽 각 도시별로 촬영한 영화 관련 서적이 눈에 들어온다. 아쉽게도 프랑스어 서적이 많지만, 영화 포스터, 엽서 등도 다양하고 가벼운 에코백은 가격도 저렴하고 실용적이다.

♀ 15 Rue Victor Cousin, 75005 Paris
🏃 뤽상부르 공원에서 도보 3분 🕐 월~금 13:00~19:00,
토 11:00~19:00 ✖ 일요일 📞 +33-1-42-38-08-26
🏠 www.cinelitterature.com

빨간 글씨의 영어책 서점 ······ ④
레드 윌배로우 북스토어
The Red Wheelbarrow Bookstore

뤽상부르 공원 건너편에 자리한 영어책 서점. 두 서점이 나란히 있는데 9번지의 서점에는 아이들을 위한 영어책, 11번지의 서점에는 일반인들을 위한 영어책이 있다. 강렬한 빨간색 에코백이 눈길을 끌고 〈어린 왕자〉의 영어 번역본도 두세 종류 마련되어 있다.

📍 9 rue de Medicis / 11 rue de Medicis, 75006 Paris
🚶 뤽상부르 공원 메디시스의 샘 쪽 출구에서 건너편 🕙 10:00~19:00
(시기별로 조금씩 차이가 있으니 구글에서 더블 체크 필요)
📞 +33-1-42-01-81-47 🏠 theredwheelbarrowbookstore.com

다양한 종류의 천연 꿀이 가득 ······ ⑤
파미에 마리 Famille Mary

1921년 장 마리Jean Mary가 시작한 꿀 전문점. 50여 종류의 꿀을 판매하고 있는데 설립 이후 100년이 지난 지금까지 전통 방식으로 꿀을 생산한다. 꿀뿐만 아니라 꿀과 밀랍을 주재료로 사용하는 천연 화장품, 로열젤리, 프로폴리스 등도 좋은 품질을 자랑한다. 추천 품목은 라벤더꿀과 밤꿀.

📍 7 Rue de l'Ancienne Comédie, 75006 Paris
🚶 메트로 4·10호선 Odéon역 2번 출구에서 도보 3분
🕙 화~토 11:00~13:30·14:30~19:30 ❌ 일·월요일
📞 +33-4-84-79-05-51 🏠 www.famillemary.fr

어린 왕자의 모든 것 ······ ⑥
르 프티 프랑스 Le Petit Prince

프랑스 작가 생택쥐페리가 쓴 어른을 위한 동화 〈어린 왕자〉의 모든 것이 있는 상점. 책 속 등장인물들을 모티프로 한 시계, 노트, 그릇, 패브릭 제품 등 다양한 상품이 여행자들의 지갑을 노린다. 가격대는 약간 높지만, 소장 욕구가 마구 샘솟는 상점. 차분하게 골라보자.

📍 8 Rue Grégoire de Tours, 75006 Paris
🚶 메트로 10호선 Mabillon역 1번 출구에서 도보 3분
🕙 월~토 11:00~19:00 ❌ 일요일 📞 +33-9-86-46-74-09

지적 호기심을 채워줄 ······ ⑦

타셴 Taschen

미술 전문 서적으로 이름 높은 독일 출판사 타셴의 파리 스토어. 탐나는 도록과 건축 관련 서적이 가득하다. 보는 것만으로도 미술, 건축 관련 지식이 늘어날 것 같은 책들이 유혹적이다.

📍 2 Rue de Buci, 75006 Paris 🚶 메트로 4·10호선 Odéon역 2번 출구에서 도보 3분 🕐 화~일 11:00~20:00 ❌ 월요일, 5월 1일 📞 +33-1-40-51-79-22 🏠 www.taschen.com/en/stores/paris

프랑스어로 쓴 일본 만화책들이 가득 ······ ⑧

르 레나흐 도레 Le Renard Doré

프랑스어로 번역된 일본 만화책이 가득한 공간. 테마별 만화책은 물론 일본 문학 번역본, DVD도 있다. 지브리 스튜디오 애니메이션을 책으로 만든 그림책들도 있어 흥미롭고 캐릭터를 이용한 문구, 피규어 등도 판매한다.

📍 41 rue Jussieu 75005 Paris 🚶 메트로 10호선 Cardinal Lemoine역 1번 출구에서 도보 2분 🕐 월 14:00~20:00, 화~토 10:00~20:00 ❌ 일요일 📞 +33-1-42-02-14-85 🏠 boutique.lerenarddore.fr

AREA ···· ③

다양한 모습이 공존하는

몽파르나스·카타콤베·
프랑수아 미테랑 국립 도서관

Montparnasse·Catacombes·
Bibliothèque François-Mitterrand

#몽파르나스 #크레이프 #삶과죽음 #쌀국수 #도서관

파리에서 유일하게 우뚝 솟은 마천루가 있는 지역이다.
조용한 주택가와 사무 지구 속에 파리에서 두 번째로 큰 묘지와
예술가의 아틀리에가 있다. 삶과 죽음이 교차하는 카타콤베를 지나
이동하면 정겨운 맛이 가득한 골목이 나오고, 프랑스 지성들이
모여드는 프랑수아 미테랑 국립 도서관도 볼 수 있다. 지역은 널리
분포되어 있으나 메트로 한 노선으로 연결되니 부담 없이 여행하자.

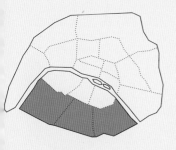

몽파르나스·카타콤베·
프랑수아 미테랑 국립 도서관
이렇게 여행하자

몽파르나스 타워 부근에서 한나절을 보낸 후
도서관 쪽으로 이동했다가 쌀국수 거리가 있는
톨비악 쪽으로 여행하는 것이 효율적이다.
야경을 보고 싶다면 역순으로 이동하자.

○ 몽파르나스 타워 P.262

도보 8분

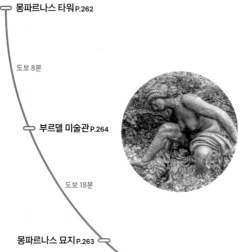

○ 부르델 미술관 P.264

도보 18분

○ 몽파르나스 묘지 P.263

도보 7분

○ 카타콤베 P.264

메트로+도보 17분

○ 프랑수아 미테랑 국립 도서관 P.265

버스 15분

○ 쌀국수 거리 P.266

주변 역
- 메트로 4·6·12·13호선 Montparnasse - Bienvenüe역
- 메트로 6·14호선, RER C선 Bibliothèque François-Mitterrand역
- 메트로 7호선 Tolbiac역

몽파르나스·카타콤베·프랑수아 미테랑 국립 도서관 상세 지도

M Saint-Placide

Bd Raspail

뤽상부르 공원
Jardin du Luxembourg

M Notre-Dame des Champs

M Montparnasse - Bienvenüe

03 부르델 미술관

Bd du Montparnasse

01 몽파르나스 타워

M Vavin

01 라 크레프리 드 조슬랭

M Edgar Quinet

Gare Montparnasse

M Raspail

02 몽파르나스 묘지

Gaîté M

Rue Froidevaux

Bd Raspail

M Pernety

레 쿠숑 달리스 02

다르쿰 칸딘 마로케인 02

RER M Denfert-Rochereau

04 파리 지하 납골당(카타콤베)

01 프로마주리 바크룩스

프랑수아 미테랑 국립 도서관 05

M Saint-Jacques

Mouton Duvernet M

Alésia M

N

0   200m

D906

M Porte d'Orléans

몽수히 공원
Parc Montsouris

● 명소
● 식당/카페
● 상점

파리 시내를 한눈에 바라볼 수 있는
못생긴 건물 ⋯⋯ ①

몽파르나스 타워 Tour Montparnasse

모파상이 살아 있었다면 에펠탑보다 더 싫어하지 않았을까 싶을 만큼 이질적인 건물. 무지막지한 느낌을 주며 홀로 우뚝 솟은 외관으로 인해 완공 이후 지금까지 파리 시민의 미움을 받고 있다. 하지만 56층을 40초 만에 주파하는 고속 엘리베이터를 타고 올라가는 몽파르나스 타워 전망대에서 보는 파리는 그 미움을 씻어낼 수 있을 만큼 아름답다. 사방으로 보이는 파리의 랜드마크들과 올망졸망 모여 있는 건물들, 그 사이 골목 안 사람들이 재미있는 풍경을 만들어낸다. 몽파르나스 타워는 야경 명소로도 사랑받는데, 야경을 보고 싶다면 한여름이라도 도톰한 겉옷을 준비하자.

📍 33 Av. du Maine, 75015 Paris 🚶 메트로 4·6·12·13호선 Montparnasse-Bienvenüe역 4번 출구 앞 💶 전망대 18세 이상 €20, 주야간 2회 방문 티켓 18세 이상 €35, 전망대+샴페인 €32 (온라인 예매 기준) 🕐 4~9월 월~금 09:30~23:30, 10~3월 월~금 09:30~22:30, (공통) 토·일·공휴일 09:30~23:00, 폐장 30분 전 입장 마감 📞 +33-1-45-48-55-26
🏠 www.tourmontparnasse56.com

몽파르나스 묘지 Cimetière du Montparnasse

버터 향 가득한 크레이프 골목과 가까운 곳에 자리한 파리에서 두 번째로 큰 공동묘지로 1824년에 개장했다. 묘지 한가운데 자리한 청동 천사상이 망자와 남은 이들을 위로하고, 이곳에서 잠든 유명 지식인과 예술가를 찾는 여행자들을 보호하는 것 같다. 〈악의 꽃〉의 작가 샤를 보들레르, 〈고도를 기다리며〉의 작가 사뮈엘 베케트, 다다이즘과 초현실주의 성향의 패션·인물 사진으로 유명한 만 레이, 철학가이자 소설가 장폴 사르트르와 그의 연인 보부아르, 영화 〈시네마 천국〉에서 극장 영사 기사 알프레도를 연기했던 배우 필립 느와레도 이곳에서 안식을 취하고 있다.

★ 유명 인사의 묘소는 에드가 키네Edgar Quinet역에서 찾아가는 것이 편하다.

📍 3 Bd Edgar Quinet, 75014 Paris 🚶 메트로 6호선 Edgar Quinet역 유일한 출구에서 도보 5분, 메트로 4·6호선 Raspail역 1번 출구에서 도보 3분 💶 무료 🕐 3월 16일~11월 5일 월~금 08:00~18:00, 토 08:30~18:00, 일 09:00~18:00, 11월 6일~3월 15일 월~금 08:00~17:30, 토 08:30~17:30, 일 09:00~17:30 📞 +33-1-44-10-86-50
🏠 www.paris.fr/lieux/cimetiere-du-montparnasse-4082

필립 느와레의 묘

장폴 사르트르와 보부아르 부인의 묘비

부르델 미술관 Musée Bourdelle

역동적으로 표현한 〈활 쏘는 헤라클레스〉로 잘 알려진 로댕의 대표적인 제자 앙투안 부르델이 거주하며 아틀리에로 사용한 공간이다. 작가 사망 이후 미술관으로 리모델링해 작품을 전시하고 있는데, 크지 않은 규모의 공간에 많은 작품이 촘촘하게 전시되어 있다. 곳곳에 청동상이 숨어 있는 정원도 볼거리.

📍 18 Rue Antoine Bourdelle, 75015 Paris
🚶 메트로 4·6·12·13호선 Montparnasse
- Bienvenüe역 2번 출구에서 도보 3분,
12호선 Falguière역 유일한 출구에서 도보 5분
🎫 상설 전시 무료, 기획 전시에 따라 유동적
🕐 화~일 10:00~18:00, 입장 마감 17시 40분
❌ 월요일, 1월 1일, 5월 1일, 12월 25일
📞 +33-1-49-54-73-73
🏠 www.bourdelle.paris.fr

파리 지하 납골당(카타콤베)
Les Catacombes de Paris

포화 상태가 되어 환경오염의 주범으로 떠오른 파리 시내 묘지의 유골들을 수습해 조성한 지하 무덤. 과거 고대 로마 시대에 만든 채석장을 이용해 로마 외곽의 카타콤베를 모델로 조성했다. 600만여 기의 유골이 안치되어 있는데 20m 깊이 지하의 300km에 달하는 복도에 유골이 가득하다. 관광객이 관람할 수 있는 곳은 1.6km의 공간으로 모두 돌아보는 데 1시간 정도 걸린다. 실내는 한여름에도 서늘하니 주의하고 사진 촬영은 가능하나 플래시는 제한된다.

📍 1 Av. du Colonel Henri Rol-Tanguy, 75014 Paris 🚶 메트로 4·6호선, RER B선 Denfert-Rochereau역 1번 출구 앞 🎫 성인 €29
🕐 화~일 09:45~20:30, 마지막 입장 19:30, 예약 필수 ❌ 월요일, 1월 1일, 5월 1일, 12월 25일 📞 +33-1-53-79-59-59
🏠 www.catacombes.paris.fr

프랑수아 미테랑 국립 도서관 Bibliothèque François-Mitterrand

미테랑 대통령이 프랑스 혁명 200주년 기념사업으로 추진한 '그랑 프로제'의 일환인 초대형 도서관. 이화여자대학교 ECC를 설계한 도미니크 페로가 설계했는데, 책을 펼쳐놓은 듯한 25층 건물 4채가 서로 마주 보고 있는 외관이 인상적이지만, 건물 전체를 유리벽으로 만들어 책을 보관하는 도서관의 기능보다 심미적 기능에 집중했다는 비난도 받았다. 중앙 정원과 테라스에서 휴식을 취할 수 있어 여행 중 잠시 쉬기에도 좋다. 1500만 권이 넘는 장서를 소장하고 있는데 그중에는 세계에서 가장 오래된 금속 활자본 〈직지심체요절(직지심경)〉도 있다.

📍 Quai François Mauriac, 75706 Paris 🚶 메트로 6·14호선·RER C선 Bibliothèque François-Mitterrand역 2번 출구에서 도보 5분 🕐 월 14:00~20:00, 화~토 09:00~20:00, 일 13:00~19:00
📞 +33-1-53-79-59-59 🏠 www.bnf.fr/fr/francois-mitterrand

직지심경이 왜 프랑스 파리에?

〈직지심경〉은 우리나라에서 만든 세계 최초의 금속 활자 인쇄물로 유네스코 세계기록유산에도 등재된 유물이다. 고려 말 승려 백운(1298~1374)이 고승들의 어록을 가려 엮은 것으로 1377년 충북 청주 흥덕사에서 금속 활자로 간행했다. 이를 조선 말기 주한 프랑스 대리 공사를 지낸 콜랭 드 플랑시(1853~1922)가 수집해 1900년 파리 만국박람회에서 최초로 전시했고, 이후 경매에서 앙리 베베르가 구입해 보관하다 그의 사후인 1950년 프랑스 국립 도서관에 기증하면서 오늘까지 이르고 있다. 지난 2023년 50년 만에 〈직지심경〉이 일반 대중에게 공개되면서 일각에서 반환에 대한 의문을 제시했으나, 〈직지심경〉은 외규장각 도서와는 달리 적법한 절차를 통해 반출된 것이므로 반환은 어렵다는 의견이 주를 이룬다.

진한 고기 국물과
약간의 MSG로 만나는 천국
베트남 쌀국수

미식의 나라 파리에서 베트남 쌀국수를? 한때 프랑스의 식민지였던 베트남에서 건너간 이민자들이 쌀국수를
전파했다는 설, 프랑스의 소고기 국물 요리 포토푀Pot-au-feu에서 유래했다는 2가지 설이 있다.
파리에 베트남보다 맛있는 쌀국수가 있다고도 하는데 우리에게는 느끼한 음식에 지친 위장을 위로해주는 맛이다.
파리에 쌀국수 식당이 꽤 많은데 주로 톨비악Tolbiac역 부근 쌀국숫집들이 역사와 전통을 자랑한다.

 리얼 파리가 추천하는 베트남 쌀국숫집

널찍한 공간으로 이동한 보라색 간판
포 13 Pho 13

테이블 6개인 작은 식당으로 시작해 5배 정도 늘어난 규
모의 식당으로 이전한 쌀국숫집. 다른 쌀국숫집에 비
해 공간이 넓고 쾌적해 마음까지 편하다. 추천 쌀국수는
Pho 4. 족발을 좋아한다면 Pho 1도 추천.

📍66 Avenue d'Ivry, 75013 Paris 🚶메트로 7호선 Tolbiac역
3번 출구에서 도보 8분, 14호선 Olympiades역 2번 출구에서
도보 7분 💶전식 €7.90~, 쌀국수 €13.50~ ⏰11:00~23:00
📞+33-9-80-38-38-38 🏠pho13.com

새로 떠오르는 신흥 강자
포 봄 Pho Bom

13구 쌀국수 지역에서 떠
오르는 신흥 강자. 파리에
거주하는 베트남 사람들
이 추천하는 곳으로 담백
하며 자극적이지 않은 국물 맛이 인상적이다. 가장 무난
하게 먹을 수 있는 메뉴는 6번 쌀국수 포 타이PH6 Pho Tai.
얇게 썰어 국수 위에 올린 소고기가 국물의 열기로 익어
부드럽고 부담 없다.

📍71 Av. de Choisy, 75013 Paris
🚶메트로 7호선 Maison Blanche역 3번 출구에서 도보 6분,
14호선 Olympiades역 2번 출구에서 도보 8분
💶전식 €7.20~, 쌀국수 €13~, 요리 €12.90~
⏰11:00~23:00 📞+33-1-58-89-28-88 🏠phobom.fr

르 콕

포 반꾸온 14

뱀부 레스토랑

포 무이

포 13

포 봄

포 18   포 타이

* 빨간 색 핀은 추가로 추천하는 쌀국수 맛집

전통과 역사를 자랑하는 이 지역 터줏대감 둘

무료로 내어주는 소고기 한 접시

르 콕 Le Kok

이 지역의 터줏대감과도 같은 쌀국숫집. 주변에 경쟁업소가 생겨나면서 위기를 맞았으나 국물을 내고 난 소고기를 내어주면서 다시 인기를 얻고 있다. 가장 인기 좋은 쌀국수는 소고기, 내장 등 부재료를 푸짐하게 넣어주는 1번 쌀국수. 담백하게 먹고 싶다면 고기 없는 3번도 추천.

📍 129 bis Av. de Choisy, 75013 Paris 🚶 메트로 7호선 Tolbiac역 1번 출구에서 도보 3분 💶 쌀국수 €9.50~
🕐 화~일 11:00~23:00 ✖ 월요일 📞 +33-1-45-84-10-48

파리에서 가장 유명한 쌀국수

포 반꾸온 14 Pho Banh Cuon 14

르 콕과 더불어 이 지역의 원조라 불리는 쌀국숫집으로 파리에서 가장 유명한 쌀국숫집이라는 별칭을 갖고 있다. 키아누 리브스의 방문으로 더 유명해졌다. 인기 메뉴는 1번 스페셜 쌀국수. 쫄깃한 천엽과 완자가 푸짐하고 맛있다.

📍 129 Av. de Choisy, 75013 Paris 🚶 메트로 7호선 Tolbiac역 1번 출구에서 도보 3분 💶 쌀국수 €11.50~ 🕐 09:00~23:00
📞 +33-1-45-83-61-15 🏠 pho14paris.fr

라 크레프리 드 조슬랭 La Crêperie de Josselin

몽파르나스 크레이프 골목의 터줏대감 같은 곳. 밀가루가 아닌 메밀가루를 사용하고 크레이프 안에 여러 재료를 넣어주어 배도 든든하고 먹은 후 속도 편안하다. 대표 메뉴는 크레이프 조슬랭Crepe Josselin으로 달걀, 햄, 버섯, 치즈가 들어 있다. 사과주 시드르Cidre와 함께 먹으면 더할 나위 없다. 후식으로는 밤 크림 크레이프인 크렘 마롱Crème Marron 추천.

📍 67 Rue du Montparnasse, 75014 Paris
🚶 메트로 6호선 Edgar Quinet역 유일한 출구에서 도보 3분
💶 크레프리 €6.50~13.50, 샐러드 €5~9, 시드르 €5.20~14.90
🕐 수~토·월 11:30~23:00, 일 11:30~22:30 ❌ 화요일
📞 +31-1-43-20-93-50

다르쿰 칸딘 마로케인 Darkoum Cantine Marocaine

활기 넘치는 다게르 거리에 자리한 모로코 음식점. 모로코 이민자보다는 파리 현지인들에게 사랑받는 곳이다. 곁들여 먹는 쿠스쿠스와 함께 모로코 건강식의 대표 주자 타진tajine을 다양하게 즐길 수 있다. 소고기 타진은 갈비찜을 연상시키는 맛이고 채소 타진은 담백하고 맛있다.

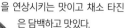

📍 17 Rue Daguerre, 75014 Paris 🚶 메트로 4·6호선·RER B선 Denfert-Rochereau역 2번 출구에서 도보 2분
💶 전식 €6~, 본식 €12~, 쿠스쿠스 €16.50~ 🕐 10:00~23:00
📞 +33-1-71-97-59-85 🏠 darkoum-cantine-marocaine.fr

신선한 치즈가 가득 ...... ①
프로마주리 바크룩스
Fromagerie Vacroux

1949년부터 이 자리에서 영업하고 있는 치즈 전문점으로 신선하고 다양한 치즈와 생햄을 구입할 수 있다. 오렌지색 차양과 그 위 소 모형이 인상적이고, 친절하게 안내하는 주인이 정겹다. 염소 치즈나 모차렐라 치즈가 우리 입에 잘 맞고, 와인 안주용 햄도 다양하다. 신용카드 결제는 €50부터.

📍 5 Rue Daguerre, 75014 Paris 🚶 메트로 4·6호선·RER B선 Denfert-Rochereau역 2번 출구에서 도보 2분 🕐 화~토 09:00~19:30, 일 09:00~13:30 ❌ 월요일
📞 +33-1-43-22-09-04

아기자기한 문구점 ...... ②
레 쿠쟁 달리스
Les Cousins d'Alice

초록색 외관이 눈에 띄는 문구점. 아기자기하고 다양한 크기의 인형과 문구류, 그림책이 가득해 아이와 함께 들르기엔 많은 용기가 필요하다. 작은 파우치 종류도 예쁘고 에펠탑 참이 달린 팔찌나 엽서 등 기념품을 쇼핑하기에도 좋다.

📍 36 Rue Daguerre, 75014 Paris
🚶 메트로 4·6호선·RER B선 Denfert-Rochereau역 2번 출구에서 도보 5분
🕐 월~토 10:00~19:30, 일 11:00~13:00
📞 +33-1-43-20-24-86
🏠 lescousinsdalice.com

PART 4

파리의
근교

아름다운 궁전의 도시

베르사유 Versailles

#위대한바로크 #유럽궁전의원조

베르사유는 루이 13세의 사냥용 별장 터가 있던 작은 마을이었는데
태양왕 루이 14세가 강력한 왕권을 상징하기 위해 베르사유
궁전을 지으면서 파리 귀족들의 시선을 끌었다.
이후 파리를 여행하는 사람들이 반드시 들르는 도시가 되었고,
매년 600만 명 이상이 방문하고 있다. 베르사유는 당시에
할 수 있는 바로크의 모든 화려함을 동원해서 지은
거대한 규모의 궁전과 정원을 갖고 있는데, 이후 이 궁에 살았던
마리 앙투아네트가 로코코의 우아함까지 가미했다.

가는 방법

베르사유 궁전의 주소인 Place d'Armes 78000, Versailles로 가는 아래의 4가지 방법 모두 나비고, 파리 비지테, 모빌리스 4존 이상 패스 사용이 가능하다.

① RER C선 생 미셸 노트르담Saint-Michel Notre-Dame역에서 베르사유 샤토 리브 고슈 Versailles-Château-Rive Gauche행을 탑승해(약 40분 소요) 종착역에서 하차 후 도보 약 10분.

★ 가장 일반적으로 다녀올 수 있는 방법. RER의 행선지를 잘 확인하자.

② 메트로 9호선 퐁 드 세브르Pont de Sèvres역에서 171번 버스를 타고 베르사유 궁전에 서 하차(약 35분 소요).

★ 교통 패스가 없을 때 가장 저렴하게 다녀올 수 있는 방법, 퐁 드 세브르Pont de Sèvres역에서 베르 사유 궁전까지의 교통 체증이 변수.

③ 몽파르나스역Gare Montparnasse에서 랑부예Rambouillet, 샤르트르Chartres행 기차를 타고 베르사유 샹티에Versailles Chantiers역에서 하차(약 25분 소요) 후 샹티에역에서 도보 약 20분 소요.

★ 숙소가 몽파르나스 부근이라면 추천. Versailles Chantiers역 앞에서 4번, EX01번 버스를 탈 수 있는데 운행 간격이 불규칙하다. 걷는 게 마음 편할 수도 있다.

④ 생 라자르역Gare Saint-Lazare에서 베르사유 리브 드루아트Versailles Rive Droite행 기차 를 타고 종착역에서 하차(약 30분 소요) 후 역에서 도보 약 15분.

★ 교통 패스가 없다면 편도 요금이 위 세 방법보다 비싸다.

여행 방법

베르사유 여행은 하루를 꼬박 잡아야 한다. 궁전만 돌아보고 가기엔 파리에서 이동한 시간이 아까울 만큼 아름다운 정원과 왕비의 별궁인 2개의 트리아농, 왕비의 촌락 또한 다양한 멋을 자랑한다. 궁전과 트리아농 사이의 거리도 꽤 멀므로 편한 신발을 신고 여 행에 나서거나 꼬마 기차나 자전거 등을 이용하자.

입장료 & 운영시간 🏠 www.chateauversailles.fr

구분	운영시간	입장 마감	입장료	휴무
궁전	4~10월 09:00~18:30	18:00	€21, 파리 뮤지엄 패스 사용 가능, 예약 필수	월요일, 1월 1일, 5월 1일, 12월 15일
	11~3월 09:00~17:30	17:00		
트리아농 & 왕비의 촌락	4~10월 12:00~18:30	18:00	€21, 파리 뮤지엄 패스 사용 가능	
	11~3월 12:00~17:30	17:00		
정원	4~10월 08:00~20:00	19:00 ・6월 8일~9월 21일 매주 토요일 오후 5시 30분 폐장 ・3월 29~31일, 5월 18일, 6월 28일, 7월 14일, 8월 9일, 8월 15일, 10월 27일, 29~31일 오후 5시 30분 폐장 ・6월 26일 오후 6시 30분 폐장	・무료, 분수쇼, 음악정원 진행 시 유료 ・파리 뮤지엄 패스 사용 불가	
	11~3월 08:00~18:00	17:00		
	분수쇼(2024년) ・3월 30일~10월 27일 매주 토·일요일 ・5월 7일~6월 25일 매주 화요일 ・3월 29일, 4월 1일, 5월 8, 9일, 20일, 8월 15일		€10.50 6~17세 €9 5세 이하 무료	
	음악정원(2024년) ・4월 2일~5월 3일 매주 화~금요일 ・5월 10일~6월 28일 매주 수~금요일 ・7월 2일 10월 31일 매주 화~금요일		€10 6~17세 €9 5세 이하 무료	
	야간 분수쇼(2024년) ・6월 8일~9월 21일 매주 토요일 20:00~11:05 ・6월 28일, 7월 14일, 8월 9일, 8월 11일, 8월 15일에도 분수쇼 있음		€32 6~17세 €28	
공원	4~10월 07:00~20:30	19:45	무료	
	11~3월 08:00~18:00	17:30		

베르사유 궁전 Château de Versailles

유럽을 넘어 세계에서 가장 화려하고 위대한 바로크가 구현된 궁전이다. 프랑스 절대 왕정의 상징적인 건물로 50여 년에 걸쳐 완성한 만큼 구현할 수 있는 모든 건축 기술, 장식 기법이 동원되었다. 오랜 시간 건축 기술과 조경 디자인이 수립되고 아름다움을 인정받아 1979년 유네스코 세계문화유산으로 지정되었다. 잠시 지금의 시간을 잊고 18세기 최고의 사치스러운 공간을 만끽해보자. 공주와 왕자가 되어.

여러 궁전의 뮤즈가 된, 베르사유 궁전

베르사유 궁전은 이후 건축된 여러 궁전의 모델이 되었다. 베르사유 미니미로 불리는 대표적인 궁전은 오스트리아 빈의 손부른 궁전Schloss Schönbrunn. 부르봉 왕가의 바로크 라이벌이었던 합스부르크 왕가의 바로크가 구현된 궁전으로 실제로 방문하면 비슷한 느낌을 많이 받는다. 차이라면 센강 하류의 베르사유 궁전 대운하가 다뉴브강 상류에 자리한 손부른 궁전 운하보다 훨씬 크다는 것. 그 외 이탈리아 토리노 부근의 베나리아 궁전Reggia di Venaria Reale, 나폴리 부근의 카세르타 궁전Reggia di Caserta, 뮌헨 부근의 님펜부르크 궁전Schloss Nymphenburg 역시 베르사유 궁전의 구조와 많이 닮았다.

베르사유 궁전을 똑똑하게 여행하는 법

① 뮤지엄 패스 없이 베르사유궁 여행을 떠났다면 패스포트Passport 티켓을 알아보자. 궁전, 트리아농, 정원 모두 입장 가능한 티켓으로 €32이고, 정원에서 꼬마 열차로 트리아농을 둘러볼 경우 €39이다.

② 파리 시내의 많은 박물관의 휴무인 화요일 방문은 피하자. 정말 많은 사람이 몰린다. 부득이하게 화요일에 방문해야 한다면 궁전 입장 시간을 오전 10시 이전으로 예약하자.

③ 베르사유 궁전은 규모가 매우 커서 곳곳을 돌아보기에 벅찰 수 있다. 걷기 힘들다면 꼬마 열차, 자전거, 전기차 등 다양한 교통수단이 있으니 활용하자.

- 꼬마 기차 왕복 €9.50, 편도 €5
- 자전거 2월 중순~11월 초순 1시간 (일반) €10, (전기) €16
- 전기차 2월 중순~11월 초순 1시간 €42

왕실 성당 Chapelle Royale

2층 구조의 공간으로 금색 장식의 화려한 파이프 오르간이 눈길을 끈다. 오르간 앞쪽 좌석은 왕실 가족을 위한 특별석이었고, 이곳에서 루이 16세와 마리 앙투아네트의 결혼식이 열렸다. 화려한 천장화는 예수 그리스도의 수난 이후의 삶을 묘사하고 있다. 성당 안으로 들어갈 수는 없고 1, 2층의 입구에서 내부를 볼 수 있다.

아폴로의 방

왕의 아파트 Grand Apparement du Roi

국왕이 주로 사용하던 공간. 집무실, 접견실, 만찬장 등 7개의 방이 있고 각 방의 이름은 그리스·로마 신화의 신을 넣어 지었는데 이들의 이름은 태양계 행성 이름으로도 쓰이고 있다. 이는 태양왕 루이 14세가 자신의 권위를 한껏 과시하는 네이밍이었다는 해석이다.

머큐리의 방

다이아나의 방

헤라클레스의 방

거울의 방 Galerie des Glaces

방돔 광장을 설계한 쥘 아르두앙 망사르가 디자인
했다. 베르사유 궁전에서 가장 인기 좋은 공간으로
늘 사람들로 북적인다. 75m 길이의 홀에 정원 쪽으
로 17개의 창이 있고, 반대편 벽에 578장의 거울이
붙어 있어 햇살 좋은 날 눈부시게 빛나는 모습이 압
권이다.

거울의 방은 낮에는 주로 국빈이나 사신을 영접하
는 용도로 쓰였다. 대형 천장화 속 루이 14세는 고
대 로마의 영웅 모습으로 신격화되어 있는데, 이는
상대와의 기싸움을 위한 포석이라고. 눈부신 햇살
속에서 손님을 맞이하던 이 방에서 밤에는 연회가 주로 열렸고, 루이 15세는 애첩 퐁파
두르 부인을 만났다. 그러나 영광스러운 화려함이 가득한 이 방에서 프랑스 입장에서는
두 가지 양면적인 사건이 일어났다. 첫 번째는 프로이센 왕국과 치른 보불 전쟁이 프로
이센 왕국의 승리로 끝나자 프로이센 왕국의 국왕 빌헬름 1세가 1871년 이곳에서 독일
제국의 출범을 선언한 흑역사다. 두 번째는 1919년 제1차 세계 대전 종전 강화 회의가
이곳 거울에 방에서 열리고 베르사유 조약이 체결되어 전쟁을 일으킨 독일을 제재하며
복수에 성공한다. 거울의 방을 본뜬 공간이 토리노 근교 베나리아 궁전, 파리 시내 오페
라 가르니에 등에도 있는데 방문해보면 역시 원조는 원조라는 생각이 든다.

왕비의 아파트
Grand Appartement de la Reine

왕의 아파트와 같이 여러 개의 방으로 구성된 왕비의 아파트는 마리 앙투아네트 시대에 화려하게 개조되었다. 프랑스 혁명 당시 베르사유에 침입한 파리 시민들이 그 화려함에 분노를 폭발시켰다고. 왕비의 침실은 루이 14세의 왕비부터 마리 앙투아네트까지 3명이 사용한 곳으로 19명에 달하는 왕자와 공주가 이곳에서 태어났다. 프랑스 혁명 이후 왕비의 침실 가구들은 대부분 경매에 부쳤는데 그 양이 너무 많아 1년에 걸쳐 처분했다는 이야기가 전해지고 있다. 지금의 모습은 문헌에 의존해 복원한 것이다.

프랑스 역사 박물관 Musée de l'Historie de France

프랑스 혁명 이후 박물관으로 개조해 일반 전시실로 꾸민 공간. 궁전 입구가 있는 북쪽에는 주로 조각상이, 남쪽에는 회화 작품이 전시되어 있다. 나폴레옹의 업적을 기리는 그림들이 가득한 대관식의 방, 프랑스 전쟁사를 한눈에 볼 수 있는 루브르 박물관 대회랑과 비슷한 분위기의 전투 갤러리로 나뉜다.

베르사유 정원 Jardins de Versailles

프랑스식 정원의 진수를 보여주는 곳으로 당대 최고의 정원사 앙드레 르 노트르가 설계했다. 좌우 대칭으로 잘 다듬어놓아 인공미가 가득하지만 초록이 주는 안정감이 궁전이나 시내 여행에서 피로해진 눈과 정신을 맑게 해준다. 궁전보다 더 넓은 정원 곳곳을 연못, 대운하, 조각상, 작은 숲이 장식하고 있다.

오랑주리 Orangerie

궁전에서 나와 대운하로 가기 전 왼쪽에 자리한 구역. 잔디밭으로 만든 동글동글한 문양이 귀엽고 규칙적으로 서 있는 나무들이 질서정연하다. 인간이 자연을 정복할 수 있다는 계몽주의적 사고의 산물로 이곳 역시 망사르가 설계했다.

라토나의 분수 Bassin de Latone

4단 케이크처럼 생긴 분수. 태양신 아폴로와 달의 여신 디아나의 어머니 라토나 여신의 이름을 붙였다. 분수 아랫단에서 개구리와 거북이, 악어 조각들이 물을 뿜고 있는데 부르봉 왕가에 대항한 프롱드의 난에 동조한 귀족들을 표현한 것이다.

아폴로 분수 Bassin d'Apollon

전차를 타고 일출을 알리는 태양신 아폴로를 표현한 분수로, 태양왕 루이 14세를 상징한다. 대운하 앞 연못에 반쯤 잠긴 형태로 서 있는데 금방이라도 물 밖으로 튀어 나올 것 같은 역동성이 인상적이다.

대운하 Grand Canal

아폴로 분수 뒤로 길게 뻗은 대운하는 가로 1km, 세로 1.4km의 십자가 형태로 정원의 시원한 풍경을 완성시켰다. 루이 14세 시절 베네치아의 곤돌라를 들여와 띄웠다는 기록이 있고, 지금도 여름철이면 보트를 빌려서 탈 수 있다. 보트는 3월 초부터 11월 중순까지 운행하며 요금은 시간당 €20.

핑크색의 로맨틱한 건물 ⋯⋯ ③

그랑 트리아농 Grand Trianon

루이 14세가 자신의 정부를 위해 지은 궁전. 이탈리아 건축의 영향을 받아 기둥이 늘어서 있고 핑크색 외벽으로 이어진 납작한 단층 건물로, 여성에게 바치는 별궁다운 분위기를 갖고 있다.

마리 앙투아네트의 별궁 ⋯⋯ ④

프티 트리아농 Petit Trianon

루이 15세가 자신의 정부 퐁파두르 부인과 함께 지내려고 건축을 시작했는데 완공은 퐁파두르 부인 사후인 1768년에 이루어졌다. 덕분에 프티 트리아농의 주인은 루이 15세의 마지막 정부 뒤바리 부인이 되었다. 그 후 루이 16세가 마리 앙투아네트의 첫 출산을 기념해 선물로 주었으며, 나폴레옹의 두 번째 황후 마리 루이즈도 이 건물에서 지냈다. 건물은 아담하고 깜찍하며 내부도 사랑스러운 분위기를 띠고 있다.

공주님의 평민 체험 장소 ⋯⋯ ⑤

왕비의 촌락 Hameau de la Reine

아기자기하고 올망졸망한 느낌의 가옥 12채가 모여 있는 촌락. 마리 앙투아네트가 "자연으로 돌아가라"는 루소의 철학에 심취해 목가적인 삶을 동경했고, 실제로 이곳에서 그 소망을 구현했다.

마리 앙투아네트가 애인과
밀회를 나눴다는 사랑의 신전

빈센트 반 고흐의
마지막 시간이 흐르는
오베르 쉬르 우아즈
Auvers-sur-Oise

#빈센트반고흐 #작품속배경

한국인이 가장 사랑하는 화가 빈센트 반 고흐가 생애 마지막 70일을
보낸 마을이다. 1890년 5월 20일에 오베르 쉬르 우아즈에
도착한 고흐는 이곳에서 80여 점의 그림을 그렸고, 그해 7월 27일
권총으로 자살을 기도해 이틀 후 숨을 거뒀다. 천재적인 화가,
그러나 살아생전에는 인정받지 못한 비운의 화가 빈센트 반 고흐의
마지막 예술혼이 남아 있는 마을은 고즈넉하고 어딘가
슬픔이 묻어 있다. 고흐가 마을 곳곳에 남긴 그림의 표지판도 있어
그림과 같은 앵글의 사진을 찍기도, 천천히 산책하기에도 좋다.

가는 방법	① 생 라자르역 출발 트랑실리앙 J선 지조르Gisors행 또는 세르퀴Serqueux행 탑승 후 퐁투아즈 Pontoise역 하차, 맞은편 플랫폼에서 페르산 보몽Persan Beaumont행 탑승 후 오베르 쉬르 우아즈Auver-sur-Oise역 하차(약 1시간 10분 소요).

① 생 라자르역 출발 트랑실리앙 J선 지조르Gisors행 또는 세르퀴Serqueux행 탑승 후 퐁투아즈 Pontoise역 하차, 맞은편 플랫폼에서 페르산 보몽Persan Beaumont행 탑승 후 오베르 쉬르 우아즈Auver-sur-Oise역 하차(약 1시간 10분 소요).

② 파리 북역 출발 트랑실리앙 H선 퐁투아즈Pontoise행 탑승 후 생 라자르역 출발과 같은 여정. 크레일Creil행을 탔다면 발몽두아Valmondois에서, 페르산 보몽Persan Beaumont행을 탔다면 종착역에서 하차해 퐁투아즈행으로 환승 후 오베르 쉬르 우아 즈에서 하차(약 1시간 20분 소요).

★나비고, 모빌리스, 파리 비지트 패스 5존 사용 가능

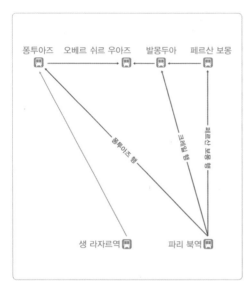

- 2024년 4월 4일부터 11월 1일까지 매주 토·일요일은 파리 북역에서 직행 기차를 운행한다. 파리 북역 출발 09:38, 오 베르 쉬르 우아즈 출발 18:30, 시간표는 변경될 수 있으니 미리 체크할 것. www.transilien.com

- 파리 북역에서 RER D선을 타고 크레일에서 트랑실리앙 H 선으로 환승할 수 있으나 이럴 경우 5존을 넘어가게 된다. 검 표원을 만날 경우 벌금을 낼 수도 있으니 위에 제시한 방법 으로 가자.

- 혼자 이동하는 것이 두렵고 어렵다면 투어 프로그램을 이용 하는 것도 좋다. 파리 시내에서 출발해 모네의 집이 있는 지 베르니와 고흐의 마지막을 볼 수 있는 오베르 쉬르 우아즈 를 함께 돌아보는 투어를 운영한다.(3~10월)

- 오베르성이나 가셰 박사의 집에서 여정을 끝내고 파리로 돌 아오고 싶다면 부근 정류장 Clos du Château 또는 Rue Rémy에서 95-07번 버스를 타고 퐁투아즈로 가서 기차를 타자.

- 여정은 반 고흐의 집 예약 시간에 따라 달라질 수 있다.

그림 속 그 모습 그대로 ⋯⋯⋯ ①

오베르 시청 Mairie d'Auvers-sur-Oise

기차역 옆쪽에 자리한 하얀색의 아담한 건물. 빈센트 반 고흐의 그림에도 등장하는데 시청 앞 패널에 그림이 담겨 있다. 빈센트 반 고흐가 머무르던 라부 여관에서 나왔을 때의 모습을 그린 것으로 그림은 지금 개인이 소장하고 있다.

📍 17 Rue du Général de Gaulle,
95430 Auvers-sur-Oise
🚶 오베르 쉬르 우아즈역에서 도보 3분

반 고흐의 마지막 ⋯⋯⋯ ②

라부 여관 & 반 고흐의 집 Auberge Ravoux & Maison de Van Gogh

오베르 시청 앞 건물. 라부 여관은 이름을 그대로 유지한 채 지금은 레스토랑으로 바뀌었고, 빈센트 반 고흐가 살던 마지막 공간은 건물 옆으로 돌아가면 만나는 매표소에서 티켓을 구입하고(성수기 예약 권장) 가이드 투어로 돌아볼 수 있다. 투어는 15분마다 한 번씩 영어와 프랑스어를 번갈아 사용하며 진행되는데, 고흐의 인생에 대한 설명을 듣고 고흐가 머물렀던 마지막 방을 둘러본 후 옆방에서 영상 감상으로 마무리된다. 이 방은 네덜란드 화가 안톤 히르시그Anton Hirschig가 묵었던 곳이다. 빈센트 반 고흐의 방은 당시 숙박비가 하루에 3.50프랑이었다. 그는 이 방에서 70여 일 머무르며 80여 점의 그림을 그렸고, 그해 7월 27일 권총 자살을 기도했다가 이틀 후 이 방에서 숨을 거뒀다. 여관 주인은 "자살의 방"이라는 오명을 쓴 이 방을 더는 임대하지 않았고 여관 자체도 방치되었는데, 1987년에 반 고흐 연구소에서 인수해 복원했다. 내부에는 빈센트 반 고흐를 떠올릴 만한 그 어떤 것도 없다. 그저 그가 살았던 공간, 그를 괴롭히던 고독과 광기가 남아 있는 공간에서 그를 추모하자.

© Van Gogh Institute

📍 52 Rue du Général de Gaulle, 95430
Auvers-sur-Oise
🚶 오베르 시청에서 길 건너
💶 성인 €10, 12세 미만 무료
🕐 (2024년) 3월 6일~11월 24일 수~일
10:00~18:00(마지막 입장 17:30), 예약 권장
✖ 월·화요일, 12~2월(매년 바뀜)
📞 +33-1-30-36-60-60
🏠 www.maisondevangogh.fr

오베르 쉬르 우아즈 성당

Église Notre-Dame-de-l'Assomption d'Auvers-sur-Oise

오르세 미술관이 소장한 빈센트 반 고흐 후기 걸작 〈오베르 쉬르 우아즈의 성당 Église d'Auvers-sur-Oise〉의 모델. 그림처럼 화려하고 강렬한 맛은 없지만 투박하고 소박한 멋이 돋보이는 성당이다. 성당은 11세기에 처음 지었고, 지금의 모습은 13세기에 완성되었다. 여행자들의 단골 인증샷 장소라 외부만 잠시 둘러보는 경우도 있는데 소박하지만 경건함이 충만한 내부도 둘러보자.

📍 Place de l'Eglise, 95430 Auvers-sur-Oise
🚶 반 고흐의 집에서 도보 5분
🕐 09:30~19:00 📞 +33-1-30-36-71-19

오베르 쉬르 우아즈 묘지

Cimetière d'Auvers-sur-Oise

빈센트 반 고흐는 권총 자살을 기도했다가 이틀 후 동생 테오도르 반 고흐가 지켜보는 가운데 숨을 거뒀다. 그리고 그 다음 해에 안타깝게도 테오도르도 죽음을 맞이했고, 그의 부인이 시신을 화장해 1914년에 빈센트 반 고흐 옆에 안치했다. 두 형제의 무덤을 뒤덮고 있는 덩굴은 테오도르의 부인이 심어놓은 것이라고.

📍 Av. du Cimetière, 95430 Auvers-sur-Oise 🚶 오베르 성당에서 도보 5분 🕐 10:30~19:30 📞 +33-1-30-36-70-30
🏠 www.ville-auverssuroise.fr/ville-auvers-sur-oise/cimetiere

〈까마귀가 나는 밀밭〉 배경지 Le Champ De Blé Aux Corbeaux

빈센트 반 고흐의 마지막 작품으로 알려진 〈까마귀가 나는 밀밭〉(네덜란드 암스테르담 반 고흐 미술관 소장)의 배경지. 표지판 속 그림으로 대략적인 구도를 알 수 있다. 기운은 우울하지만 피크닉을 즐기는 여행자도 있고, 고흐를 따라 스케치를 남기는 여행자도 만날 수 있는 곳이다.

📍 Sente du Montier, 95430 Auvers-sur-Oise
🚶 오베르 쉬르 우아즈 묘지에서 도보 5분

정원이 아름다운 소박한 성 ······ ⑥

오베르성 Château d'Auvers

이탈리아 금융업자 자노비 리오니가 1635년에 지은 이탈리아식 성이다. 이후 프랑스 재무장관에게 매각되어 프랑스식으로 개조되었고, 소유주가 몇 번 변경되다 발 드 우아즈 도의회가 소유하면서 인상파 관련 기획 전시를 개최하고 있다. 내부 전시에 흥미가 없다면 정원만 둘러볼 수 있는데, 미로처럼 꾸민 정원이 볼 만하고 평화로운 분위기다.

📍 Chemin des berthelées (parking), 95430 Auvers-sur-Oise
🚶 오베르 쉬르 우아즈 성당에서 도보 5분 🎫 전시 성인 €12, 정원 무료
🕐 전시 화~일 10:00~17:00, 정원 4~10월 화~일 09:00~19:00,
11~3월 화~일 09:00~18:30 ❌ 월요일 📞 +33-1-34-48-48-48
🏠 www.chateau-auvers.fr

고흐 그림 속 인물 ······ ⑦

가셰 박사의 집 Maison du Docteur Gachet

우울증을 전문으로 다루던 미술 애호가 가셰 박사가 살던 집이다. 그는 빈센트 반 고흐를 마지막까지 후원하고 보살피던 인물로 그가 살았던 공간이 그대로 보존되어 있고, 수집한 인상파 화가들의 작품과 고흐와 주고받은 편지, 스케치 등이 전시되어 있다. 오르세 미술관에서 볼 수 있는 그의 초상화에 등장하는 붉은 테이블도 전시되어 있다.

📍 78 Rue Gachet, 95430 Auvers-sur-Oise 🚶 오베르성에서 도보 12분 🎫 성인 €3 🕐 목·토·일 10:30~18:00(입장 마감 17:30) ❌ 월~수·금요일 📞 +33-1-34-48-48-48
🏠 www.valdoise.fr/167-la-maison-du-docteur-gachet.htm

반 고흐의 동상이 있는 ······ ⑧

반 고흐 공원 Parc Van Gogh

입체파 조각가 오시프 자킨Ossip Zadkine이 반 고흐에게 헌정한 고흐의 동상이 있는 공원이다. 고독과 외로움이 느껴지는 그에게 인사를 건네자.

📍 Rue Daubigny, 95430 Auvers-sur-Oise
🚶 반 고흐의 집에서 도보 2분
📞 +33-1-30-36-71-81

오베르 쉬르 우아즈에서 고흐의 작품을 찾는 재미

Rue de la Sansonne, 95430 Auvers-sur-Oise

46 Rue Daubigny, 95430 Auvers-sur-Oise

285

모네의 숨결이 가득한

지베르니 Giverny

#샤랄라꽃동산 #인상파그림속으로

고즈넉한 풍경과 고요한 기운이 가득한 지베르니는
인상파의 선구자 클로드 모네가 반평생을 보내며 〈수련〉 연작을
그린 곳이다. 봄여름에 파리 여행을 선택한 모네의 팬이라면
생략하기 아까운 여행지다. 모네가 직접 가꾼 정원의 가득한 꽃,
흐드러진 버드나무가 드리워진 호수와 다리에서
모네의 숨결을 느껴볼 수 있다. 시간 여유가 있다면 근처
성당에서 안식에 든 모네를 만나러 갈 수도 있다.

가는 방법

생 라자르역Gare Saint-Lazare에서 루앙Rouen 방향이나 르 아브르Le Havre행 기차 탑승 ▷베르농-지베르니역Vernon-Giverny에서 하차(약 50분 소요) ▷ 역 앞에서 택시나 셔틀 버스 승차(버스표는 기차역 앞 버스 기사에게 직접 구입. 편도 €5, 왕복 €10, 약 10분 소요) ▷ 버스 하차 후, 모네의 집까지는 도보 10분

🏠 셔틀버스 시간표 정보 www.sngo.fr/la-navette-shuttle(TÉLÉCHARGER 버튼 클릭)

- 기차역 앞에 꼬마 기차도 정차한다. 마을 풍경을 천천히 둘러보고 싶다면 이용해보자. 요금은 왕복 €10
- 혼자 이동하는 것이 두렵고 어렵다면 투어 프로그램을 이용하는 것도 좋다. 파리 시내에서 출발하면서 지베르니를 반나절 돌아보는 투어와 고흐의 마지막을 볼 수 있는 오베르 쉬르 우아즈를 하루 종일 함께 돌아보는 투어를 운영한다.

모네의 집과 정원 ⋯⋯ ①

클로드 모네 재단 Fondation Monet

클로드 모네가 1890년에 구입해 직접 가꾼 장소. 모네가 작업한 모네의 집과 모네가 직접 꾸민 정원이 아름답다. 기차역에서 출발한 버스가 도착한 주차장에서 10분 정도 걸어가면 된다. 버스에서 내린 대부분의 사람들이 향하는 곳이니 함께 가면 되고, 미리 티켓을 예약했다면 길을 따라가다가 PORTE 1bis 화살표를 따라가 "NTREE COUPE FILE"라고 쓰여 있는 입구로 들어가자.

먼저 도착하는 곳은 정원. 이곳에서 지하도를 이용해 연못으로 향할 수 있고, 모네의 집 방향으로 향할 수도 있다. 모네의 집에 입장하기 위해 서 있는 사람들의 줄을 보고 먼저 갈 곳을 정하자. 출구 쪽에 자리한 거대한 숍에서는 모네 그림의 복사본과 모네의 그림을 이용한 여러 지물품, 지베르니 지역 농산물로 만든 꿀, 잼, 사탕 등을 판매한다.

📍 84 Rue Claude Monet, 27620 Giverny 🚶 셔틀버스 하차 장소에서 도보 10분 💶 성인 €11, 7세 미만 무료, 지베르니 인상파 박물관 복합 티켓 €23, 마르모탕 모네 미술관 복합 티켓 €25, 오랑주리 미술관 복합 티켓 €23.50(결합 티켓은 현장 판매만 가능) 🕐 (2024년) 3월 29일~11월 1일 매일 09:30~18:00(입장 마감 17:30) 📞 +33-2-32-51-28-21 🏠 fondation-monet.com

모네의 정원 Les jardins de Claude Monet à Giverny

모네가 직접 가꾼 정원. 두 부분으로 나뉘는데 중간에 도로가 있어 지하도로 연결된다. 모네가 직접 파리 식물원을 오가며 구한 모종들로 꾸며놓은 모네의 집 앞 정원은 각양각색의 꽃이 가득하고, 계절별로 피는 꽃들이 다르다. 가장 방문하기 좋은 시기는 5~7월. 지하도 건너편 정원은 우리가 그림 속에서 만난 연못과 다리가 있는 일본식 정원이다. 모네는 다른 인상파 화가들과 함께 일본 회화와 정원에 심취해 정원을 일본식으로 꾸미고 싶어 했다. 특히 일본 연꽃을 구하기 어려워 자신이 가진 인맥을 총동원했다고. 모네의 그림 속에 등장하는 곡선의 다리는 늘 인증샷을 찍으려는 사람들로 붐빈다.

모네의 집 Maison de Claude Monet

모네가 생활했던 공간을 그대로 보존한 모네의 집에는 그가 직접 그린 습작과 그가 심취했던 일본 그림들, 당대 화가들의 작품들이 빼곡히 전시되어 있다. 또한 그가 사용했던 가구, 화구, 침실 등도 그대로 보존돼 화가의 숨결을 느낄 수 있다. 고풍스러운 가구와 카펫이 모네가 살았던 시절의 생활상을 잘 보여주고 있으며, 창밖으로 보이는 정원의 풍경도 아름답다.

정원이 아름다운 미술관 ······ ②

인상파 미술관
Musée des impressionnismes Giverny

인상주의와 그 영향을 받은 작품들을 전시하는 기획전이 열리는데 호불호가 갈리는 편이다. 인상파 미술관에서 구입한 복합 티켓으로 클로드 모네 재단에서 예매 티켓 소지자 입구로 입장할 수 있는 것은 장점. 지베르니로 여행을 떠나기 전 기획전 주제를 살펴보고 입장을 결정하자.

📍 99 Rue Claude Monet, 27620 Giverny 🚶 클로드 모네 재단에서 도보 5분 € 성인 €12, 18세 미만 무료, 클로드 모네 재단 복합 티켓 €23 🕐 (2024년) 3월 29일~11월 3일 10:00~18:00(입장 마감 17:30) ❌ 9월 13일, 전시 준비 기간 휴무, 홈페이지 확인 요망 📞 +33-2-32-51-94-65 🏠 www.mdig.fr

모네의 집에서 15분 정도 걸어가면 라드공드 성당Église Sainte-Radegonde de Giverny에 도착한다. 이 성당의 부속 묘지에 모네의 가족 묘지가 있다. 인상파를 이끌었던 그를 추모하자. 그 옆에는 1944년에 랭커스터 폭격기 추락 사고로 사망한 7명의 공군 장병 무덤도 있다.

스테인드글라스가 아름다운
대성당의 도시

샤르트르 Chartres

#스테인드글라스 #고딕

스테인드글라스로 유명한 대성당이 자리한 샤르트르. 여행자들에게
잘 알려진 도시는 아니지만 유명한 도보 성지 순례 길인
카미노 데 산티아고Camino de Santiago 선상에 자리한 도시로,
12세기에 2차 십자군이 일어난 곳이기도 하다. 샤르트르는 고대에는
아우트리쿰Autricum이라 불리었으며, 샤르트르의 어원이 된
카르누테스족Carnutes의 도시였다. 샤르트르에는 루앙Rouen과
마찬가지로 고딕 양식의 건축물이 많다. 그중 1979년에 유네스코
세계문화유산으로 등록된 샤르트르 대성당은 샤르트르 최고의
볼거리로, 고딕 양식을 집대성한 건물이다.

가는 방법

몽파르나스역Gare Montparnasse에서 르 망Le Mans행 열차 또는 트랑실리앙 H선 샤르트르Chartres행 열차 탑승, 샤르트르역Gare de Chartres 하차. 약 1시간 30분 소요, 요금 €18.40.

샤르트르
상세 지도

Gare de Chartres
• 샤르트르역

• 샤르트르 국제 스테인드 글라스 센터
01 샤르트르 대성당

N

0 — 100m

• 구시가지

● 명소

이곳도 함께, 랑부예성

성당만 짧게 보고 파리로 돌아오기 아쉽다면 중간에 랑부예Rambouillet에서 프랑스 대통령의 여름 별장 랑부예성Château de Rambouillet을 관람하고 돌아가는 것도 추천. 샤르트르에서 랑부예까지는 기차로 이동하고, 성 관람 후 나비고 패스나 모빌리스 5존 패스로 파리로 돌아갈 수 있다.

♀ 78120 Rambouillet ☆ 샤르트르에서 기차로 40분 랑부예역 하차, 기차역에서 도보 15분 또는 기차역에서 버스 A번 타고 세 정거장 후 하차, 도보 4분 ⓔ €11, 파리 뮤지엄 패스 사용 가능 ⏰ 4~9월 수~월 10:00~12:00·13:30~18:00, 10~3월 수~월 10:00~12:00·13:30~17:00 ⊗ 화요일, 1월 1일, 5월 1일, 12월 25일 ☎ +33-1-34-83-00-2
🏠 http://chateau-rambouillet.monuments-nationaux.fr

샤르트르 대성당 Cathédrale Notre-Dame de Chartres

카미노 데 산티아고 선상의 도시라는 표식

성당은 이 지역에 거주하던 골족이 세운 대지의 여신을 위한 신전 터에 4세기 무렵 샤르트르 교구가 형성되던 시기부터 자리했다. 대머리 찰스라는 별명을 가진 샤를 2세가 봉헌한 성모 마리아가 예수 그리스도를 낳을 때 입었던 옷이 보관돼 있어, 순례자들의 발길이 끊이지 않았던 샤르트르 대성당은 1194년에 큰 화재의 피해를 입고 프랑스 왕실의 지지를 기반으로 건축을 진행해 1220년에 완성되었다. 1594년 부르봉 왕조 최초의 군주 앙리 4세가 이 성당에서 대관식을 갖기도 했다. 샤르트르 대성당 앞에 서면 두 첨탑의 모습이 서로 다른 것을 알 수 있다. 왼쪽 종탑은 번개를 맞고 파괴된 것을 1517년에 플랑부아양Flamboyant 양식으로, 오른쪽 종탑은 1170년에 고딕 양식으로 지었다. 왼쪽 종탑이 오른쪽 종탑보다 12m 정도 높은 것도 특색. 문 주변의 조각상들은 4000여 명의 인물을 나타내고 있다. 성서에 등장하는 성인, 예수 그리스도의 제자들이다. 이런 조각상들은 주로 중세 시대에 글을 모르는 대중들에게 교리를 가르칠 목적으로 만들면서 장식성까지 담았다.

내부로 들어서면 12~13세기 유리공예 장인들이 만든 프랑스에서 가장 오래된 스테인드글라스가 눈길을 잡아끈다. 성서 속 일화와 성인의 삶이 가득한 스테인드글라스는 특히 신비하고 아름다운 푸른빛이 감돌아 '샤르트르 블루'라는 이름이 붙었다. 성당 중앙의 제대 뒤편에서 위엄을 더해주는 조각상은 프랑스 조각가 샤를 앙투안 브리단의 작품 〈승천하는 성모 마리아〉다. 이 성당에는 성모 마리아가 예수 그리스도를 낳을 때 입었다는 옷자락이 보관되어 있으며 200여 개의 성모 마리아상이 있는데 그중 일명 '기둥의 성모'가 가장 유명하다. 성당 바닥도 특별한데, 그리스 신화 속 테세우스의 일화에서 유래된 미로가 그려져 있다. 중세 시대 순례자들이 이 미로를 걸으며 기도하고 순례를 떠난 것을 상징한다. 평소에는 의자가 놓여 있지만 2월 중순부터 10월 중순까지는 매주 금요일 오전 10시부터 오후 5시까지 의자를 치우고 개방한다. 이때 미로를 걸으며 고요함과 평화를 추구하고 삶을 전체적으로 성찰하는 시간을 갖게 되며, 죽음과 영생에 관한 묵상을 하게 된다. 신비로운 푸른빛이 가득한 성당에서 잠시 명상에 빠지는 기회를 가질 수 있는 시간이다.

📍 16 Cloître Notre Dame, 28000 Chartres 🚶 샤르트르 기차역에서 도보 5분
🕐 08:30~19:30(7·8월 화·금·일 ~22:00) 📞 +33-2-37-21-59-08
🏠 www.cathedrale-chartres.org

샤르트르 국제 스테인드 글라스 센터
Centre international du Vitrail de Chartres

샤르트르 대성당 관람을 마쳤다면 성당 왼편 골목 안쪽에 자리한 샤르트르 국제 스테인드글라스 센터를 둘러보는 것도 추천한다. 다양한 스테인드글라스를 관람할 수 있고, 실제로 작업하는 모습도 볼 수 있다.

샤르트르 구시가지

성당 오른편 골목으로 들어가면 만날 수 있는 구시가는 고요하고 차분한 분위기다. 오벨리스크가 서 있는 막소 광장과 샤르트르의 모습을 담고 있는 프레스코화가 있는 가옥 등 소소한 볼거리들이 눈길을 잡아끈다.

신비한 모습의 바위섬

몽생미셸 Mont St. Michel

#바다위작은섬 #가는여정도여행

모 항공사 CF에 등장하면서 한국 여행자들의 인기 여행지가 된
수도원의 섬 몽생미셸. 노르망디 해안의 바위섬이었던
이곳에 수도원을 지었고, 이후 감옥과 요새를 거쳐 지금은
매년 300만 명 이상이 찾는 관광 명소가 되었다. 몽파르나스역에서
출발해 렌이나 생 말로, 퐁토르송 등에서 버스를 갈아타고 가는
몽생미셸 여행은 버스에서 만나는 풍경부터가 시작이다.

가는 방법

파리 몽파르나스역에서 오전 7시 30분대에 출발하는 통합권을 구입하는 것이 가장 간편하다. 프로모션 가격으로 €29부터 시작한다. 여행을 확정했다면 일찍 예약하는 것이 좋다. 철도 패스 소지자라면 기차역 사무실에서 좌석을 예약하면 된다. 통합권을 구입하지 못했다면 몽파르나스Montparnasse역에서 2시간 정도 TGV를 타고 렌Rennes역으로 가서 몽생미셸행 버스로 갈아타면 된다. 버스는 1시간 정도 걸리는데, 운행 편수가 많지 않으므로 미리 시간을 확인하는 것이 좋다.

🏠 **기차표 구입** www.sncf-connect.com
🏠 **버스표 구입** keolis-armor.com

혼자 이동하는 것이 두렵고 어렵다면 투어 프로그램을 이용하는 것도 좋다. 몽생미셸만 둘러보는 1일 투어는 물론 주변의 에트르타, 루앙, 옹플뢰르 등을 묶어서 1박 2일로 돌아보는 투어도 있다.

여행 방법

주차장에서 섬까지는 도보로 40분 정도 걸리는 거리로, 무료 셔틀버스를 이용하는 것이 좋다. 섬에 도착하면 특별한 코스는 없다. 도착한 사람 모두 한 방향, 한 길로 수도원을 향해 간다. 수도원 곳곳을 둘러보자.

몽생미셸의 신비함을 만끽하는 방법은 부근에서 숙박하며 야경을 보는 것. 그리고 일 년에 며칠 되지 않지만 바닷물이 가득 차오르는 만조 날의 풍경이다. 만조 날과 시각은 몽생미셸 관광청 홈페이지에 공개하니 여행 전 체크는 필수.

🏠 **조수 시간 정보**
www.ot-montsaintmichel.com/marees

100년의 시간

몽생미셸 수도원 Abbaye du Mont St. Michel

6세기부터 수도사들이 거주하던 작은 바위섬 몽생미셸에 성당이 들어선 것은 708년. 아브랑슈 대주교의 꿈에 미카엘 대천사(미셸)가 나타나 이 섬에 성당을 지으라고 명했다. 그러나 그는 꿈속 천사의 말을 외면했고, 미카엘 대천사는 화를 내며 대주교의 이마에 상처를 냈다. 이에 대주교는 성당을 지어 미카엘 대천사에게 봉헌했다. 그 후 베네딕트 수도회가 들어와 수도원을 지으면서 규모가 커졌고, 500여 년에 걸쳐 증개축을 반복해 지금의 모습을 갖추었다. 로마네스크 양식으로 시작한 건축은 고딕 양식의 첨탑과 르네상스 양식의 실내 장식까지 다양한 모습을 하고 있다.

노르망디 해안의 한 축에 자리한 지리적 위치로 인해 수도원으로 시작한 섬의 건축은 군사적 설비가 더 강조되었고, 지금의 단단한 모습을 갖게 되었다. 특히 백년 전쟁 내내 영국의 공격을 효과적으로 막아내는 데 큰 역할을 했고, 이는 프랑스 국민들의 가톨릭 신앙을 단단하게 하는 데 큰 역할을 했다. 그 후 감옥으로 사용하다 1874년에 역사적 기념물로 지정하면서 일반에게 공개했고, 1979년 유네스코 세계문화유산에 등재되었다.

섬에 도착해 아름다운 회랑, 수도사들의 침묵이 묻어 있는 대식당과 성당 등을 둘러보고 내려오면 끝. 이걸 보기 위해 4시간을 달려왔고 다시 4시간을 달려가야 하나, 이런 생각이 들 수도 있지만 1000년이 넘는 시간 동안 해안을 지키고, 조금씩 쌓아온 성벽이 단단하게 프랑스를 지켜냈다는 생각을 하면 마음이 숙연해지는 곳이 몽생미셸이다. 수도원에서 내려오면서 주변을 살펴보자. 기념품 상점과 이 지역 농수산물로 만드는 음식을 내어주는 식당들이 줄지어 있다. 대표적인 음식은 수플레 오믈렛과 양고기. 아기자기한 간판도 볼거리다.

📍 L'Abbaye, 50170 Le Mont-Saint-Michel 💶 성인 €13(다양한 요금 체계가 있으니 홈페이지 참고)
🕐 5월 1일~8월 31일 09:00~19:00, 9월 1일~4월 30일 09:30~18:00(폐장 1시간 전 입장 마감)
❌ 1월 1일, 5월 1일, 12월 25일 🏠 https://www.abbaye-mont-saint-michel.fr

대식당

수도원 성당

기사의 방

미카엘 대천사가 서 있는 첨탑

PART 5

즐겁고
설레는
여행 준비

한눈에 보는 여행 준비

D-150
여권 만들기

여권은 해외여행 시 반드시 갖춰야 하는 신분증이다. 공항 출입국 심사와 면세품 구입, 숙소 체크인, 택스 리펀드 등을 할 때뿐만 아니라 미술관·박물관에서 오디오 가이드를 대여할 때도 필요하다. 발급 받은 여권에는 바로 서명하고, 여행 중에 분실하거나 도난 당하지 않도록 주의하자. 여권의 서명은 신용카드 뒷면과 같아야 한다.

이미 여권을 갖고 있다면 유효기간을 살펴보자. 프랑스 입국 시 여권 잔여 유효기간은 최종 출국 예정일 기준 + 3개월 이상이다. 프랑스 입국 예정 시점에 남아 있는 여권의 유효기간이 6개월 미만이라면 재발급 받는 것이 좋다.

여권 발급 준비 서류(*수수료 있음)
· 여권 발급 신청서 1부
· 여권용 사진 2매
· 신분증
· 군 미필자의 국외여행허가서

여권 접수는 서울 지역 모든 구청과 광역시청, 지자체 여권과에서 한다. 신청부터 발급까지는 공휴일을 제외하고 최소 4일 이상 걸린다. 특히 6~8월, 11~1월의 성수기에는 신규 여권 신청자가 많이 몰려 발급이 더 늦어질 수도 있다. 이때 여권을 신청해야 한다면 예약제를 실시하는 기관을 이용하는 것도 좋다.

D-130
예산 짜기

파리의 물가는 한국보다 비싼 편이다. 숙박비를 제외하고 현지에서 사용할 비용은 하루 €100 선으로 예상하면 넉넉하지는 않아도 궁핍한 여행이 되지는 않는다. 쇼핑이나 공연 관람 등은 별도의 비용을 책정한다.

· **항공권** 여행 시기에 따라 다르지만 90만~180만 원.
· **숙박비** €20 선의 저렴한 호스텔부터 €500를 훌쩍 넘는 최고급 호텔까지 다양하다. €150~200 선이면 쾌적하고 이동하기 편리한 위치의 호텔을 찾을 수 있다.
· **식비** 미쉐린 스타 레스토랑의 식사는 €100 이상. 그 외 일반 레스토랑의 경우 점심 식사는 €20 내외, 저녁 식사는 €40 내외로 생각해두자.
· **교통비** 나비고Navigo나 파리 비지트Paris Visite 등 정액제 카드를 이용하면 교통비를 많이 줄일 수 있다. 주말에 파리를 여행하는 26세 미만 여행자는 티켓 젠느 위크엔드 Ticket Jeunes week-end를 구입하는 것도 좋다.
· **입장료** 미술관이나 유적지 입장료는 €15 내외다. 많은 곳을 관람하고자 한다면 파리 뮤지엄 패스나 파리 비지트를 이용하자.
· **기타 비상금** 화장실 사용료, 날씨 변화에 따른 간식비 등 위에서 제시한 예산 외에 하루 €30 정도의 여윳돈을 준비해두자.

- **그 외 비용** 한국에서 준비해야 하는 여행자 보험 가입, 물품 준비 비용, 유심칩이나 포켓 와이파이 대여비 등도 잘 알아보고 준비하자. 공연 관람에 관심 있는 여행자라면 미리 티켓을 구입해두는 것이 좌석 확보의 지름길. 각 공연장 홈페이지를 살펴보고 일정과 관심사에 맞는 공연 티켓은 미리 구해두자.

D-120
정보 수집 & 일정 짜기

우선 가이드북을 참고해 기초 개념을 잡는다. 본인의 취향을 반영해 여행지를 선정하고 정보 수집에 들어간다. 각종 인터넷 카페, 블로그 등을 통해 정보를 수집하는데 인터넷상의 모든 정보를 맹신하지는 말 것. 정보는 늘 변하기 때문이다.

정보 수집

계속 변하는 것이 여행지 사정이므로 정보 수집은 여행을 떠나기 직전까지 계속하는 것이 좋다. 정보를 검색할 때는 파리 영화 촬영지, 파리 쇼핑 명소 등 구체적인 단어를 사용하는 것이 좋다. 여행자가 SNS에 올려놓는 사진이나 정보는 실제 날씨를 가늠하는 데 가장 유용한 수단이 되기도 한다.

♠ **참고하면 좋은 사이트**
- 프랑스 관광청 홈페이지 kr.france.fr/ko
- 프랑스 관광청 블로그 blog.naver.com/francois09

일정 짜기

일정을 짤 때 중요한 건 각 여행지의 휴일을 피하는 것. 파리의 미술관·박물관 휴일은 월요일과 화요일에 몰려 있다. 일주일 정도 여행하면서 미술관과 박물관을 주로 볼 예정이라면 휴일을 피해서 일정을 잡는 것이 중요하다.

> ### 프랑스 무비자
>
> 프랑스는 90일간 무비자 체류가 가능하다. 이는 곧 입국일 이후 90일 전에 반드시 한국으로 돌아와야 한다는 이야기다. 여권 유효기간에 신경 쓰고 무비자 체류 기간을 엄수하자. 잔여 여권 유효기간은 6개월 이상이어야 한다. 프랑스는 셍겐 협약을 우선하고 있다. 장기간 파리에 머물고 싶더라도 90일 안에 여행을 끝마치자. 다음을 기약하며.

D-110
항공권 구입 요령 및 예약

항공권 구입은 여행 경비의 1/3~1/2을 차지하므로 신중하게 결정하자. 본인이 원하는 최상의 스케줄이면서 저렴하게 항공권을 구입하고 싶다면 최소 3개월 전에 예약하는 것이 좋다.

저렴한 항공권 구입 요령

저렴한 항공권을 원한다면 성수기를 피하면서 조기 발권을 이용하는 것이 최선이다. 유럽 성수기는 6/20~8/20, 12/20~1/20, 그리고 설과 추석 연휴. 조기 발권은 여행 출발 3~4개월 전에 하는 것이 일반적이며, 예약이 확정되면 바로 비용을 지불하고 발권해야 한다. 이 경우 변경이 불가하거나 수수료가 비싼 단점이 있으니 신중하게 결정하자.

조기 발권을 놓쳤다면 직항보다는 조금 불편해도 외국계 항공사의 경유 편이 싸다. 항공사 홈페이지에 들어가면 특가 행사가 열리기도 하니 평소 선호하는 항공사 홈페이지를 주시하고, 항공사에 따라 학생 또는 나이별 특별 할인 요금이 적용되니 판매 조건을 꼼꼼히 살펴보자.

♠ 항공권 가격 비교 사이트
· 네이버 항공 flight.naver.com
· 인터파크 투어 sky.interpark.com
· 스카이스캐너 www.skyscanner.co.kr

항공권 예약 및 발권

우리나라에 취항하는 대부분의 항공사는 파리에 취항하며 대한항공, 아시아나항공과 에어프랑스가 직항 편을 운행하고 있다. 여행 일정이 정해졌다면 원하는 일자에 운행하는 항공사를 찾는다. 대부분의 항공사가 예약과 동시에 발권이 진행되므로 결제 직전 여권과 동일한 영문 이름이 제대로 항공권에 들어가 있는지, 예약한 출발일과 귀국일이 정확히 잡혀 있는지 꼼꼼하게 확인하자. 발권 이후에 변경하면 수수료를 내야 하는 경우도 있으니 주의할 것.

항공권 구입 시 체크할 사항

· **유효기간** 항공권도 유효기간이 있다. 혹시 모를 여행 기간의 변화에 대비하자.
· **변경 가능 여부** 귀국 일자 또는 귀국 도시의 변경이 가능한지, 수수료가 부과되는지도 체크하자.

눕지 못하는 비즈니스 프리미엄 이코노미

비행기 좌석은 일반적으로 이코노미, 비즈니스, 퍼스트로 나뉜다. 좁은 공간 안에서 10시간 이상 여행한다는 것은 여행의 큰 난관 중 하나다. 조금 편하게 가고 싶다면 프리미엄 이코노미를 선택해보자. 영국항공이 처음 도입한 이 좌석은 이코노미 좌석과 비즈니스 좌석의 중간 정도 가격으로 비즈니스 좌석의 서비스를 받으며 여행할 수 있는 장점이 있다. 항공사별로 조금씩 차이는 있는데 보통 이코노미 좌석보다 10~20cm 넓은 공간과 웰컴 드링크, 어메니티 제공 등의 서비스와 더불어 수하물을 추가해주는 항공사도 있다. 쇼핑을 목적으로 파리 여행을 떠난다면 프리미엄 이코노미 좌석도 염두에 두자.

- **스톱오버 여부** 직항이 아닌 경우 경유지 스톱오버를 제공하는 항공사들이 있다. 이를 이용하면 파리와 함께 다른 도시도 여행할 수 있는 기회이니 활용하자.
- **경유지 숙박 제공 여부** 일부 항공사의 경우 당일 연결이 되지 않을 때 숙박지를 제공하는 프로그램을 갖고 있다.
- **공동 운항 여부** 항공사끼리 동맹을 맺고 공동 운항하는 경우가 있는데 이를 코드 셰어Code Share라고 한다. 외국 항공사를 예약하고 국적기를 탑승하거나, 그 반대의 경우가 될 수 있다.

D-60
현지 숙소 예약하기

낯선 곳에서의 하룻밤은 무엇보다 중요하다. 낮 시간 동안 쌓인 피로를 잘 풀어야 다음 날 여행이 즐겁기 때문. '아무 데서나 자면 어때'라고 생각하지 말고 신중하게 숙소를 선택하자. 무조건 저렴한 곳보다는 본인이 계획한 동선을 고려해 이동하기 쉬우며 안전한 곳으로 선택하자.

숙소 종류

① 호스텔 Hostel
유럽 내 대표적인 저가형 숙소. 2층 침대가 놓인 4인 이상의 도미토리가 많고 소수의 1~2인실도 갖춰져 있다.

🏠 **예약 사이트** www.hostelworld.com

② 호텔
가장 많은 비용을 지불하는 만큼 쾌적하고 안락한 서비스를 누릴 수 있는 숙소. 파리 시내에는 다양한 종류의 호텔이 있으며 영화 속에 등장하는 유명 호텔도 즐비하다. 위치, 전망에 따라 가격은 천차만별. 미리 한국에서 예약하고 가자.

🏠 **예약 사이트** www.booking.com, www.hotels.com

③ 아파트 렌털
가족 여행이거나 일주일 이상 머문다면 고려해볼 만한 숙소. 집 한 채를 온전히 쓸 수 있으며 취사가 가능해 식비를 줄일 수 있고, 자유롭다는 장점이 있다. 단점이라면 그만큼 책임이 따른다는 것. 체크인하면서 비품, 설비, 시설에 대해 꼼꼼히 점검해두고 사진이나 동영상을 찍어두는 것이 좋다. 청소, 관리비가 별도로 청구될 수도 있으며 혹시 모를 기물 파손에 대한 책임 공방이 오가기도 한다. 체크아웃 후 짐 보관이 불가능한 숙소가 많다는 것도 단점. 호스트와의 의사소통이 무엇보다 중요하다.

🏠 **예약 사이트** www.parisattitude.com

어느 지역에 묵을까?

쇼핑을 계획했다면 오페라 주변이 최적. 파리의 대표 백화점과 각종 유명 브랜드 상점들이 밀집된 지역이다. 공항버스인 루아시 버스가 출·도착하니 짐이 많다면 편리하게 공항까지 이동할 수 있다. 공항에서 시내로 들어오는 RER B선이 지나가는 주변 숙소도 권장할 만하다. 그러나 파리 북역이나 몽마르트르 주변은 파리에서도 사건 사고가 많은 곳이라 숙소로 권하지 않는다.

특별한 파리 숙소 이야기

파리에만 있는 고급 호텔, 팔라스 호텔

팔라스 호텔이란 호텔이 가진 역사성과 서비스, 시설 모두 평가해서 내리는 파리 호텔 등급으로 특별한 휴식을 생각한다면 한번 숙박할 만하다. 미국 드라마 〈섹스 앤 더 시티Sex and the City〉에 등장한 플라자 아테네 호텔Hôtel Plaza Athénée(25 Av. Montaigne, 75008 Paris), 봉 마르셰 백화점 쇼핑객을 위해 만들어졌다는 루테티아 호텔Hôtel Lutetia(45 Bd Raspail, 75006 Paris) 등이 팔라스 호텔에 속한다. 1박 숙박비가 100만 원 이상이지만 예전 귀족들의 생활공간 속에서 보내는 하루 정말 특별하고 낭만적인 휴식이 될 것이다.

대표적인 팔라스 호텔
· 르 뫼리스 호텔Le Meurice ♀ 228 Rue de Rivoli, 75001 Paris
· 르 브리스톨Le Bristol Paris ♀ 112 Rue du Faubourg Saint-Honoré, 75008 Paris
· 크리옹 호텔Hotel Crillon ♀ 10 Pl. de la Concorde, 75008 Paris
· 라 레제르브La Reserve Paris Hotel & Spa ♀ 42 Av. Gabriel, 75008 Paris
· 파크 하얏트 파리 방돔Park Hyatt Paris Vendôme ♀ 5 Rue de la Paix, 75002 Paris

에펠탑 뷰 숙소

파리에서 가장 인기 좋은 여행지 에펠탑. 파리에 왔음을 실감케 하는 파리의 아이콘을 매일 아침저녁으로 만날 수 있는 숙소. 15구~17구에 걸쳐 있다.

대표적인 에펠탑 뷰 호텔
· 하얏트 리젠시 파리 에투알Hyatt Regency Paris Étoile ♀ 3 Pl. du Général Kœnig, 75017 Paris
· 풀만 파리 타워 에펠Hôtel Pullman Paris Tour Eiffel ♀ 18 Avenue De Suffren, 22 Rue Jean Rey Entrée Au, 75015 Paris
· 시타딘 투르 에펠 파리Citadines Tour Eiffel Paris ♀ 132 Bd de Grenelle, 75015 Paris
· 르 메트로폴리탄 어 트리뷰트 포트폴리오 호텔Le Metropolitan, a Tribute Portfolio Hôtel ♀ 10 Pl. de Mexico, 75116 Paris
· 호텔 라콤테스 투르 에펠Hôtel La Comtesse Tour Eiffel ♀ 29 Av. de Tourville, 75007 Paris

D-30

여행자보험과
면허증 준비하기

혹시 일어날지 모를 사고를 대비하는 여행자보험은 여행을 떠나기 전 반드시 준비해야하는 사항이다. 파리 여행 후 근교 지역이나 다른 나라로 이동하며 렌터카로 여행할 계획이라면 국제운전면허증도 준비하자.

여행자보험

여행 중 사고는 언제 어디서 일어날지 모른다. 생략하기 쉬우나 반드시 가입하고 가자. 휴대품 도난 등의 사고가 발생하거나 상해, 질병 등으로 병원 치료를 받을 경우 여행자보험에 가입하면 혜택을 받을 수 있다. 보험사 홈페이지를 통해 신청할 수 있으며, 출발전 공항에서도 가입할 수 있지만 미리 가입하는 게 더 저렴하다.

도난 사고를 당했다면 관할 경찰서에서 분실도난증명서를 받고, 병원 치료를 받았다면 진단서와 약제비 영수증 등을 증빙서류로 제출한다. 한국으로 돌아와서 필요한 서류를 챙겨 보험사로 연락하면 규정에 따라 보험 처리를 받을 수 있다. 프랑스에서는 프랑스 입국 시 최소 €3만(약 5000만 원) 이상 보장되는 여행자보험 가입을 권유하고 있다.

국제운전면허증 발급

국제운전면허증은 전국 운전면허시험장이나 경찰서에서 발급받을 수 있다. 본인 여권, 6개월 이내 촬영한 사진이 필요하며 수수료가 있다. 미리 준비하지 못했다면 인천공항 제1여객터미널 3층, 제2여객터미널 2층에 자리한 국제운전면허 발급센터와 김해국제공항 국제선 1층 출국장에서도 발급받을 수 있다. 국제운전면허증의 유효기간은 발급일로부터 1년이며, 여행 시 본인 여권과 한국에서 발급받은 운전면허증도 소지해야 한다. 2019년 9월부터 발급되고 있는 '영문운전면허증'은 아직 프랑스에서는 사용할 수 없다(2024년 7월 현재).

D-15

환전하기

신용카드가 널리 쓰이고 있지만 아직도 현금 사용을 고집하는 곳이 있고, 신용카드를 사용하기 위한 최소한의 비용이 책정된 곳도 있다. 쇼핑 예산을 제외하고 현금과 카드 사용의 비율은 6:4 정도가 좋다.

현금은 바로바로 자신의 씀씀이를 파악할 수 있지만, 분실 위험이 가장 크다. €200 이상의 고액권은 잘 사용되지 않으니 환전 시 유의하고, 프랑스는 팁 문화가 있는 곳이니 자잘한 동전도 준비해두는 것이 좋다.

신용카드나 체크카드는 비자VISA, 마스터MASTER가 안정적으로 사용 가능하다. 카드에 부착된 IC 칩은 카드 비밀번호와 별개의 비밀번호를 설정해야 하는 경우가 있다. 여행을 떠나기 전 카드 회사에 연락해 비밀번호 설정을 확인하고, 잊지 말자. 3회 이상 비밀번호를 잘못 입력하면 카드 사용이 불가능해진다.

최근 외화를 충전해 현지에서 체크카드처럼 사용하는 카드들이 출시되고 있다. 매매 기준율로 환전해 충전하기에 환율이 유리하니 자신이 소지하고 있는 카드 회사나 은행에서 운영하는지 여부를 알아보자.

D-2
여행 가방 꾸리기

항공사별로 다르지만 대부분 이코노미 수하물은 가방 1개 20kg이며, 비즈니스는 30kg 2개까지 수하물로 보낼 수 있다. 프리미엄 이코노미에 탑승할 경우 항공사에 따라 20kg의 짐 2개를 수화물로 보낼 수 있으니 미리 체크하자. 기내 반입은 8~10kg까지 허용된다. 항공사마다 조금씩 다른데 가로·세로·높이의 합이 115㎝ 이하인 가방이어야 기내 반입이 가능하다. 이를 초과할 경우 추가 요금을 지불해야 하는데 요금이 매우 비싸다. 한국에서 출발할 때 2~3kg 정도 초과되는 짐은 눈감아주지만 귀국 시 파리 공항에서는 엄격히 제한하는 편이다. 미리 가방의 여유 공간을 확보하는 짐 싸기가 필요하다. 여행이 진행될수록 짐은 늘어난다. 특히 쇼핑 천국 파리 여행이라면 더욱더.

짐 꾸리기

① 가방
캐리어를 많이 사용하지만 파리의 길은 돌로 되어 있어 울퉁불퉁하고, 우리나라처럼 지하철에 에스컬레이터나 엘리베이터 시설이 잘되어 있지 않다는 점을 기억하자. 캐리어는 바퀴가 4개 달린 것이 편리하다.

② 신발
여행을 떠나면 하루에 최소한 5~6시간을 걷기 때문에 익숙한 신발이 무엇보다 편하다. 숙소에서 사용할 슬리퍼도 하나 챙기고 근사한 저녁 식사나 공연 관람을 계획한다면 구두도 한 켤레 준비하는 것이 좋다.

③ 옷
성당 입장 시 어깨가 드러나거나 무릎 위 맨살이 드러나는 옷은 입을 수 없으니 주의하고 얇고 넓은 머플러 하나 챙겨두자. 6, 7월을 제외하면 일교차가 크므로 얇고 긴 옷을 준비하고, 10월 이후에는 비가 많이 오므로 우산과 방수 기능이 있는 옷을 준비하는 것이 좋다. 미쉐린 스타 레스토랑은 드레스 코드를 지켜야 하는 경우가 있으니 예약하면서 미리 알아두자.

④ 비상약
몸살감기 약과 진통제, 소화제 정도는 준비하는 것이 좋다. 혹시 모를 상처에 대비해 연고와 밴드도 준비하고 평소 운동과 거리가 먼 여행자라면 파스도 준비하자. 장이 민감하다면 지사제도 빼놓을 수 없다. 가벼운 비타민 C도 피로회복에 도움이 될 수 있다.

⑤ 세면도구
호텔이 아닌 민박이나 호스텔에 숙박할 예정이라면 준비하자. 가볍고 흡수성 좋은 스포츠 타월이 유용하다.

⑥ 각종 전자제품
사진 저장을 위해서는 노트북을 사용하는 것이 안전하나 메모리카드를 넉넉하게 준비하는 것도 짐을 가볍게 하는 방법. 파리에서 사용하는 플러그는 한국과 같은 모양이나 폭이 조금 좁다. 멀티 어댑터를 준비하자. 소지하는 전자제품이 많다면 주먹코라고 불리는 멀티 탭을 준비하는 게 좋다. 일부 미술관의 경우 긴 셀카 봉이나 짐벌의 사용을 금하는 곳도 있으니 주의하자.

⑦ 그 외 유용한 물품

· **맥가이버 칼** 정말 유용한 물건 중 하나. 다재다능 만능이다.

· **식염수** 우리나라를 떠나면 콘택트렌즈 용품은 2~3배의 가격으로 뛰고 원하는 제품을 찾기 어려울 때도 있다.

⑧ 기내 반입할 물건

· **각종 전자제품** 노트북과 카메라는 물론 이에 따라오는 케이블과 메모리카드 등은 기내에 들고 타자. 수하물 처리가 거칠어 파손의 위험이 있으며, 짐 분실을 대비해야 한다. 또한 모든 보조 배터리와 충전지가 들어 있는 제품도 기내로 들고 타야 한다. 보조 배터리는 100WH 이하 용량의 배터리 5개, 100~160WH 이하 배터리는 1인당 2개까지 기내 반입이 허용된다. 여기서 160WH는 약 4만 3000mAh로 일반 스마트폰 보조 배터리는 기내 반입이 가능하다.

· **얇은 겉옷** 비행기 안은 은근히 서늘해 이로 인한 컨디션 저하로 이어질 수 있다. 얇은 겉옷이나 스카프 하나는 준비하자.

· **수분 보충 제품** 건조한 기내에서 수시로 수분 제품을 얼굴에 발라주고, 콘택트렌즈 사용자들은 인공눈물을 넣어주는 것이 좋다. 이때 모든 제품의 용량은 100ml가 넘어서는 안 되고 투명한 비닐 지퍼 백에 넣어야 한다.

> **기내 반입 금지 품목**
> 기내에는 100ml가 넘는 액체류와 젤류(고추장, 된장, 잼 등)의 반입이 금지되며 20×20cm의 투명 비닐에 넣을 수 있는 물품만 기내 반입이 허용된다. 또한 스프레이류 등의 인화성 물질, 그리고 손톱깎이·가위·칼 등 날카로운 금속성 물질은 반입 금지 품목이므로 수하물 가방에 넣자.

D-day
가자! 공항으로

한국에서 파리로 떠나는 직항 편은 인천국제공항에서 출발한다. 공항에는 출국 3시간 전에 도착하자. 성수기의 경우 많이 혼잡하므로 미리 도착해 수속을 마치고 면세 구역에서 휴식을 취하는 것이 낫다.

인천국제공항으로 가는 법

공항으로 가는 대중교통편은 크게 3가지로 가장 많은 노선과 운행 편수의 버스, 서울 및 인천 지하철과 연계된 공항철도 AREX, 그리고 택시다. 2018년 1월 인천공항 제2여객터미널이 개장한 후 모든 교통수단은 1터미널에 정차한 후 2터미널로 간다. 두 터미널 사이는 셔틀버스가 운행하는데 10~15분 정도 소요된다.

📞 1577-2600 🏠 www.airport.kr

· **1터미널 이용 항공사** 아시아나항공, 루프트한자, 말레이시아항공, 베트남항공, 싱가포르항공, 아랍에미리트항공, 에바항공, 일본항공, 카타르항공, 캐세이퍼시픽항공, 타이항공, 터키항공 등

· **2터미널 이용 항공사** 대한항공, 에어프랑스, KLM, 체코항공, 알리탈리아항공, 아에로플로트, 중화항공 등

① 리무진 버스

운행 편수가 가장 많은 교통수단으로 서울 시내 각지뿐만 아니라 인천, 수원, 대전 등 지방의 각 버스 터미널에서 인천국제공항까지 직행으로 운행한다.

🏠 노선·시간표 www.airport.kr(교통·주차/대중교통 항목 참조)

② 공항철도 AREX

서울역에서 출발해 김포국제공항을 거쳐 인천국제공항까지 운행한다. 수도권에 거주한다면 저렴하게 이용할 수 있고, 국내선 항공편을 이용해 김포국제공항에 도착했거나 열차편으로 서울역에 도착했을 때도 편리하게 이용할 수 있다. 서울시 지하철, 인천 지하철과 환승할 수 있고 교통카드 이용 시 환승 할인을 받을 수 있다. 서울역 출발 편은 인천국제공항까지 논스톱으로 운행하는 직통열차와 일반 기차로 나뉜다.

🏠 www.arex.or.kr

서울역 도심공항터미널

지방에서 KTX를 타고 서울역에 도착했다면 도심공항터미널에서 출국 수속이 가능하다. 직행공항철도를 이용해야 하지만 인천국제공항에서는 전용 출국 통로를 이용해 한갓지게 출국 수속을 마무리할 수 있다. 공동 운항편에 대한 수속 여부가 다르니 미리 체크하자.

- **홈페이지** www.arex.or.kr
- **이용 가능 항공사** 대한항공, 아시아나항공, 루프트한자
- **이용 시간** 05:20~19:00
- **탑승 수속 마감** 항공기 출발 3시간 20분 전

공항 도착! 출국하기

공항에 도착하면 가까이에 있는 모니터를 찾자. 모니터 속에서 자신이 탑승할 항공편 이름과 출발시간·목적지를 참고해 해당 카운터 Check in Counter 번호를 확인하고 이동하자.

- 체크인 시 마일리지 적립을 잊었다면 탑승권을 잘 보관했다가 여행 후 공항 창구나 홈페이지에서 적립하면 된다.
- 수하물 위탁 시 탑승권에 붙여 주는 Baggage Tag 스티커는 목적지에 도착해 짐을 찾을 때까지 잘 보관해야 한다.

① 탑승 수속(여권과 항공권 필요)

공항 도착 후 자신이 이용할 항공사 터미널을 확인하자. 체크인(여권과 항공권, 마일리지 적립을 원한다면 마일리지 카드 필요) 후 수하물을 위탁한다. 최근에는 미리 웹이나 모바일로 체크인을 진행하고 창구에서 탑승권만 받는 추세인데 항공사별로 이용 가능한 시간이 다르니 확인하자.

② 환전, 보험 가입, 로밍 등의 업무 처리

환전하지 못했거나 여행자보험에 가입하지 못했을 경우 공항에서 처리가 가능하다. 다만 시중과 비교할 때 환율은 높고, 보험료는 비싼 편.

현지 통신사의 유심U-Sim 카드를 구입해 여행자 자신의 전화에 끼우면 한국에서처럼 데이터를 쓰면서 스마트폰을 사용할 수 있다. 단기 여행이라 해도 국내 통신사의 로밍 요금보다는 현지 유심U-Sim 카드를 이용하는 것이 저렴하다.

종류	특징
국내 통신사 로밍	· 일주일 내 단기 여행자라면 고려해보자. 상품이 다양해졌고 가격도 많이 인하되었다. · 비상 시 한국과 연락하기 쉽고, 국내에서 오는 문자 메시지 등 연락도 놓치지 않을 수 있다.
유심 U-Sim 카드	· 현지 통신사 유심 카드를 한국에서 구입해갈 수 있다. 기간과 데이터 제공량을 확인 후 결정하면 되는데, 단점은 카드 에러 시 해결하기 어렵다. · 듀얼심이 가능한 기종의 전화기에 eSIM을 사용한다면 한국과의 연락도 놓치지 않을 수 있는 장점이 있다. · 2주 이상 프랑스 및 유럽에 체류할 예정이라면 현지 구입이 유리하다. **통신사별 추천 심카드(요금 변동 가능)** · **Orange** La Mobicarte Vacances Monde 1개월 10G, €29.99/Orange Holiday 15일 20G, €40(구입처 공항 Relay) · **SFR** Carte prépayée 1개월 20G, €20.99(구입처 샤틀레 레알 등 시내)
포켓 와이파이	· 공항의 해당 통신사 창구로 가서 기기를 대여 받는다. · 기기를 갖고 다녀야 하는 불편이 따르나 일행이 있다면 같이 사용하면서 비용을 줄일 수 있다. · 요금은 회사마다 다르지만 대략 1일 7000원대

고가의 물품을 소지하고 출국했다가 다시 입국해야 한다면 출국 심사를 받기 전 전용 창구에서 '휴대물품반출신고(확인)서'를 받아두자. 이 신고서 없이 물품을 갖고 출국했다가 다시 입국 시 세관 단속에 걸리면 국내 구입을 증명해줄 문서가 필요하다.

③ 출국 심사(여권과 탑승권 필요)

탑승권Bording Pass의 탑승 시간Bording Time을 확인하고 그 시간까지 탑승장Bording Gate으로 가자. 이를 위해 출국 심사를 거쳐야 하는데 가장 시간이 많이 걸리는 과정이다. 특별히 공항에서 할 일이 없다면 탑승 수속 후 바로 출국장으로 들어가자. 신고할 물품이 없다면 검색대를 통과하는데 노트북이나 태블릿 PC 소지자는 미리 가방에서 꺼내 놓아야 한다. 검색대를 통과 후 맞은편 창구에서 여권과 탑승권을 보여주고 출입국 심사대에서 출국 수속을 마친다. 전자 여권 소지자라면 별도의 신청 없이 자동 출입국 심사를 받을 수 있다. 도심공항터미널을 이용한 승객들은 승무원, 외교관 전용 통로를 통과해 면세 구역으로 들어가게 된다.

④ 면세 구역

출국 심사 과정이 끝나면 탑승장의 위치와 탑승 시간을 체크한 뒤 면세 구역에서 쇼핑을 즐기면 된다. 시내 면세점에서 면세품을 구입했거나 인터넷으로 구매한 경우 면세품 인도장에서 구입한 물품을 찾아야 한다. 성수기에는 사람들이 붐벼 꽤 오랜 시간이 걸린다.

담배나 배터리 등은 우리나라가 가장 저렴하므로 공항 면세점에서 구입해두자. 예약해둔 바우처나 공연 예약 티켓 등의 출력이 필요하다면 곳곳에 설치된 인터넷 카페나 항공사 라운지에서 준비해두자.

⑤ 탑승구 확인 및 탑승

탑승시간 무렵에는 해당 탑승구로 이동하자. 탑승이 시작되면 여권과 탑승권을 준비하고 승무원들의 지시에 따라 비행기 안으로 들어가면 된다.

환승하기

경유 편 항공사를 이용해 파리에 간다면 항공사의 주 공항-예를 들면 루프트한자의 경우 프랑크푸르트나 뮌헨-에서 비행기를 갈아타게 된다. 기내에 있는 짐을 모두 가지고 비행기 밖으로 나와 트랜스퍼Transfer 안내 표지판을 따라 이동한다. 곳곳의 안내 모니터에서 파리행 항공편명과 번호가 뜨므로 그것을 참고해 해당 탑승구로 찾아가자.

유럽계 항공에 탑승했을 경우 경유하는 공항에서 입국 심사를 받게 된다. 이때 별다른 질문은 없으니 너무 긴장하지 말자. 유럽계 항공사의 경우 2~3시간, 동남아계 항공사의 경우 최소 2시간에서 최대 9시간까지 시간이 생긴다. 공항에 따라 환승 승객을 위한 투어 프로그램을 운영하는 항공사가 있으니 체크해보고 이용하자.

파리 입국하기

① 입국 심사

공항에 내리면 표지판에서 가방 그림인 Bagages-Sortie을 찾자. 화살표가 지시하는 대로 따라가면 입국 심사대에 도착한다. 프랑스 입국 시에는 입국 신고서나 세관 신고서가 없으니 여권만 준비하자. 특별한 질문은 없지만 주로 체류 기간, 목적, 충분한 돈을 소지하고 있는지 여부를 묻는다. 미리 답변을 준비해두자.

② 수하물 찾기

입국 심사 시 구비 서류 권유 리스트
- 출국 예정일로부터 3개월 이상 유효한 여권
- 귀국 항공권
- 최소 3만 유로 이상 보장되는 여행자보험
- 현금, 신용카드 등 여행 경비 증빙 서류(호텔 예약서 지참 시 하루 €65, 미지참 시 하루 €120)

입국 심사 과정이 끝나면 전광판에서 자신의 항공편 이름을 확인하고 해당 벨트에서 기다리자. 짐이 나오지 않았을 경우 배기지 클레임 카운터로 가서 인천공항에서 받은 배기지 태그Baggage tag를 보여주자. 짐이 분실되거나 다른 곳으로 가는 경우가 있는데, 신고서를 쓰면 2~3일 내에 짐을 숙소로 보내준다. 간혹 짐을 영영 찾지 못할 수도 있다. 2가지 경우 모두 보상금을 주는데 항공사에 따라 다르지만 지연 시 미화 $50 정도를 받게 된다. 분실 시에는 항공사의 수하물 규정에 따라 정해져 있는 보상금을 주는데 산출 기준은 짐의 무게다. 짐의 무게로 1kg당 $20, 최대 20kg까지 보상받을 수 있다. 수하물을 찾아 공항의 입국장으로 나온 후 교통수단을 이용해 시내로 들어가면 된다.

기차로 파리 입국하기

파리는 프랑스와 유럽권 국가들의 주요 도시를 연결하는 모든 철도 노선이 집중되는 곳으로 7개 기차역이 흩어져 있으며, 역에 따라 연결되는 국가와 노선이 다르다. 7개의 기차역 중 특히 국제선이 출·도착하는 북역, 동역, 리옹역 등은 규

모가 크고 국내외, 주·야간 열차를 기다리는 사람들로 아침부터 늦은 시간까지 항상 붐빈다. 각 역내에는 카페와 레스토랑·즉석사진기·코인 로커 등 편의 시설이 있다.

전광판에는 많은 정보가 담겨 있다.
열차 출발 시간과 목적지를 찾고
탑승 구역으로 이동하자.

종이 승차권 개표기

QR 코드로 개표할 수도 있다.

각 역의 연결 국가와 도시

북역 Gare du Nord
영국(유로스타), 프랑스 북부, 벨기에, 룩셈부르크, 네덜란드 방면, RER B·D선, 메트로 4·5호선과 연결.

동역 Gare de l'Est
스트라스부르 등 프랑스 동부 연결, 1883년 이스탄불행 오리엔트 익스프레스가 출발했던 역, 메트로 4·5·7호선 연결.

생 라자르역 Gare St-Lazare
노르망디 지방과 파리 근교행 열차 출발. 메트로 3·12·13·14호선 연결.

베르시역 Gare de Bercy
승객들의 차와 오토바이 등 차량을 실을 수 있는 구조로 만든 역. 디종 등 부르고뉴 지방으로 향하는 열차가 출발. 메트로 6·14호선 연결.

몽파르나스역
Gare Montparnasse
노르망디, 루아르 방면 TGV 탑승. 메트로 4·6·12·13호선으로 연결.

오스테를리츠역 Gare d'Austerlitz
오를레앙, 툴루즈 등 보르도와 루아르 지방으로 향하는 열차가 출발. 메트로 5·10호선, RER C선 연결.

리옹역 Gare de Lyon
리옹, 니스, 아비뇽, 디종, 마르세유 등 프랑스 남동부와 이탈리아, 스위스 연결. 메트로 1·14호선, RER A·D선 연결.

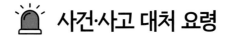

사건·사고 대처 요령

잠시 잠깐 긴장을 풀면 닥치는 사고. 여행 중 사건·사고는 언제 찾아올지 모른다.
관광대국 프랑스인 만큼 긴장 풀린 여행자를 노리는 소매치기는 곳곳에 있다.
사고에 대처하는 방법을 안내한다.

**치안 사고 방지
주의사항**

여행을 떠나기 전

① 여권과 신분증은 2장 정도 복사해 따로따로 보관한다. 비상용 사진도 필요하다. 신용카드 번호 역시 따로 기록해두자.
② 여행자보험은 필수! 출발 전 가입하자. 공항에서는 비싸다.
③ 한국인 여행자들의 스마트폰 역시 좋은 표적. 가방과 연결하는 케이블을 사용하고, 현지 심카드 사용자들은 국내 통신사 로밍을 차단해두고 심카드 보관에 유의하자.

여행 중

① 공항에 도착해 교통 티켓을 구입하려고 줄을 서 있거나, 표지판을 찾느라 두리번거리는 사이 짐이 없어지기도 한다. 캐리어는 몸 앞에 두자.
② 가방과 내 몸은 하나라고 생각하고 움직이자. 캐리어는 몸 앞에 두고, 크로스백은 대각선으로 메고 항상 몸 앞쪽에 둔다. 백팩 사용자는 지퍼에 옷핀이나 자물쇠를 채우자.
③ 늦은 시간에 인적이 드문 곳을 배회하거나 과도한 음주 후 돌아다니는 것은 무척이나 위험한 일이다.
④ 여행을 시작하기 전 늘 여권과 여행 경비를 몸에 지니고 숙소를 떠나자. 여행 경비는 분산해 보관하는 것이 좋다.
⑤ 메트로 문 앞에서 휴대폰을 꺼내거나 카메라 속 사진을 확인하는 것은 소매치기들에게 가져가라는 신호!
⑥ 식당에서 의자 등받이에 가방을 걸어뒀다 도난당하는 경우가 많다. 가방은 무조건 보이는 곳에 두자.
⑦ 사복 경찰이라며 신분증을 요구하는 사람은 무조건 사기꾼.
⑧ 아주 고전적인 팔찌를 손목에 묶어주기부터 설문조사를 빙자한 사인 요청까지 들어주면 돈 달라는 요구가 쏟아지니 조심.
⑨ 내 물건이 아니라면 쳐다도 보지 말자. 길에 있는 물건 줍는 걸 보고 도둑으로 몰며 돈을 요구하는 이들이 있다.
⑩ 호의와 사기를 구분하기 힘들겠지만 이유 없는 친절은 없다고 생각하는 것이 안전하다.

**사건 사고
대처하기**

병원 이용 시

여행 중 질병이나 상해로 병원을 방문했다면 진단서와 진료비 영수증을 꼭 발급받아 올 것. 의약품을 구입했을 경우 영수증과 처방전을 잘 보관해 귀국하자. 이 서류들이 있어야 여행 후 보험사를 통해 보상받을 수 있다.

도난당했을 때

① **물품 도난** 즉시 가까운 경찰서로 가서 도난 신고를 하자. 시내 기차역에는 대부분 24시간 운영하는 경찰서가 있다. 경찰서에서 사건에 대해 이야기하면 간단한 질문을 거쳐 사고 경위서Police Report를 작성해준다. 이때 도난Stolen으로 작성해야 한다. 분실Lost은 여행자의 실수로 간주해 보상하지 않는다.

사고 경위서에는 도난당한 당시 상황과 품목을 최대한 자세히 써야 한다. 귀국 후 보험사에 제출하면 심사 후 한도액에 한해 보상해주는데 소지했던 물건에 한해서 보상받을 수 있다. 기차 티켓이나 현금 등은 보험 보장 대상이 아니다.

② **여권 분실** 주 프랑스 대한민국 대사관 홈페이지의 사건 사고 현황 게시판을 보면 여권 도난 사고가 월등히 많다. 그만큼 우리나라 여권은 좋은 표적. 주의해서 보관하자. 분실했다는 것을 발견한 즉시, 가까운 현지 경찰서를 찾아가 여권분실증명서를 발급받아 신분증(주민등록증, 여권 사본 등), 여권용 컬러 사진 2매, 수수료 등을 지참해 주 프랑스 대한민국 대사관을 방문해 여권 발급 신청서(재외공관용), 여권 분실 신고서 등을 작성해 여권 담당자에게 제출한 후 여행자증명서를 발급받는다.

긴급 사건 사고 시 연락처

📞 긴급 전화(무료 사용, 국번 없이 누르면 됨.) 경찰 17, 구급차 15, 화재 18
※ SOS Médicine(24시간 긴급 출동 의료진) 01 47 07 77 77, 앰뷸런스 호출 01 45 67 50 50

주 프랑스 대한민국 대사관
📍 125 rue de Grenelle 75007 Paris(지하철 13호선 Varenne역) 🕐 월~금 09:30~12:30, 14:30~16:30 📞 여권 01 4753 6987, 사건 사고 대응 및 지원 01 4753 6995/6682
긴급 연락처(사건 사고) 주간 01 4753 6995, 06 8095 9347 / 야간 및 주말 06 8028 5396
분실물 관리 사무소 📍 36 Rue des Morilloins 75015 📞 08 21 00 25 25

귀국 후 보상 절차

귀국 후 보험사에 구비 서류를 준비해 제출하면 심사 과정을 거쳐 보상액이 책정되고, 1~2개월 안에 통장으로 보상액이 입금된다. 필요한 서류는 도난의 경우 사고 경위서Police Report, 질병이나 상해의 경우 병원비 영수증, 진단서, 처방전, 약제비 영수증 일체와 함께 보험사에서 요구하는 보상금 신청서, 신분증 사본, 통장 사본, 개인 연락처 등이다.

여행자보험을 들지 않고 여행을 떠났는데 갑자기 현지 의료기관을 이용할 일이 생길 수 있다. 만약 실손의료비보험에 가입되어 있다면 약관에 따라 해외 의료기관에서 지불한 비용을 일부 보상받을 수 있다. 여행자보험을 들고 떠났을 경우 중복 보상 규정에 따라 두 보험사에서 보상금을 분할 지급하기도 한다. 일부 여행자들이 여행 중 자신이 잃어버린 물건을 도난으로 신고한 후 보상금을 받는 경우가 있다. 이런 사건이 적발되면 형사 처벌 대상이 된다. 또한 허위 신고자들이 늘어나면서 여행자보험 가격이 점점 더 비싸지고 보상액이 점점 줄어드는 추세. 양심에 거리낄 행동은 하지 말자.

신속 해외 송금 지원 제도

여행 중 불의의 도난 사고로 인해 수중에 현금이 하나도 없을 때 해외 공관에서 시행하고 있는 신속 해외 송금 지원 제도를 이용할 수 있다. 파리 대한민국 대사관에 긴급 경비를 요청하면 국내 가족에게 연락해 국내 외교부 계좌로 입금 요청하고 송금이 완료되면 방문해 유로화로 지급받는 제도로, 미국 달러 3000불 이하의 금액을 지원받을 수 있다.

📞 외교통상부 영사 콜센터 국내 02-3210-0404 / 프랑스에서 전화할 경우 + 822-3210-0404

313

파리 여행 필수 애플리케이션

구글 맵스   시티 매퍼

길찾기 | 구글 맵스와 시티 매퍼가 대표적이다. 특히 구글 맵스는 내 지도 기능을 이용해 여행 일정을 미리 계획하고 가고자 하는 곳들을 저장해놓고 여행하면 편리하다.

구글 번역   파파고

언어 | 파리에서 은근히 영어가 통하지 않을 때가 있다. 다른 유럽 국가에 비해 영어 메뉴판을 준비하는 빈도가 훨씬 낮다. 그럴 때 사용하기 적격인 애플리케이션.

클룩   마이리얼트립

투어 예약 | 미술관, 박물관에서 설명 없이 보기 힘들다면 투어를 이용하자. 근교 여행 시 교통편 사용이 어렵거나 빠른 시간 내에 여러 곳을 보고 싶을 때도 유용하다.

시내 교통 정보 앱   기차 정보 앱
Bonjour RATP   SNCF-connect

교통 | 파리 시내 교통 정보를 제공하는 애플리케이션. 적정한 경로와 시간표를 알려준다. 근교행 기차의 경우 SNCF-connect를 이용하면 애플리케이션 내에서 기차 티켓 구매 후 바로 탑승 가능하다.

우버   볼트

택시 | 우버와 볼트가 대표적이다. 출발지와 목적지를 입력해 요금을 알아본 후 호출하자. 프로모션으로 할인권이 들어오기도 한다.

더 포크

식당 예약 | 파리에서 식도락을 즐기고자 한다면 사용해볼 만한 앱으로는 the fork가 있다. 여행자들뿐만 아니라 파리 시민들에게 사랑받는 레스토랑들을 알 수 있다.

그 외 각 미술관, 박물관, 성당별로 고유의 애플리케이션을 제작해 배포하고 있다. 각 기관 홈페이지에서 다운받아 미리 볼 수 있으니 활용하자.

✈ 파리에서 출국하기

여행을 마치고 추억을 가득 안은 채 귀국하는 길. 여행의 마지막 미션을 무사히 완수하기 위한 첫발을 디뎌보자.

공항 가기 & 체크인하기

한국에서 출국할 때와 마찬가지로 공항에는 3시간 전에 도착하는 것이 좋다. 성수기에 귀국하면서 택스 리펀드Tax Refund를 받을 예정이라면 4시간 전에 도착하는 것으로 생각해두자. 택스 리펀드를 받아야 한다면 체크인하기 전에 택스 리펀드 창구를 찾아가야 한다.

＊택스 리펀드 창구 위치
CDG1은 CDGVAL Level hall 6에, CDG2에는 A(출발 층 5번 출입구 부근), C(출발 층 4번 출입구 부근), E(출발 층 8번 출입구 부근), F(도착 층), CGD3에는 출발 층에 각각 자리한다.

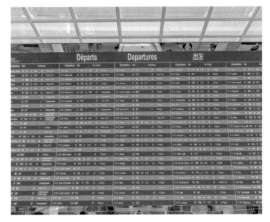

택스 리펀드 받기

드 골 공항에서 택스 리펀드를 받으려면 출국 시간 4시간 이전에 도착하는 것이 좋다. 공항에서 택스 리펀드를 받으려면 먼저 택스 리펀드 용지, 영수증과 함께 탑승을 증빙할 수 있는 E-Ticket을 준비해 택스 리펀드 사무실 'Douanes/Détaxe(Customs Tax Refund)'로 가자. 리펀드 용지에 면세 도장을 받은 후 세금 환급 현금으로 받기를 체크했다면 환전소로 가면 되고, 세금 환급을 신용카드로 받고자 한다면 흰색 종이를 봉투에 넣어 부근의 우체통에 넣고 녹색 종이는 보관하면 된다. 1~3개월 후에 신용카드 매출 취소 형식으로 입금된다.

출국하기

택스 리펀드 절차를 마쳤다면 항공사 창구에서 체크인을 하고 출국 심사대로 가자. Partenza Departures라고 쓰여 있는 표지판을 따라간다. 출국하기 위해 보안 검색대를 통과하면 바로 출국 심사대로 이어진다. 유럽계 항공사를 이용했다면 여권 검사를 경유지 공항에서 받게 될 것이고, 국적기나 동남아, 중동 계열 항공사를 이용했다면 이곳에서 여권 검사를 받게 된다. 여권과 보딩 패스를 보여주고 출국 도장을 받으면 통과. 그리고 모니터를 통해 본인이 타야 할 비행기 게이트를 알아둔 후 탑승을 준비한다.

한국 귀국 시 세관 신고

쇼핑한 물품의 총 금액이 한국에 입국할 때 반입할 수 있는 면세 한도 금액 $800을 넘었다면 미리 작성한 신고서를 갖고 세관 신고를 하자. 자진 신고자의 경우 세액의 30%를 감면해주는 제도를 운영한다. 이때 택스 리펀드 받은 물건이 있다면 택스 리펀드 용지 사진을 찍어두는 것도 유용하다.

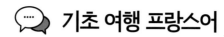

기초 여행 프랑스어

프랑스 대부분의 여행지에서는 영어로 소통이 가능하다. 그러나 인사말과 감사를
표현하는 방법, 부탁하는 방법 정도의 프랑스어를 알아두면 유용하다. 또 영어로 된 메뉴판을 갖춘
식당이 많지만 그렇지 않은 곳들도 있으니 좋아하는 음식 재료 이름은 알고 가자.

인사말

안녕하세요	(아침) Bonjour	🔊 봉주흐
	(저녁) Bonsoir	🔊 봉수아
안녕히계세요	Au Revoir	🔊 오흐부아
만나서 반갑습니다	Enchanté	🔊 앙샹테
고맙습니다	Mercy	🔊 메흐시
실례합니다	Excusez moi	🔊 엑스큐제 모아
미안합니다	Pardon	🔊 파흐동
도와주세요	Aidez moi	🔊 이디에 모아
부탁합니다	S'il vous plaît	🔊 실 부 플레
네	Oui	🔊 위
아니오	Non	🔊 농

숫자

1	un / une	🔊 엉 / 윈느
2	deux	🔊 드
3	trois	🔊 트화
4	quatre	🔊 카트르
5	cinq	🔊 상크
6	six	🔊 시스
7	sept	🔊 세트
8	huit	🔊 위트
9	neuf	🔊 네프
10	dix	🔊 디스
100	cent	🔊 썽
1,000	mille	🔊 밀

날짜

월요일	lundi	🔊 랑디
화요일	mardi	🔊 마르디
수요일	mercredi	🔊 메르크르디
목요일	jeudi	🔊 주디
금요일	vendredi	🔊 방드르디
토요일	samedi	🔊 쌈디
일요일	dimanche	🔊 디망쉬
하루	jour	🔊 주흐
주	semaine	🔊 스멘
월	mois	🔊 무아
년	an(année)	🔊 앙(아네)
봄	printemps	🔊 프랭탕
여름	été	🔊 에떼
가을	automne	🔊 오톤
겨울	hiver	🔊 이베
오늘	aujourd'hui	🔊 오주르뒤
내일	demain	🔊 드망
어제	hier	🔊 이에
아침	matin	🔊 마탕
오후	après-midi	🔊 아프레 미디
저녁	soir	🔊 수아

교통수단

버스	autobus	🔊 오토뷔스
지하철	metro	🔊 메트로
택시	taxi	🔊 탁시
기차	train	🔊 트랑
입구	entrée	🔊 앙트레
출구	sortie	🔊 소흐티
환승	correspondante	🔊 코레스퐁당스

표	billet	🔊 비예
플랫폼	quai	🔊 케
기차역	gare	🔊 갸흐
지연된	retardé	🔊 엥 르따르디
취소된	annulé	🔊 아뉼레
좋은 여행 되세요!	Bon voyage!	🔊 봉 보야지

기초단어

영업시간	horaires	🔊 오헤흐
영업 중	ouvert	🔊 우베흐
마감	ferme	🔊 페흐메
계산대	caisse	🔊 케스
여성	femmes	🔊 팜므
남자	homme	🔊 옴므
부인	madame	🔊 마담므
아가씨	madmoiselle	🔊 마드무아젤
아저씨	Monsieur	🔊 무슈
여기	ici	🔊 이씨
저기	là-bas	🔊 라바
화장실	toilettes	🔊 투왈레트

여행지 & 시내 명칭

박물관	musée	🔊 뮤제
궁전	palais	🔊 팔레
성	château	🔊 샤토
정원	jardin	🔊 자흐뎅
축제	féte	🔊 페트
탑	tour	🔊 투흐

빵집	boulangerie	🔊 불랑제리에
서점	librairie	🔊 리브라리에
식료품점	épicerie	🔊 에피세리

식당에서

아침식사	petit déjeuner	🔊 프티 데주네
점심식사	déjeuner	🔊 데주네
저녁 식사	dinner	🔊 디네
메뉴판	menu / carte	🔊 메뉴/ 캬흐트

전식	entrée	🔊 앙트레
달팽이 요리	escargot	🔊 에스카르고
거위 간 요리	foie gras	🔊 푸아그라
달걀	oeuf	🔊 외프
키슈	quiche	🔊 키슈
샐러드	salade	🔊 살라드
훈제 연어	saumon fumé	🔊 소몽 퓌메
양파 수프	soupe à l'Oifnon	🔊 수 빠 로

본식	plat	🔊 플라
육류	viande	🔊 비앙드
· 소고기	boeuf	🔊 뵈프
· 송아지	veau	🔊 보
· 갈비뼈 사이 등심	entrecôte	🔊 앙트흐코트
· 안심	côte filet	🔊 코트 필레
· 등심	contre filet	🔊 콩트흐 필레
· 우둔살	rumsteck	🔊 럼스테크
· 돼지	porc	🔊 포흐
· 새끼 돼지	cochon	🔊 코숑

· 염소	chèvre	🔊 세브흐
· 토끼	lapin	🔊 라팽
· 양고기	mouton	🔊 무통
생선	poisson	🔊 푸아송
· 대구	morue	🔊 무뤼
· 연어	saumon	🔊 소몽
· 참치	thon	🔊 통
· 오징어	calamars	🔊 칼라마흐
· 문어	poulpe	🔊 풀프
· 홍합	moule	🔊 물
· 새우	crevette	🔊 크레베트
· 랍스터	homard	🔊 오마흐
가금류	volaille	🔊 볼라이
· 닭	poulet	🔊 풀레
· 오리	canard	🔊 카나흐
· 거위	oie	🔊 우와
· 오리 가슴살	magret	🔊 마그헤

곁들임 채소류	accompagnements	🔊 아콤파니망
감자	pomme de terre	🔊 폼 드 테르
으깬 감자	pommes purée	🔊 폼 퓌레
가지	aubergine	🔊 오베흐진
고구마	patate douce	🔊 파타트 두스
양파	oignon	🔊 오뇽
셀러리	céleri	🔊 셀러리
시금치	épinard	🔊 에피나흐
당근	carotte	🔊 카로트
송로버섯	truffe	🔊 트뤼프

후식	dessert	🔊 데세르
과일	fruit	🔊 프휘
· 복숭아	pêche	🔊 페슈
· 딸기	fraise	🔊 프헤즈
· 산딸기	framboise	🔊 프홈브와즈
· 사과	pomme	🔊 폼
· 배	poire	🔊 푸아르
· 바나나	banane	🔊 바난
· 파인애플	ananas	🔊 아나나

· 무화과	figue	🔊 피그
· 살구	abricot	🔊 아브리코
· 포도	raisin	🔊 헤장
크렘 브륄레	crème brulée	🔊 크헴 브휠레
케이크	gâteau	🔊 갸토
아이스크림	glace	🔊 글라스
파이	tarte	🔊 타흐트

음료	boisson	🔊 부아송
따뜻한	chaud	🔊 쇼
차가운	froid	🔊 프후아
생수	l'eau mineral	🔊 로 미네랄
탄산수	eau gazeuse	🔊 오개주스
수도물	eau du robinet	🔊 오 뒤 로비네
과일주스	jus de fruit	🔊 쥐 드 프휘
아메리카노	café allonge	🔊 카페 알롱제
카페 오 레	café au lait	🔊 카페 오 레
비엔나 커피	café de viennois	🔊 카페 비에누아
핫 초콜릿	chocolat chaud	🔊 쇼콜라 쇼
맥주	bière	🔊 비에흐
샴페인	champagne	🔊 샹파뉴
레드 와인	vin rouge	🔊 뱅 루즈
화이트 와인	vin blanc	🔊 뱅 블랑
로제 와인	vin rosé	🔊 뱅 호제

찾아보기